Hans Lenz

Kleine Geschichte der Zeit

Hans Lenz

Kleine Geschichte der Zeit

marixverlag

Bibliografische Information der Deutschen Nationalbibliothek
Die Deutsche Nationalbibliothek verzeichnet diese Publikation in der
Deutschen Nationalbibliografie; detaillierte bibliografische Daten sind im
Internet über
http://dnb.d-nb.de abrufbar.

© by marixverlag GmbH, Wiesbaden, 2012
Lektorat: Dr. Bruno Kern, Mainz
Covergestaltung: Nicole Ehlers, marixverlag GmbH
nach der Gestaltung von Thomas Jarzina, Köln
Bildnachweis: mauritius images GmbH, Mittenwald/Carlos Sánchez Pereyra
Satz und Bearbeitung: Medienservice Feiß, Burgwitz
Gesetzt in der Palatino
Gesamtherstellung:
Bercker Graphischer Betrieb GmbH & Co.KG, Kevelaer
Printed in Germany

ISBN: 978-3-86539-961-8

www.marixverlag.de

Inhalt

Einführung

Alles in uns und um uns geschieht in der Zeit. Sie begleitet uns immer und überall. Und sie reicht unvorstellbar weit über die kurze Spanne unseres Lebens hinaus, umfasst alles, was überhaupt je existiert hat und existieren wird. Kein Sinnesorgan erlaubt uns, sie wahrzunehmen. Nur an den Veränderungen unserer Umwelt bemerken wir, wie sie vergeht. Und je nach den Umständen läuft sie uns davon oder sie schleicht dahin.

Seit Jahrtausenden haben Menschen über Zeit nachgedacht. Wir finden die Ergebnisse ihres Bemühens in steinzeitlichen Bauwerken, in den Schriften antiker Philosophen, in den vielfältigen Kalendern der Völker, in der Handwerkskunst der Uhrmacher, in den Erkenntnissen der Wissenschaftler so unterschiedlicher Gebiete wie Archäologie, Biologie, Geologie, Medizin, Soziologie oder Völkerkunde, und nicht zuletzt auch in einer gewissen Ratlosigkeit der Physiker im Angesicht der noch immer ungelösten grundlegenden Frage nach der Existenz von Zeit.

So erscheint uns Zeit in vielerlei Gestalt. Das Buch will einen Überblick vermitteln, die oft verwirrende Vielfalt der Begriffe ordnen und Zusammenhänge verständlich machen. Das erfordert eine manchmal stark vereinfachende Darstellung, die der eine oder die andere als zu pauschal empfinden, als unzulässig ansehen mag.

Einen „roten Faden" durch das vielschichtige Thema bildet die von der modernen interdisziplinären Forschung angenommene Hierarchie verschiedener Zeitlichkeiten. Eingebettet in die Zeitskalen der Natur sind die Zeit des Menschen, sein individuelles Zeitempfinden und seine gesellschaftlich determinierten Zeitbegriffe. Diese finden ihren Niederschlag in der Sprache, im Messen von Zeit und in den Zeitrechnungssystemen.

I. Das Phänomen Zeit

1. Menschen, Raum und Zeit

Als sich vor Jahrmillionen auf der Erde denkende Wesen entwickelten, begannen sie damit, ihre Umgebung zu erkunden. Hunger, Kälte und manchmal auch spielerische Neugier werden sie getrieben haben. Schon Tiere unterscheiden das „Hier" vom „Dort". Auch jene frühen Wesen auf der breiten Schwelle zwischen Tier und Mensch betraten und „begriffen" zunächst den Raum in ihrer unmittelbaren Umgebung, und zwar in ganz wörtlichem Sinn. Mit fortschreitender Erkenntnis erlangten sie eine Vorstellung von Zeit. Vergangenheit und Zukunft trennten sich vom „Jetzt".

Am Anfang aller Begriffe von Zeit standen wohl der Tag und die Nacht. Augenscheinlich bestimmten sie den Rhythmus des Lebens von Pflanzen, Tieren und Menschen. Bald bemerkte man auch den Wechsel und die Wiederkehr der Mondgestalten. Später wurde begonnen, solche Zeiteinheiten zu zählen. Die sich früh entwickelnde Astronomie erkannte ihre ersten Regelmäßigkeiten und Gesetze.

Heute sind Zeit und Raum bündig definiert als nicht voneinander zu trennende Eigenschaften des Universums. Jegliche Materie, ob als Teilchen oder als Welle auftretend, kann nur in Raum und Zeit existieren. Aber subjektiv erscheint uns Zeit höchst vielfältig. Und jede Kultur hat ihre eigene Auffassung von Zeit hervorgebracht, geht auf spezifische Weise mit Zeit um.

Vertraut und selbstverständlich erscheint uns das Wort „Zeit". Und doch haftet dem Begriff etwas Rätselhaftes an. Immer wieder wird die Frage diskutiert, was denn Zeit eigentlich sei. 1984 hat der Kultursoziologe Norbert Elias Zeit als eine große menschliche Syntheseleistung erklärt, „mit deren Hilfe Positionen im Nacheinander des physikalischen Naturgeschehens, des

Gesellschaftsgeschehens und des individuellen Lebenslaufs in Beziehung gebracht werden können". Meist wird Zeit als natürliche Ordnungsstruktur zur Reihung von Vorgängen angesehen, manche Autoren bezeichnen Zeit als willkürlich. Wie auch immer: Zeitrechnung schafft Zusammenhang, bringt Ordnung und unterwirft Menschen dieser Ordnung. Allgemein anerkannt ist die Auffassung, Zeit sei die allgemeinste Form, in der sich alles Geschehen aneinanderreiht.

2. Zeitbegriffe der Philosophen

Bedeutsame Ausführungen über Zeit finden wir erstmals bei den Philosophen der griechischen Antike. Heraklit von Ephesos betrachtete um 500 v. Chr. die Welt als Summe der Ereignisse; das Primäre sei die Veränderung. Zusammengefasst begründet sein bekannter Satz „Man kann nicht zweimal in denselben Fluss steigen" diese Anschauung.

Dagegen meinten seine Zeitgenossen Parmenides und dessen Schüler Zenon und Melissos in Elea, die „wahre Welt" ruhe unbeweglich und zeitlos. Sie bestritten die Möglichkeit von Werden und Vergehen. Aus ihrer Behauptung, Veränderung sei nichts als Illusion, erwuchs eine lange Tradition idealistischer Deutung der Zeit. Platon in Athen bezog um 400 v. Chr. seine gesamte Philosophie auf „Ideen", ewige Urbilder, die nur dem Verstand, nicht der Wahrnehmung zugänglich seien. Gänzlich von ihnen abgetrennt sei die „diesseitige" Welt der vergänglichen Dinge. In Auseinandersetzung mit Heraklit und den Eleaten erklärte er, der Demiurg („Handwerker" im Sinne von „Erbauer der Welt") habe den Himmel als ein bewegliches Abbild des Ewigen geschaffen. Des Himmels Unvergänglichkeit und seine Zyklen seien „Zeit an sich" und Maßstab der vergänglichen Dinge.

Platons Schüler Aristoteles setzte um 350 v. Chr. dieser Schöpfungsidee entgegen, dass das Universum weder Anfang noch Ende in der Zeit habe. Er verwies auf die Vielzahl unterschiedlicher Bewegungen am Himmel und leitete daraus einen relativen Zeitbegriff ab: Zeit stehe mit allen Prozessen in der Welt im Zusammenhang. Er erklärte Zeit als den ordnenden Aspekt, der das „vorher" vom „nachher" unterscheide, und definierte sie als „Zahl der Bewegung". Schließlich behauptete Aristoteles, Zeit existiere zwar auf objektiver Grundlage, doch nicht ohne die Seele, denn „nur diese kann zählen".

Die Atomisten hatten die Welt als Zusammensetzung kleinster Teilchen erklärt; kein Ding könne aus dem Nichts entstehen oder geschaffen werden. Ihr bedeutendster Vertreter, Demokrit, sah um 400 v. Chr. allein die Zeit als ewig während an. Das Christentum dagegen betonte die Rolle der Gottheit. Einer der bedeutenden christlichen Philosophen war Aurelius Augustinus, bis 430 Bischof von Hippo in Nordafrika. Er lehrte die Prädestination, die göttliche Vorherbestimmung des Menschen. In einem seiner Hauptwerke, *De civitate Dei*, erklärte er die Bildung eines Gottesstaates als Ziel allen Daseins. Geschichte sei ein einmaliger, auf dieses Ziel gerichteter Prozess. Dieser lineare Zeitbegriff beeinflusste das Denken Europas nachhaltig. Augustinus hatte seinen Begriff von der Schöpfung verdeutlicht: Die Welt sei mit, nicht in der Zeit geschaffen. Im 13. Jahrhundert unterschied dann Thomas von Aquin die einmalige Schöpfung der Welt und der Zeit an ihrem Beginn von einer ständigen göttlichen Einflussnahme.

In der Renaissance emanzipierte sich die Philosophie von der Theologie. Mit Nikolaus Kopernikus (1473–1543) setzte die Befreiung der Naturwissenschaft von den Fesseln der Scholastik ein. Sein heliozentrisches Weltbild wurde von Galileo Galilei (1564–1642) empirisch bestätigt. Galilei gilt als Vater der klassischen Physik und begründete die mechanistische Naturphilosophie. Er postulierte einen stetigen und gleichmäßigen Ablauf der Zeit.

Der englische Physiker Isaac Newton (1643–1727) verallgemeinerte die Zeit- und Raumvorstellungen der klassischen Mechanik. Die „absolute, wahre und mathematische Zeit", im allgemeinen „Dauer" genannt, stelle zusammen mit dem Raum den Schauplatz aller Naturprozesse dar. Ihr wesentliches Merkmal sei ihre Gleichförmigkeit und Nichtumkehrbarkeit. Dieser absoluten Zeit sprach Newton indessen jegliche Beziehung auf irgendetwas Äußeres ab und stellte ihr einen relativen Zeitbegriff gegenüber, die „sichtbare und gewöhnliche Zeit". Er definiert sie als „ein wahrnehmbares und äußeres Maß der Dauer mittels Bewegung, sei es nun genau oder ungleichmäßig, dessen man sich gewöhnlich anstelle der wahren Zeit bedient, so etwa die Stunde, der Tag, der Monat, das Jahr."

Gegen diese Trennung der Zeit von der sich bewegenden Materie wandte sich vor allem Gottfried Wilhelm Leibniz (1646–1716). Der deutsche Universalgelehrte favorisierte eine relationale Zeitauffassung. Er erklärte Zeit als Ordnungsbeziehung zwischen nebeneinander existierenden oder aufeinander folgenden Erscheinungen. Real sei nur die zeitliche Ordnung der Ereignisse zueinander. Aber letztlich leugnete Leibniz die objektive Existenz der Zeit überhaupt und behauptete, sie sei nur subjektive Wahrnehmung.

Diese idealistische Auffassung fand bei Immanuel Kant (1724–1804) ihre volle Ausprägung. Der deutsche Philosoph erklärte über Leibniz hinausgehend, Zeit sei weder real noch eine Relation, sie sei lediglich die Form der Anschauung, in der Menschen das Fließen des Lebens betrachten. Nach seinen Vorstellungen von Erkenntnis umgreift bewusstes begriffliches Erfassen die Zeit; Zeit umschließt den Raum, und der Raum umgibt die „äußeren Erscheinungen". Hatten Menschen bisher sich und die Dinge als in der Zeit empfunden, so sollte nun die Zeit im Menschen sein. Um einen Begriff überhaupt erfassen zu können, müssten ihm fertige „Anschauungsgegenstände" unterlegt sein, und diese müssten eine zeitliche Ausdehnung besitzen. Deshalb, so folgerte Kant richtig, können verschiedene Zeitbegriffe nur Teile ein und derselben Zeit sein.

Georg Wilhelm Friedrich Hegel (1770–1831) propagierte im Widerspruch zu Kant die Identität von Denken und Wirklichkeit. Hegel versuchte damit, die Trennung der Zeit und des Raumes von der Materie zu überwinden, blieb aber dabei einer idealistischen Auffassung verhaftet. Dagegen betonte der als Religionskritiker bekannt gewordene Ludwig Feuerbach (1804–1872), dass Zeit und Raum objektive Existenzformen der Materie darstellen.

Kant hatte seine „Anschauungsformen" Raum und Zeit zum Bereich des von vornherein (a priori) Bewussten gezählt, das er vom Bewusstsein nach der Erfahrung (a posteriori) unterschied. Diametral zu dieser Auffassung anerkannte später der radikale Empiriokritizismus ausschließlich die „reine Erfahrung" und behauptete, die objektive Realität bestehe aus Empfindungen. Sein bekanntester Vertreter, Ernst Mach (1838–1916), kritisierte den absoluten Zeitbegriff der Naturwissenschaft, weil er nicht empirisch zu erfassen sei. Alle Zeitmessung sei immer nur relatives Vergleichen.

Vor allem Lenin (eigentlich Wladimir Iljitsch Uljanow, 1870–1924) trat diesen subjektiv-idealistischen Anschauungen entgegen. In seinem theoretischen Hauptwerk *Materialismus und Empiriokritizismus* von 1908 unternahm er den Versuch, zentrale philosophische Begriffe wie jenen der Zeit marxistisch zu interpretieren. Er bemerkte: „Die Veränderlichkeit der menschlichen Vorstellungen von Zeit und Raum widerlegt die objektive Realität dieser beiden ebenso wenig, wie die Veränderlichkeit der wissenschaftlichen Kenntnisse von der Bewegung der Materie die objektive Realität der Außenwelt widerlegt."

Karl Marx (1818–1883) hatte gemeinsam mit Friedrich Engels (1820–1895) seine materialistische Geschichtsauffassung ausgearbeitet, die sich mit dem historischen und dialektischen Materialismus beschäftigt. Der dialektische Materialismus beschreibt Raum und Zeit als Existenzformen der Materie. Darin drückt der Begriff „Materie" die „allgemeinste ‚Eigenschaft' aller Dinge aus, nämlich außerhalb und unabhängig vom menschlichen Bewusstsein zu existieren" (Lenin). Raum und Zeit existieren außerhalb und unabhängig vom menschlichen Bewusstsein, also sind sie objektiv und materiell. Bereits Engels hatte dargelegt, Materie könne nur durch ihre Bewegung in Raum und Zeit existieren, und Ruhe sei stets relativ. Das bedeutet auch, dass es keine absolute Zeit im Sinne eines bloßen Ablaufs gibt. Immerzu geschieht etwas, nämlich irgendeine Bewegung von Materie. Diese Feststellung wurde 1905 durch Einsteins Spezielle Relativitätstheorie erhärtet – es gibt keine absolute Bewegung, nur relative Bewegungen sind beobachtbar.

2. Zeitbegriffe der Philosophen

Dass außer Raum und Zeit auch Masse zu den grundlegenden Dimensionen der Welt gehört, wurde schon von René Descartes (1596–1650) erkannt, der ein geschlossenes mechanistisches Weltsystem zu errichten suchte. Im Jahre 1822 entwickelte Jean Baptiste Fourier das Verfahren, physikalische Größen wie Geschwindigkeit, Beschleunigung usw. durch ihre fundamentalen Dimensionen der Masse, Zeit und Länge darzustellen. Diese Arbeiten fußen auf der Einsicht, Zeit und Raum als voneinander untrennbare Eigenschaften des Universums zu verstehen. Über Zeit oder Raum außerhalb des Universums zu reden ist sinnlos, und ohne beide kann man nicht über Ereignisse im Universum sprechen.

Mithilfe der Kategorien des Endlichen und des Unendlichen haben die Philosophen beschrieben, was sie als Grenzen von Raum und Zeit ansehen. Als erster bestimmte Platon den Begriff: Das Unendliche sei unaufhörliche Vorwärtsbewegung. Die Vorstellung eines unendlich ausgedehnten Weltalls geht auf Demokrit zurück. Aristoteles ließ Unendlichkeit nur für die Zeit gelten. Die Scholastik des Mittelalters gestand ausschließlich Gott ein Recht auf Unendlichkeit zu. Christliche Schöpfungslehre setzt die Endlichkeit der Welt in Raum und Zeit voraus. Mit den Ideen der Renaissance kehrte der Niederländer Baruch Spinoza im 17. Jahrhundert zu den Anschauungen der Antike zurück und bezog Unendlichkeit auf Raum und Zeit. Im 18. Jahrhundert interpretierten die französischen Materialisten die räumlich-zeitliche Unendlichkeit der Welt zwar materialistisch, doch als ewige Wiederholung gleichartiger Objekte.

Dann erklärte Kant strikt idealistisch den räumlich-zeitlichen Prozess als zwar unendlich, aber nicht real, nur als Tätigkeit des Verstandes möglich. Schließlich arbeitete Hegel die dialektische Einheit des Endlichen und Unendlichen heraus. Eugen Dühring glaubte, die Endlichkeit von Zeit und Raum aus einem utopischen „Gesetz der bestimmten Anzahl" ableiten zu können. Engels formulierte in seiner Kritik Dührings: „Ein Sein außer der Zeit ist ein ebenso großer Unsinn wie ein Sein außerhalb des Raumes." Der dialektische Materialismus beschreibt die Welt ohne räumliche Grenzen und zeitlich ohne Anfang oder Ende. Sein Materiebegriff ist unendlich in Raum und Zeit.

Unendlichkeit in der Zeit hängt mit Ewigkeit zusammen. In unserem Kulturkreis stellte Platon erstmals Ewigkeit und Zeit einander gegenüber. Im Dialog *Timaios* erklärt er Ewigkeit als jene Sphäre des Seins, von der nur gesagt werden könne, „dass etwas ist". Zeit dagegen sei die Sphäre alles dessen, was war, ist und sein wird. Zeit (*chrónos*) sei die Summe von Vergangenheit, Gegenwart und Zukunft. Solche Definition von Zeit durch ihre Bestandteile ist typisch für unseren abendländischen Kulturkreis.

Wir empfinden Zeit als grenzenlos, weil ihre überschaubaren Abschnitte immer wiederkehren. Ewigkeit dagegen verträgt sich nicht mit unserem Zeitempfinden. Wäre die Schöpfung der Welt in der ewigen Zeit des Christengottes geschehen, so hätte sie auch ewig gedauert. Augustinus löste im vierten Jahrhundert das Dilemma, indem er vorschlug, dass Gott mit der Welt auch die Zeit erschaffen habe. Sie existiere nur innerhalb der Geschichte, vor der Schöpfung und nach der Erlösung sei Ewigkeit. Daran knüpfte noch der Mystiker Meister Eckhart um 1300 unmittelbar an: Zeit wird, wie alles, in und mit Gott. Das Denken Europas wurde nachhaltig durch diese Auffassungen geprägt.

Inzwischen hat es sich aus solcher Einengung gelöst. Der Heidelberger Ägyptologe Jan Assmann (geb. 1938) versteht Ewigkeit in einem erweiterten Sinn. Er erklärt sie als Negation der Zeit, und zwar nicht als Abstraktum, sondern als Negation ihrer dominierenden Merkmale. In unserem Kulturkreis wird Zeit als gerichteter Fluss verstanden, hier ist Ewigkeit als Stillstand denkbar, als das in sich ruhende Bewegungslose. Wo man sich dagegen Zeit – wie in Indien – als Bindung an einen Zyklus dauernder Wiederkehr vorstellt, bedeutet Ewigkeit, daraus erlöst zu sein, in eine Zeitlosigkeit überzugehen, in der es kein Vergehen gibt. Im alten Ägypten schließlich, wo Zeit als zugemessene Spanne und einmalige Gelegenheit begriffen wurde, erschien Ewigkeit als unendliche Wiederholbarkeit. Die Freiburger Philosophin Regine Kather (geb. 1955) erklärt zusammenfassend Ewigkeit als raum-

und zeitlose Gleichzeitigkeit, in der kein Werden und Vergehen stattfindet. Doch eben deshalb sei sie, der Gegensätzlichkeit von Ruhe und Bewegung enthoben, reine Dynamik und unerschöpfliche Fülle, Leben im höchsten Sinne.

Ähnlich wie die Unendlichkeit mit dem Endlichen ist die Dauer mit dem Augenblick verbunden. Ein Mensch erlebt subjektiv den Ablauf der Zeit. Ob er nun passiv den vorbeiziehenden „Fluss der Zeit" betrachtet oder selbst aktiv „durchs Leben schreitet", ändert nichts am unaufhaltsamen Lauf der Zeit, denn sie existiert unabhängig von seinem Bewusstsein. Diesen Ablauf der Zeit teilt der Mensch in Vergangenheit und Zukunft. Die Vergangenheit kann er prinzipiell kennen. In ihr beging er seine Taten und Missetaten, erlebte er seine Erfolge und Misserfolge, Täuschungen und Ent-täuschungen. Deshalb werden große Teile der Vergangenheit (auch im kollektiven Gedächtnis der Völker) gerne vergessen. Die Zukunft dagegen ist dem Menschen weitgehend unbekannt, nur in wenigen Bereichen kann er sie voraussehen oder erahnen. Sie enthält sein Schicksal, die Folgen seines Tuns, deshalb fürchtet er sie oder gibt sich der Hoffnung hin. Im geistigen Spannungsfeld zwischen diesen beiden Zuständen erlebt der Mensch das „Jetzt", die „Gegenwart", den „Augenblick".

Die Schule der Stoa sah um 300 v. Chr. die gesamte Natur von einem göttlichen Vernunftprinzip durchdrungen. Die Stoiker verstanden Zeit als Idee, als das Messen der Bewegung der Welt. Diese Idee begreife das Vergangene und Zukünftige, aber nicht die Gegenwart. Anders Augustinus: Er leugnete die reale Existenz von Vergangenheit und Zukunft. Zeit existiere nur in der seelischen Gegenwart – in der Gegenwart von Gegenwärtigem als Augenschein, in der Gegenwart von Vergangenem als Erinnerung, in der Gegenwart von Künftigem als Erwartung. Betrachtet man den Ablauf der Zeit aus dem Blickwinkel des Physikers, so gibt es nur Vergangenheit oder Zukunft; das „Jetzt" hat eine Dauer von (beinahe) Null, ist nur ein mathematischer Trennpunkt. In einer ununterbrochenen Folge solcher „Punkte ohne Dauer" aber erlebt der Mensch sein Leben.

Zeitpunkte markieren die Ereignisse – im menschlichen Leben, in der Geschichte, in der Physik. Schon das *Alte Testament* belegt ein Zeitverständnis, das lineare Zeit aus einer Folge von Zeitpunkten und -abschnitten zusammensetzte. In der Antike beachteten griechische Philosophen den Unterschied zwischen *chrónos*, der gleichförmig dahinfließenden Zeit, und *kairós*, dem entscheidenden Zeitpunkt, der bestimmt, ob eine Entscheidung sinnvoll ist. Ursprünglich hatten sie mit Kairos den rechten Ort, dann eine günstige Gelegenheit für erfolgreiches Tun bezeichnet. Das christliche *Neue Testament* beschreibt Chronos als begrenzten Zeitraum und trennt ihn vom Aion, der grenzenlosen Zeit der Ewigkeit. Den Kairos erklärt es zur „Heilszeit", in welcher Gott entscheidend handle. Im 20. Jahrhundert, in der Existenzphilosophie Heideggers, gilt Kairos schließlich als jener günstige Augenblick, der eine einschneidende Entscheidung vom Individuum fordert.

Vergangenes ist vom Zukünftigen durch das „Jetzt" getrennt. Reale Erscheinungen gehören normalerweise der Vergangenheit an. Je nachdem, wie viel Zeit seit ihrer Wahrnehmung vergangen ist, ordnen wir sie nach „früher" und „später", „vorher" und „nachher". Diese Begriffspaare drücken den relativen zeitlichen Zusammenhang der Erscheinungen aus. Aber alle Erscheinungen haben Ursachen, sind kausal bedingt. Der Kausalzusammenhang ist in Natur und Gesellschaft objektiv vorhanden. Idealistische Anschauungen bestreiten das. So behauptete der Schotte David Hume, ein bedeutender Vertreter des Empirismus im 18. Jahrhundert, zeitlich aufeinanderfolgende Erscheinungen würden nur aus Gewohnheit als kausal verbunden angesehen. In der Tat hat man zeitlichen und kausalen Zusammenhang oft verwechselt. Ein Beispiel bietet die Entdeckung des Sonnenjahres durch die Ägypter. Immer wenn der Stern Sothis (Sirius) als letzter aufgehender Stern in der Morgendämmerung kurz vor der Sonne am Horizont erschien, nahte am Unterlauf des Nils das Hochwasser. Man nahm den zeitlichen Zusammenhang als Ursache und schloss daraus, dass die Gottheit Sothis die Überschwemmung veranlasse.

2. Zeitbegriffe der Philosophen

Ob die Zeit kontinuierlich fließe oder ob sie vielleicht aus kleinsten Bausteinen bestehe, ist eine andere Frage, die die Philosophen beschäftigt. Eine reine Kontinuität von Raum und Zeit stellte sich Aristoteles vor. Hingegen nahmen Demokrit und Epikur um 300 v. Chr.) eine diskrete, diskontinuierliche Natur von Masse, Raum und Zeit an. Auch Augustinus um das Jahr 400 dachte sich die Zeit bestehend aus unendlich vielen Zeitatomen. Für rund ein Jahrtausend spielte die Lehre vom Zeitatom eine große Rolle. Dann erhoben die Scholastiker des Mittelalters die reine Kontinuität der Welt zu einem ihrer Dogmen. Leibniz versuchte, sie mathematisch darzustellen. In seiner Evolutionslehre kam er zu dem Ergebnis, die Natur mache keine Sprünge.

Andererseits wurde die Auffassung, auch Raum und Zeit bestünden aus kleinsten unteilbaren Teilchen, seien also diskreter Natur, von Galilei, von dem als Ketzer verbrannten Giordano Bruno sowie vom Engländer Francis Bacon und dem Schotten David Hume verbreitet. Kant kritisierte die Ansichten von der Teilchennatur und vertrat die seine von der reinen Kontinuität von Raum und Zeit.

Erst der Dialektiker Hegel kam zu dem Schluss, dass nur die Einheit dieser Auffassungen der Wahrheit entspricht. Schließlich erklärte der dialektische Materialismus die Bewegung als das Wesen von Zeit und Raum. Bewegung ist die Einheit von (unendlicher) Kontinuität und (punktueller) Diskontinuität der Zeit und des Raumes (Lenin). Diese These wurde durch Ergebnisse der Naturwissenschaft bestätigt. Beispielsweise ist der Dualismus von Teilchen und Welle Ausdruck dieser dialektischen Einheit.

Zeit ist mit der Geschichte des Daseins verbunden. Kant erklärte Zeit als „das Worin des Nacheinander der Dinge". Zeit dürfe nur diese eine Dimension des Nacheinander haben, um den Zusammenhang des Lebens, der geschichtlichen Abläufe zu wahren. Voltaire, einer der bedeutendsten Vertreter der europäischen Aufklärung im 18. Jahrhundert, betrachtete den Gang der Geschichte, den Lauf der Zeit, unter dem Aspekt des Fortschritts, der kulturellen Entwicklung. Hegel setzte dann die Zeit dem „sie

bewegenden Geist" gleich. Zeit sei die Bewegung des existierenden Begriffs. Von der Französischen Revolution 1789 beeinflusst
erläuterte er, wie die Gesellschaft Geschichte hervorbringe und
dabei ihre spezifischen Zeitformen entwickle. Diese „Zeit der
Geschichte" ist nach Hegel nicht historisch als Kontinuität vorstellbar, sie ist vielmehr dreifach: Die Gegenwart enthält in sich
die Vergangenheit und ist (weil eine künftige Gegenwart auch sie
aufnehmen wird) selbst schon Vorwegnahme der Zukunft. Das
erinnert formal an Augustinus, drückt aber die sich entwickelnde
Dialektik aus. Die marxistische Geschichtsbetrachtung, der historische Materialismus, unterteilte dann historische Zeitabläufe in
große Abschnitte der gesellschaftlichen Entwicklung, die ökonomischen Gesellschaftsformationen.

Es gibt andere Aspekte, unter denen Zeit philosophisch betrachtet
werden kann. Der Begriff Metaphysik wurde von der Antike bis
ins 20. Jahrhundert benutzt. Metaphysik ist ein Sammelbegriff für
verschiedenste philosophische Lehren, die von sich behaupten,
das Übersinnliche, die verborgenen Gründe und Zusammenhänge des Seins, zu behandeln. Daneben benennt der Begriff heute
allgemein solche Denkweisen, die der Dialektik entgegengesetzt
sind und die Erscheinungen als isoliert und unveränderlich betrachten.

Die menschliche Erfahrung, des Menschen sinnliche Anschauung vom Lauf der Zeit, umschließt Leben und Sterben; die ältesten Mythen spiegeln diese ursprüngliche realistische Auffassung.
Metaphysische Anschauungen trennten dagegen die „gelebte
Zeit" von der „Ewigkeit". Die Dinge der „äußeren" Welt seien
in der gelebten Zeit und deshalb vergänglich. Vergänglichkeit
verband sich mit dem Begriff des Schicksals: von einer höheren
Macht gezogene unabänderliche Grenzen.

Andererseits wurde behauptet, wegen ihrer Vergänglichkeit sei
diese „äußere Welt" nicht wirklich. Nur in der Ewigkeit existiere
das Wirkliche, das Bleibende. Mit dieser Begründung wurde nun
Ewigkeit positiv gewertet und zur Idealform der Zeit erklärt. Dort
sei man unabhängig von den Zwängen des Schicksals, frei vom

Werden und Vergehen. Das betrachtete Aristoteles als höchste Stufe menschlicher Verwirklichung. Aber diese Idealvorstellung blieb vom Leben und selbst von den Mythen getrennt. Auch die Götter der Griechen waren der Zeit, dem Schicksal, unterworfen.

Nichtmaterialistische Auffassungen über das Wesen von Zeit und Raum sind heute durch die Naturwissenschaften widerlegt. Doch idealistische Lehren leben weiter. Die Philosophie hat, besonders im 20. Jahrhundert, gerne jeder Tätigkeit und jedem Zustand einen bestimmten Modus von Zeit zugeschrieben. Edmund Husserl (1859–1938) unterschied zwischen „subjektiv-immanenter" (dem Individuum innewohnender) und „objektiv-transzendenter" (die Grenzen der sinnlich erkennbaren Welt überschreitender) Zeit. Sein ehemaliger Assistent, Martin Heidegger (1889–1976), trennte „ursprüngliche" von „vulgärer" Zeit. Andere sprechen vom „Stillstand der Geschichtszeit" oder erkennen „Augenblicke der beschleunigten Zeit". Man definierte die „intensive Zeit" (des Kunsterlebnisses) und die „gegenständliche Zeit" (der Langeweile). Zeit sei abhängig von der Intuition, dem inneren Schöpferdrang des Subjekts.

Daneben wurde Zeit aber auch in mystischer Weise substanzialisiert. Noch im 20. Jahrhundert vertrat der Philosoph Ellis MacTaggart (1866–1925) die Auffassung von einer nicht realen Zeit, ebenso der österreichisch-amerikanische Mathematiker Kurt Gödel (1906–1968), der als bedeutender Logiker gilt. Ähnlich suchte 1949 Gert von Natzmer die vierdimensionale raum-zeitliche Einheit der Welt zu erklären. Der „Fluss der Zeit" sei nicht real vorhanden. Tatsächlich würde unser Bewusstsein eine Aufeinanderfolge von Wirklichkeiten, die „immer schon da waren", nacheinander „abtasten", und daraus entstehe der Anschein eines steten Flusses aller Dinge. Alle derartigen Überlegungen sind subjektiv. Sie beziehen sich darauf, dass Zeit von Menschen „benutzt" wird. Gegenstand der Betrachtung sind die Zwecke, zu denen Zeit verwendet wird, und wie intensiv man sie dabei „ausnutzt". Das setzt voraus, die Zeit zu messen. Darin drückt sich ein gewisser Pragmatismus aus, der schon seit der Antike mit Zeitbegriffen (Kairos) verbunden scheint.

Husserl hatte eine individuelle Erlebniszeit definiert, die von der objektiv messbaren völlig getrennt sei. Im „Jetzt" erlebe man absolute Subjektivität. Darauf basiert seine Philosophie der Bewusstseinsanalyse, die er Phänomenologie nannte. Das Wort wird hier im Sinne einer geistig-intuitiven Wesensschau benutzt, die an die Stelle rationaler Erkenntnis tritt. Davon ausgehend versuchte Heidegger, nicht den Raum, sondern die Sprache als „Ort des Seins" und Zeit als „Grenze des Verstehens" zu interpretieren. Seine Gedanken knüpfen zugleich an das metaphysische Denken Augustins und Kierkegaards an. Der Däne Søren Kierkegaard (1813–1855) hatte die „Existenzphilosophie" auf einer Synthese von Ewigkeit und Zeit, Endlichem (Tod) und Unendlichkeit (Freiheit) begründet.

Mit *Sein und Zeit* leitete Heidegger 1927 eine neue Phase dieser Anschauungen ein. Das umfangreiche, dennoch Fragment gebliebene Werk zeigt, dass sich gerade das Ewige und Un-Zeitliche überhaupt nur als ein Modus der Zeit denken lässt. Von diesem neuen Oberbegriff „Zeit" trennt er das, wie er es nennt, „vulgäre" Zeitverständnis, die Vorstellung einer Aufeinanderfolge von „Jetzt-Punkten". In Anlehnung an Heidegger sah auch der Theologe Georg Picht (1913–1982) in der Zeit ein philosophisches Grundproblem. Er erklärte, der Unterschied der grundlegenden Modalitäten des Seins (Notwendigkeit, Wirklichkeit, Möglichkeit) basiere auf der Differenz der Zeitmodi (Vergangenheit, Gegenwart, Zukunft), und schloss daraus, dass mit der phänomenologischen Zeit notwendigerweise eine transzendentale, das heißt die Grenzen der Erfahrung überschreitende Zeit verbunden sei.

Unterdessen hatte Henri Bergson (1859–1941) in den Pariser Salons der Jahrhundertwende die Bezeichnung *élan vital* für seine Auffassung vom Sein geprägt. Leben als schöpferische Aktivität verlaufe in „schöpferischer Zeit" (*temps inventeur*). Erlebniszeit (*temps vécu*) sei die wirkliche, ständig im menschlichen Bewusstsein strömende Zeit, objektive Zeit (*temps longueur, temps mécanique*) dagegen wäre auf den Raum bezogen und ein reines Verstandesprodukt. Messbare Zeit ist für Bergson eine von allen Inhalten ablösbare Form und damit nicht die „eigentliche" Zeit.

Als wichtiger Vertreter der Phänomenologie gilt der Franzose Paul Ricoeur (1913–2005). Er erklärte die Zeit vollends zum „Mysterium des Denkens", das weder beschrieben noch definiert werden könne. Schließlich gingen unter Führung Jean-Paul Sartres (1905–1980) Ideen der Phänomenologie und der Existenzphilosophie in den Existentialismus über (*Das Sein und das Nichts*, 1943), der in der *Kritik der dialektischen Vernunft* (1960) auch marxistische Züge erhielt. Dialektisch philosophierte auch der Schriftsteller Ernst Jünger (1895–1998): „In der Zeit verbirgt sich das Zeitlose."

Eine besondere Rolle spielen die zeit-philosophischen Anschauungen der Religionen; sie hatten und haben unmittelbaren Einfluss auf große Teile der Weltbevölkerung. Die religiösen Vorstellungen haben wesentliche Elemente der Zeitrechnung entscheidend geprägt. Manche Religionen betrachten den Gang der Zeit als prinzipiell determiniert. Jüdisch-christliche Tradition versteht Zeit als einmalige Entwicklung, die zwischen Schöpfung und Weltende abläuft. Auch Hinduismus, Jainismus und Buddhismus gliedern Zeit in vorherbestimmte Weltalter, nehmen jedoch ein unendliches Weltgeschehen in großen Zyklen von Werden und Vergehen an. Der Islam geht im Gegensatz zu diesen beiden Hauptrichtungen von der Vorstellung aus, jeder Moment des Weltgeschehens unterliege (zumindest potenziell) ständiger göttlicher Einflussnahme. Nur die chinesische Kultur anerkennt die Zeit überwiegend als objektive Realität. In der Vorstellung des Taoismus unterliegt die gesamte Natur zyklischen Wechseln von Auf- und Abstieg. Im Einklang damit zu leben ist der Sinn dieser stark vergeistigten Philosophie. Im Unterschied dazu erwartet der Konfuzianismus das Befolgen eines angemessenen „zeitgemäßen" Handelns in der Gesellschaft.

3. Zeit und Naturwissenschaft

Die von Menschen hervorgebrachten Dinge und Ideen entwickeln sich vom Einfachen zum Komplizierten. Diesen Prozess nennt man Fortschritt, und seine wichtigste Triebkraft ist die Wissenschaft. Ein Ausdruck des allgemeinen Fortschritts ist, neben zahllosen anderen Ergebnissen, die ständig zunehmende Genauigkeit beim Zeitmessen. Alle bedeutenden Kulturen der Welt haben daran Anteil. Die uns heute so selbstverständlich scheinende Zeitmessung und -rechnung entstand gleich einem gewaltigen Puzzle als gemeinsames Werk der Völker.

Menschen der Frühzeit empfanden die alltäglichen Erscheinungen der Natur als unverständliche und unheimliche Mächte, bald lebensspendend, bald bedrohlich. Besonders beeindruckte das Geschehen am Himmel, das Auftauchen und Verschwinden der Sonne, der Gestaltwechsel des Mondes. Schon früh bemerkte der Mensch Gesetzmäßigkeiten im Gang bestimmter Himmelskörper. Magier werden die ersten gewesen sein, die Gebrauch davon machten. Später hüteten und bewahrten Priester diese Kenntnisse als ein großes Geheimnis. Sie interpretierten die Vorgänge in der Natur als heiliges Geschehen.

Im Vorderen Orient begann vor mehr als fünf Jahrtausenden die Zeitbeobachtung. Mond und Sonne waren wichtige Götter der Stadtstaaten in der fruchtbaren Ebene Mesopotamiens. Auf ihren Sternwarten, den Zikkurat, beobachteten Priester den Lauf des Mondes und der Planeten und sagten die günstigste Zeit zur Bodenbearbeitung voraus. Mit Vorratswirtschaft und Handel entstand hier neben der Schrift auch die Rechenkunst, basierend auf der Sechs und der Sechzig. Das ermöglichte den Babyloniern ein berechenbares „Normaljahr" von 360 Tagen. Immer wenn sich ihre Monate in andere Jahreszeiten verschoben hatten, korrigierte der Priester-König die Zeitrechnung. Dem einfachen Volk genügte vorerst der Mond als Zeitweiser. Die kultische Verehrung der Mondgötter führte zur Unterteilung des Monats nach den Vierteln des sichtbaren Mondes, in siebentägige Einheiten. Viel später übernahm ein kleines Nomadenvolk den babylonischen Kalender: die Hebräer. Bei ihnen entwickelte sich die durchgehend gezählte siebentägige Woche, und von hier gelangte sie in die Zeitrechnung der Christen und der Muslime.

Auch in Ägypten hatte man wie in den meisten Gegenden der Erde ursprünglich nach einem Mondkalender gerechnet. Aber hier gab es den Nil mit seinen besonders regelmäßig eintretenden jährlichen Überschwemmungen. So kannte man schon früh den Begriff des Jahres und bestimmte seine Länge recht genau mit 365 Tagen. Dann führte man das siderische Sothis-Jahr ein, das in etwa dem Sonnenjahr entsprach. Als astronomisch möglicher Termin dafür kommt entweder ein Jahr um 4200 v. Chr. oder eines um 2770 v. Chr. in Frage.

Völker des Nordens errichteten gegen Ende ihrer Steinzeit riesige sakrale Anlagen, die zugleich Himmelsobservatorien und Kalender bilden. In Stonehenge umrahmen viertausend Jahre alte Steinkreise symbolisch die Sonne, die am Tag der Sommersonnenwende genau über einer spitzen Felsnadel aufgeht. Systematische astronomische Beobachtungen gehen auch in China weit zurück. Dazu wurden hervorragende Beobachtungsgeräte sowie sehr genaue Wasseruhren konstruiert und gebaut. Der Beginn einer geordneten Benennung der Jahre wird um **2637 v. Chr.** vermutet. Allerdings handelt es sich hierbei um keine durchlaufende Zählung; man ordnet die Jahre in Zyklen. In Indien entwickelten sich ab etwa der Mitte des ersten Jahrtausends v. Chr. Mathematik und Astronomie. Sie standen in engem Zusammenhang mit religiösen Vorschriften und dem Kalenderwesen. Im sechsten oder siebenten Jahrhundert kam hier ein dezimales Zahlenpositionssystem einschließlich eines „Leerzeichens", der Null, in Gebrauch und verbreitete sich nach Westen.

Auch im antiken Griechenland erblühte eine Hochkultur. Ihre Berührung mit den alten Kulturzentren Ägyptens und Mesopotamiens ebnete den Weg zur Herausbildung echter Naturwissenschaft. Die Ursachen des Naturgeschehens wurden nun nicht mehr im Wirken von Göttern gesucht. Hochentwickelt war die theoretische Astronomie der Griechen, doch ihr Kalender blieb auf den Mond fixiert. Anders lagen die Dinge im hellenistischen Alexandria. Dort griff man auf den Sonnenkalender der Ägypter zurück und entwarf eine Kalenderrechnung, die auf einer Jahreslänge von 365¼ Tagen basierte. Diesen Kalender bestimmte Julius Cäsar 45 v. Chr. zum Standard für das Römische Weltreich. Mit relativ kleinen Korrekturen benutzen wir ihn noch heute.

Als sich die Blütezeit der griechischen Zivilisation im sechsten Jahrhundert ihrem Ende näherte, wanderten zahlreiche Gelehrte in den Mittleren Osten ab. Für zwei Jahrhunderte wurde Bagdad zum bedeutendsten geistigen Zentrum. Die vereinten Kenntnisse und Fähigkeiten von Griechen, Persern, Indern und Arabern führten hier zu außerordentlichen Fortschritten der Mathematik und Astronomie. Aus der nahen arabischen Wüste machte sich um 630 ein Volk auf den Weg und unterwarf sich die Länder westwärts bis Spanien und im Osten bis Indien. Im Gefolge von Handel und Raub wurde es zum Vermittler von Kultur zwischen Orient und Abendland. Fast ein Jahrtausend gehörte den Arabern. Bis zum 15. Jahrhundert sammelten, übersetzten und verbreiteten sie das Wissen der Welt. Mit dem Tag der Auswanderung ihres Religionsstifters Muhammad aus Mekka am 16. Juli 622 n. Chr. beginnt die fortlaufende Zählung der Jahre ihres bis heute benutzten Mondkalenders „nach der Hidschra".

Nicht nur Kalender, auch Uhren – in Gestalt von Schattenstab und tröpfelndem Wassergefäß – waren schon in Alt-Ägypten, in Griechenland und Rom verbreitet. Doch mit dem Untergang der großen Sklavenhalterstaaten verlor die Zeit für viele Jahrhunderte ihre Bedeutung im Alltagsleben. In Europa hatte das frühe Mittelalter die meisten Traditionen der antiken Wissenschaft unterbrochen. Nur Klosterschulen vermittelten noch ein Minimum an Kenntnissen über die Natur. Immerhin führte die christliche Kirche, um ihre Feste und Heiligentage zu ordnen, den römischen Kalender ohne Unterbrechung weiter. Und die Klöster bewahrten mit ihren Gebetszeiten die antike Teilung des Tages in Stunden. An diesen abgeschiedenen Orten keimten während der sogenannten dunklen Jarhunderte neue Ideen

In Rom befasste sich der skythische Abt Dionysius Exiguus mit der Berechnung der beweglichen kirchlichen Feiertage. Um das Jahr 530 begründete er in seiner Ostertafel eine Zeitrechnung, die er auf das vermeintliche Geburtsjahr Jesu Christi bezog. Zwei Jahrhunderte später beschäftigte sich im englischen Kloster Jarrow der Geschichtsschreiber Beda Venerabilis auch mit Kosmologie und Kalenderrechnung. Beda begriff Zeit als real und messbar und erklärte, was unter Moment, Stunde, Tag, Monat, Jahr, Jahrhundert und Zeitalter zu verstehen sei. Erst mit ihm beginnend setzte sich langsam die christliche Jahreszählung in der Geschichtsschreibung des europäischen Mittelalters durch. Danach vergingen weitere neun Jahrhunderte, bis um 1630 der Franzose Denis Petau (Petavius) der christlichen Ära auch für die Zeit vor Christus zum Durchbruch verhalf.

Gesellschaftliche Impulse zur Entwicklung der Wissenschaften kamen aus dem Aufblühen der Städte und des Handels. So berichtete der Kaufmann Fibonacci aus Pisa im Jahre 1202 über das schriftliche Rechnen mit arabischen Ziffern, wie es in Nordafrika üblich war. Im Lauf des 13. Jahrhunderts entstand in Europa die mechanische Uhr. Mit ihr verbreiteten sich die gleichlangen Stunden in Europa. Bücher waren bis zum Ausgang des Mittelalters ungeheure Kostbarkeiten, und Kalender machten darin keine Ausnahme. Das änderte sich um 1450 mit der Erfindung des Buchdrucks mit beweglichen Lettern durch Gutenberg. Nun konnten auch Kalender allmählich zum Gegenstand des täglichen Lebens werden. Das individuelle Planen der Zeit bahnte sich an.

Eine neue geistige Epoche leitete Kopernikus ein, als er 1543 ein neues Modell der Welt vorstellte, das die Sonne in den Mittelpunkt der Planetenbahnen rückt. Doch die Astronomen jener Zeit interessierten an der Arbeit des Kopernikus mehr seine Messungen der Mondphasen und der Jahreslänge, die er mit 365,2425 Tagen ermittelte.

1905 fand Albert Einstein seine Spezielle Relativitätstheorie. Sie bewies, dass es keine absolute Bewegung gibt, nur relative Veränderungen wahrnehmbar sind. Aus ihr folgt unter anderem die Dilatation der Zeit. 1915 erklärte er die Gravitation mit einer erweiterten, der Allgemeinen Relativitätstheorie: Die Planeten werden nicht durch Gravitationskräfte auf gekrümmte Bahnen gezwungen, sondern die Masse der Sonne krümmt die Raumzeit derart, dass die Planeten im dreidimensionalen Raum einer Kreisbahn zu folgen scheinen, obwohl sie in der vierdimensionalen Raumzeit einer Geraden folgen.

Edwin Hubble stellte 1929 die Rotverschiebung der Sterne fest und bewies damit die ständig wachsende Ausdehnung des Universums. Das aber bedeutet, dass sich früher einmal, das heißt vor etwa 14 Milliarden Jahren, alle seine Bestandteile nahe beieinander, befanden. Im Deutschen bürgerte sich die Bezeichnung „Urknall" für diesen ursprünglichen Zustand ein. Die Urknalltheorie war eine der geistigen Revolutionen des 20. Jahrhunderts. Man kann sagen, dass mit dem Urknall die Zeit beginnt. Das bedeutet, dass „vorher" Zeit nicht definiert ist, und daraus folgt weiter, dass es ein „Vorher" mit Bezug auf den Urknall nicht gibt. Alle diesbezüglichen Fragen sind gegenstandslos, so schwer man sich damit abfinden mag.

Ein Stern, dessen Energie verbraucht ist, kühlt ab und zieht sich zusammen. Übersteigt seine Masse einen bestimmten Grenzwert, so wird er extrem komprimiert. Die Gravitation wird dann so groß, dass sie alles, sogar das Licht, am Entkommen hindert. Solche Regionen der Raumzeit werden „Schwarzes Loch" genannt. Auch in Schwarzen Löchern ist analog zum Urknall die Zeit nicht mehr definiert. Die Raumzeit zwischen Urknall und Schwarzem Loch beschreibt man seit den 1960er Jahren durch das Modell eines dynamisch expandierenden Universums. Dieses scheint einen zeitlich fixierbaren Anfang zu haben, und es könnte zu einem bestimmten Zeitpunkt in der Zukunft enden. Zu seiner Ausarbeitung haben vor allem die Briten Stephen Hawking und Roger Penrose beigetragen.

Aristoteles hatte geglaubt, man könne Materie unendlich zerteilen. Dagegen meinten Demokrit und andere, dass alles aus unteilbaren winzigen Atomen bestehe. Erst 1911 beendete Ernest Rutherford den Streit mit dem Nachweis, dass Atome aus Elektronen bestehen, die einen positiv geladenen Kern umkreisen. Damit war die moderne Kernphysik begründet. Die weitere Erforschung der atomaren Teilchen führte – neben der Bombe und den umstrittenen Reaktoren– zur Atomuhr. Charakteristische Eigenschwingungen eines Atoms im Mikrowellenbereich werden elektronisch gezählt und zu äußerst genauer Zeitmessung benutzt.

4. Zeitforschung heute

Betrachtungen über die Zeit kann man auf vielfältige Weise anstellen, und die Vielfalt der Möglichkeiten wächst noch immer. Je mehr die Menschen über sich und ihre Umwelt erfahren, desto spezieller wird das Wissen des Einzelnen. Seit mindestens einem Jahrhundert sprechen Wissenschaftler verschiedener Fachgebiete von ganz verschiedenen Dingen, wenn sie „Zeit" sagen.

Vor kaum 300 Jahren hatten noch die Philosophen den gesamten Bereich menschlicher Erkenntnis als ihre Domäne beansprucht. Mit wachsendem Umfang des Wissens engte sich ihr Wirkungsfeld mehr und mehr ein. So ist die Frage nach dem Ursprung des Seins und den Grenzen der Zeit inzwischen eine Angelegenheit der Physiker. Diese streben danach, mit einer einzigen einheitlichen Theorie das gesamte Universum zu beschreiben. Schrittweise suchen sie sich einer Lösung zu nähern. Vor einem Jahrhundert hatten sie sich noch auf jenen Teil des Problems beschränkt, der die im Lauf der Zeit eintretenden Veränderungen des (vorhandenen) Universums betrifft. Damals unterschied man „objektive" von „subjektiver" Zeit. Als objektiv galt, was durch Vergleich mit kontinuierlich bewegten Objekten (Himmelskörper und mechanische Uhren) gemessen werden konnte. Naturwissenschaftler hielten damals Zeit für eine absolute Größe. Dann machte Einsteins Relativitätstheorie klar, dass auch in der Physik das Zeitmaß vom Beobachter abhängt. Inzwischen ist die „Raumzeit" definiert: Jedes Ereignis im Universum findet an einem Ort mit seinen drei Raumkoordinaten zu einer bestimmten Zeit als vierter Koordinate (in den „vier Dimensionen") statt.

Auf der Suche nach einer einheitlichen Theorie ergab sich in der ersten Hälfte des 20. Jahrhunderts eine Zerlegung des Problems in zwei grundlegende Teiltheorien. Die Relativitätstheorie beschreibt in ihrer allgemeinen Form die Gravitation und den Aufbau des Universums in großen Bereichen; als Spezielle Relativitätstheorie hat sie der Menschheit die Kernenergie gebracht. Neben ihr untersucht die Quantenmechanik Erscheinungen in den kleinsten denkbaren Bereichen; ihr verdanken wir die mikroelektronische Revolution. Leider lassen sich beide Theorien nicht miteinander in Einklang bringen. Heute suchen Physiker nach einer Quantentheorie der Gravitation, die beide vereinen könnte und alles im Universum beschreiben soll.

Andere Wissenschaftszweige untersuchen andere zeitliche Phänomene, und dabei haben sich Ansätze zu einer einheitlichen Naturwissenschaft gezeigt. Gerade auch zeitliche Aspekte sind übergreifend wirksam, so in den Geowissenschaften, der Biologie, der Psychologie und zahlreichen weiteren Disziplinen. In gewisser Weise eine Brücke zwischen den Anschauungen der Natur- und der Geisteswissenschaftler schlägt das gedankliche Bild des Zeitpfeils. Mit ihm lässt sich der Zusammenhang zwischen den Zeitbegriffen der Physik und dem individuellen Zeitempfinden darstellen. Der Zeitpfeil fliegt nicht, er weist wie das Verkehrszeichen an der Einbahnstraße in die einzig erlaubte Richtung. Sie führt in die Zukunft, und nichts bringt die Vergangenheit zurück.

Der Zeitpfeil manifestiert sich in verschiedenen Formen. Als das Universum mit einer Phase ungebremster Explosion begann, entstand Unordnung und mit ihr der thermodynamische Zeitpfeil. Er gab der Zeit eine Richtung, und dadurch unterscheiden sich Vergangenheit und Zukunft. Der kosmologische Zeitpfeil weist in diejenige zeitliche Richtung, in der sich das Universum ausdehnt. Seit dem Entstehen des thermodynamischen Pfeils stimmen beide überein. Schließlich spricht man vom psychologischen Zeitpfeil. Er kommt aus jener Richtung, in der wir die Vergangenheit erinnern, und er weist dorthin, wohin nach unserem Gefühl die Zeit fortschreitet. Der psychologische Zeitpfeil wird durch den thermodynamischen bestimmt. Deshalb müssen alle Zeitpfeile in die gleiche Richtung zeigen – es ist immer dieselbe Zeit. Sei es die Entwicklung des Kosmos, sei es die biologische oder die soziokulturelle Evolution, sie verlaufen zeitlich gleichgerichtet. Leben läuft nicht rückwärts.

Natur- und Geisteswissenschaften beziehen oft konträre Standpunkte hinsichtlich der Zeit. Das hängt mit dem menschlichen Bewusstsein zusammen. Physikalische Prozesse laufen in einer bestimmten zeitlichen Realität ab. Alles Leben und seine zeitlichen Bedingungen basieren selbstverständlich ebenfalls auf dieser Realität. Aber die Vielfalt menschlichen Lebens vollzieht sich zugleich in einer anderen Realität, auf der Ebene des Bewusstseins.

Sodann ist zu bedenken, dass Zeit neben jedem naturwissenschaftlich oder idealistisch gefassten Begriff als gesellschaftlich-soziales Phänomen verstanden werden muss. In diesem Sinne hat jede Gesellschaft ihre eigene Zeit. In den letzten Jahrzehnten haben Philosophen den Naturwissenschaften vorgeworfen, dass ihr physikalischer Zeitbegriff die Lebenszeit des Menschen manipuliere. Seit dem 13. Jahrhundert führen die mechanischen Uhren den Menschen eine gleichförmig geteilte Reihe von Zeitpunkten vor, längs derer sich das „Jetzt" in Gestalt eines Zeigers bewegt. Die Reihe führt kreisförmig in sich selbst zurück und demonstriert die Wiederkehr der Tage. Dadurch wurde die Zeit abstrakt. Die klassische Physik Galileis und Newtons hatte damit einen Weg gefunden, ihre Aussagen unabhängig von den drei Zeitmodi Vergangenheit, Gegenwart und Zukunft zu treffen.

An den abstrakten Zeitbegriff der Physiker schlossen sich die anderen Wissenschaften an. Scheinbar siegte die rechnende Vernunft über die Natur. Vielfältige technische und ökonomische Nutzungen entstanden auf der Grundlage der abstrakten Zeit. Damit verbunden erreichten die Ausbeutung des Menschen sowie die Ausbeutung jeglichen Lebens in der Natur ungeheure Ausmaße. Eine der Folgen ist die ökologische Krise der Gegenwart.

Während sich Physiker schon früh der Abstraktion als Mittel der Erkenntnis bedienten, fiel es Biologen und Gesellschaftswissenschaftlern besonders schwer, die komplexen Zusammenhänge zugunsten einer Objektivierung auszublenden. Das hängt mit den besonderen Zeitlichkeiten der organischen Natur und des menschlichen Bewusstseins zusammen. In diesen Bereichen ist ein großer Teil der Phänomene miteinander vernetzt, die Systeme sind zum Teil mehrfach in sich rückgekoppelt. Sie können nicht durch einfache kausal-analytische Ketten erfasst werden. Man hat inzwischen daraus gefolgert, die Methode der Naturwissenschaften, alle Vorgänge raum-zeitlich zu beschreiben, könne nur eine von mehreren einander ergänzenden Erkenntnismethoden sein.

Präzision im Detail wird mit Ausblenden von Ganzheit bezahlt. Mit ihrem Streben nach exakter Erkenntnis haben die Naturwissenschaftler einen Anspruch auf Reproduzierbarkeit der Bedingungen verbunden. Ihr abstrakter Zeitbegriff erfüllte diesen Anspruch, verdrängte aber dafür die Nichtumkehrbarkeit der geschichtlichen Zeit aus dem Bewusstsein. Mit dieser Denkweise verband sich ein Determinismus, die Auffassung von der Vorbestimmtheit jeglicher Entwicklung. Dieses Grundmuster im Denken beeinträchtigte lange Zeit alle jene Prozesse und Strukturen, die als offen in der Zeit gelten. Zeit, wie sie Menschen unseres abendländischen Kulturkreises verstehen, ist weder zyklisch noch auf andere Weise determiniert. Sie besitzt die mit realen Ereignissen belegte Vergangenheit, die sich nie wiederholt. Sie ist eine Zeit der (vergangenen) Geschichte mit offener Zukunft.

Der in Moskau geborene Belgier Ilya Prigogine (1917–2003) widmete sich in seiner letzten Schaffensperiode den allgemeinen Problemen von Zeit, Chaos, Irreversibilität und Naturgesetzlichkeit. Seine Arbeiten über „offene Systeme" haben das moderne Weltbild entscheidend mitgeprägt und führten zu einer Annäherung zwischen der Physik und anderen Naturwissenschaften. Sie regten das Nachdenken über die Nichtumkehrbarkeit natürlicher Prozesse an. Daraus folgte die Erkenntnis, dass sich der Zeitpfeil auch im Wachstum von Komplexität manifestiert. Prigogine erklärte, Zeit messe solche inneren Entwicklungen in einer Welt des Nichtgleichgewichts.

Zunehmende Komplexität und plötzliche Umschlagprozesse am Rande eines bestehenden Gleichgewichts sind grundlegende

Phänomene der Evolution. Engels benutzte dafür den Begriff des dialektischen Umschlagens von Quantität in Qualität. Dies, sowie die Beschreibung spontan sich selbst organisierender Strukturen erfordern eine Physik, in der Zeit mehr als nur ein Parameter der Bewegung ist. Prigogine forderte als Hauptbedingung für eine Annäherung zwischen Natur- und Geisteswissenschaften, diese andere Wirklichkeit der Zeit endlich anzuerkennen. Das Morgen sei nicht länger schon im Heute enthalten.

Auf einer Vorstellung von offenen Systemen basiert auch die Chaostheorie. Sie definiert Bifurkationen, die man sich als Verzweigungsstellen, gewissermaßen Weichen im Verlauf der Entwicklung eines Systems, vorstellt. In der Vergangenheit unseres Systems gab es an vielen solchen Punkten jeweils verschiedene mögliche Zukünfte für den Fluss der Zeit. Durch Iteration und Verstärkung wurde jeweils *eine* Zukunft ausgewählt, und alle anderen Möglichkeiten verschwanden für immer. So repräsentieren Bifurkationspunkte die Nichtumkehrbarkeit der Zeit.

Kein wissenschaftlicher Gegenstand ist derart fachübergreifend wie das Thema „Zeit". Ungeachtet dessen behandeln es alle Disziplinen der Natur- und Geisteswissenschaften äußerst fachspezifisch. Im Lauf der historischen Entwicklung war es zu einer Spaltung dieser beiden Hauptzweige der Wissenschaft gekommen. Die reale Welt ist aber nicht zweigeteilt in Natur und Gesellschaft. Im ersten Drittel des 20. Jahrhunderts bewirkten die Umwälzungen der Physik eine erste Wiederannäherung. In das neue physikalische Zeitverständnis flossen Gedanken aus dem Bereich der historischen Erfahrung ein, und es kam zu einer allgemeinen Zeitdebatte unter den Wissenschaftlern. Im letzten Drittel des Jahrhunderts bewegten solche Fragen erneut auch Philosophen sowie Wirtschafts- und Sozialwissenschaftler in großem Umfang. „Die Frage nach der Zeit schwappt in historischen Wellenbewegungen in das Bewusstsein. Derzeit hat Zeit ihre große Zeit", formulierte der Münchener Sozialwissenschaftler Kurt Weis 1995. Solches Fragen nach der Zeit hat objektive Gründe. Es ist das Ziel wissenschaftlicher Arbeit, Zusammenhänge zwischen

Phänomenen zu beschreiben. Zeit ist ein dafür geeignetes univer-selles Ordnungssystem, das die Beziehungen und Reihenfolgen so abbildet, wie wir sie erfahren. Dabei kann für die meisten Zwecke außer Betracht bleiben, was Zeit eigentlich ist. Das ermöglicht ihre Universalität ungeachtet unterschiedlicher Auffassungen über ihre Natur.

In den 1960er Jahren entstand eine neue Betrachtungsweise zur Untersuchung schwieriger Fragen, der interdisziplinäre Ansatz. 1966 gründete der in Budapest geborene amerikanische Ingenieur und Philosoph Julius T. Fraser die *International Society for the Study of Time*, die sich mit interdisziplinärer Zeitforschung beschäftigt.

Die Einzelwissenschaften kennen verschiedene einzelne „Zeitlichkeiten". Darunter versteht man die besonderen Erschei-nungsbilder von Zeit, die sich darbieten, wenn man Zeit unter bestimmten Aspekten mehr oder weniger isoliert und absichtlich aus dem Zusammenhang herausgelöst betrachtet. Man hat sie auch als verschiedene Facetten von Erfahrung interpretiert. Aus ihnen setzt sich letzten Endes die eine, alles umfassende Zeit wieder zusammen.

Die Natur hat sich stufenweise entwickelt. Alle Stufen bilden ein einheitliches Ganzes, in dem auch die ältesten Schichten wei-ter existieren. Auf jedem neuen Niveau entstanden eine neue, andersartige Umgebung und eine eigene spezielle Zeitlichkeit. Auch diese bestehen nebeneinander weiter. So basieren die Lebensfunktionen des Menschen auf physikalischer und auf biologischer Zeitlichkeit. Zugleich läuft im Bewusstsein jedes Einzelnen seine persönliche Zeit. Darüber hinaus existiert Zeit als soziales Phänomen – jede Gesellschaft, jede Kultur hat ihre eigenen Auffassungen von Zeit, und diese unterliegen einem ständigen Wandel.

Die moderne interdisziplinäre Zeitforschung nimmt heute eine Hierarchie aus sechs solchen Zeitlichkeiten an. Sie basiert auf dem Denkmodell des dynamisch expandierenden Universums. Seit dem Augenblick des Urknalls existiert *Azeitlichkeit*. Sie ist eine Eigenschaft der elektromagnetischen Strahlung. Für die mit Lichtgeschwindigkeit reisenden Photonen kann keine Zeit vergehen – ihre „Eigenzeit" ist Null.

Bald nach dem Urknall bildeten sich aus Strahlungsenergie die ersten Teilchen. Weil sie Masse besitzen, wurden sie langsamer als das Licht. Daraus werden erste Zeitbegriffe definiert. Für diese Zwischenstufe hat man den Ausdruck *Protozeitlichkeit* gebildet. Diese ist noch nicht zusammenhängend; ihre Teile haben keine Richtung, und sie fließt nicht. Die protozeitliche Welt herrscht überall dort, wo sich keine massereichen Körper befinden. Ereignisse in diesen Regionen des Weltalls können nur statistisch beschrieben werden, das heißt, man kann stets nur die Wahrscheinlichkeit ihres Eintretens angeben.

Etwas später sammelten sich Teilchen heißen Gases zu fester Materie. In dieser neuen Umwelt erhielt die bruchstückhafte Protozeit einen Zusammenhang. Man nennt sie *Eozeitlichkeit*. Sie ist die erste kontinuierliche Zeit, bereits andauernd, aber noch immer ohne Richtung. Dieser zeitliche Zustand herrscht in der makroskopischen Welt der Physik, in der astronomischen Welt der Sterne. Unsere Vorstellungen von Gegenwart, Vergangenheit und Zukunft sind auch auf die Eozeit noch nicht anwendbar. Dieser Umstand führte Philosophen zu der Annahme, die Zeit existiere überhaupt nur in der Vorstellungswelt des Menschen.

Biozeitlichkeit beschreibt jene Wirklichkeit von Zeit, in der die Lebewesen existieren. Sie entstand mit dem Leben und ist auf die Zeit der organischen Gegenwart des Lebensprozesses begrenzt. Der Vorgang des Entstehens von Leben aus unbelebter Substanz wird heute mit einer Selbstorganisation von Materie erklärt. Das ist mit dem Begriff der offenen Systeme verbunden. Man geht jetzt allgemein davon aus, dass Leben an vielen Punkten der Raumzeit unabhängig voneinander entstanden sei.

Zusammen mit dem Menschen entwickelte sich *Noozeitlichkeit*. Das ist die zeitliche Realität des menschlichen Geistes. In ihr nehmen die Individuen den Lauf der Zeit wahr, „erleben" sie alles Geschehen. Noologie bezeichnet „Geisteslehre", und Noetik bedeutet „Erkenntnislehre", behandelt das Denken betreffende Grundsätze. Diese noetische Zeit nun existiert tatsächlich rein intellektuell. Erst auf dieser Stufe entstand inmitten der ewig bewegten Natur ein Begriff von Dauer – die menschliche Psyche schuf sich die Vorstellung von Ruhe auf ihrer Suche nach Kontinuität. Sie ist verbunden mit der Suche nach beständiger Identität, die ein Überleben erst ermöglicht. Doch fälschlich hat das Abendland seit dem klassischen Altertum die Idee von der Ruhe als fundamentalem Naturzustand gepflegt. Die etablierten Gesellschaften gründeten ihre sozialen und religiösen Lehren auf die Unveränderlichkeit der Zeit. Seit Quanten- und Spezieller Relativitätstheorie sind diese Standpunkte nicht mehr haltbar.

Schließlich beziehen neuere Forschungen auch eine Zeitlichkeit ein, die noch nicht voll ausgeprägt ist. Diese *Soziozeitlichkeit* steht im Begriff, von Menschen geschaffen zu werden. Sie umfasst die gesellschaftlichen Aspekte der Zeit und die Art und Weise, wie die Gemeinschaft sie beurteilt. Fraser hat die gesellschaftlichen Aspekte „Sozialisation der Zeit" genannt und als Fortsetzung der Rhythmen tierischer Gemeinschaften erklärt. Die Gesellschaft wünscht in einer Reihe von Fällen gleichzeitiges Handeln und legt dafür geeignete Zeitpunkte fest. Den anderen Gesichtspunkt, die Beurteilung durch die Gesellschaft, bezeichnete er als „kollektive Zeitbewertung". Diese betrifft Wertesysteme, die den Mitgliedern einer Gemeinschaft Leitfaden in ihrem Leben sind.

Individuen und Gesellschaft haben sich gemeinsam entwickelt. Dadurch sind Noozeitlichkeit und Soziozeitlichkeit eng miteinander verbunden. Ursprünglich bestanden vielfältige Möglichkeiten der Sozialisation und der Zeitbewertung. Diese Pluralität wird zunehmend beschnitten, seit die Globalisierung unsere Welt erfasst hat. Der „zeitkompakte Globus" zwingt die Menschheit, ihre Arbeits- und Lebensrhythmen anzugleichen sowie gleiche wissenschaftliche Methoden und Produktionsverfahren anzuwenden. Im Ergebnis dessen scheint sich die „zeitkompakte globale Gesellschaft" herauszubilden. Wir können den neuen zeitlichen Zwängen neuer gesellschaftlicher Formationen nicht entgehen. Sie führen zu immer stärkerer Bindung an vereinheitlichte Zeitsysteme. Das war auch in der Vergangenheit so. Andererseits wurden und werden, je mehr alles Lebendige erforscht wird, spezifische Zeitsysteme umso differenzierter definiert. Dazu gehören erdgeschichtliche Epochen und biologische Rhythmen ebenso wie die Vielfalt der Kalender, Definitionen von Uhrzeit und viele andere. Es werden immer mehr.

II. Die Zeitskalen der Natur

1. Zeit in der Physik

Zeit ist gewaltig, sie umfasst alles jemals Existierende. Ohne Begriffe von Zeit und Raum kann über kein Ereignis im Universum gesprochen werden, und außerhalb des Universums ist Zeit nicht definiert. Sie beginnt mit der Entstehung des Weltsystems, und ihre bisherige Dauer ist unvorstellbar groß. Wir können uns die Stellung des Menschen in der Zeit nur anhand von Modellen der Wirklichkeit deutlich machen.

Stellen wir uns die Geschichte des Universums als eine gewaltige gedruckte Chronik mit 150 Bänden vor, dann berichtet diese in Band 110 von der Entstehung der Erde. Am Anfang des vorletzten Bandes 149 erscheinen auf ihr die ersten kleinen Säugetiere. Falls nun jeder Band 1000 Seiten enthält, dann werden die frühesten menschenähnlichen Wesen auf Seite 980 des letzten, des 150. Bandes erwähnt. Und wenn schließlich jede Seite der gedachten Bücher 100 Zeilen aufnimmt, finden wir den Startpunkt unserer Zeitrechnung, das Jahr 1 n. Chr., ganz unten auf der letzten Seite.

Falls wir aber versuchen, uns die Zeitbegriffe der modernen Physik zu veranschaulichen, so versagen alle derartigen Modellvorstellungen. Nur die Mathematik gestattet uns eine Darstellung der Größenverhältnisse. Der kürzeste bekannte Zeitraum ist die nach dem Physiker Max Planck benannte Planck-Zeit von rund $10-43$ Sekunden. Der längste Zeitraum ist das Weltalter, die vom Urknall bis zur Gegenwart verstrichenen etwa 14 Milliarden Jahre oder $4,4 \times 10^{17}$ Sekunden.

1922 hatte der russische Mathematiker und Physiker Alexander Fridman theoretisch hergeleitet, dass das Universum nicht statisch sein kann, und ein auf der Allgemeinen Relativitätstheorie basierendes kosmologisches Modell erdacht. Er stellte sich punktförmige Objekte vor, die als Bestandteile jeweils einer anderen Galaxie mit diesen zusammen durch das sich ausdehnende Universum driften und dabei fiktive Spuren in der Raumzeit hinterlassen. Diese Spuren verlängerte Fridman in Gedanken rückwärts und fand, dass sich alle in einem imaginären Punkt der Raumzeit schneiden müssen. In diesem Schnittpunkt waren alle Teilchen des Universums früher dicht beieinander vereint. Er ist gleichzeitig Ort und Zeitpunkt des Urknalls, und mit ihm beginnt die Existenz von Zeit.

Als Beweis für einen Ur-Anfang gilt das Vorhandensein von Radioaktivität in der Materie um uns herum. Radioaktivität kann nicht unendlich lange andauern, und deshalb kann der Aufbau dieser Materie nicht unendlich lange her sein. Auf dieser Tatsache beruhen die radiometrischen Methoden der Zeitmessung, zum Beispiel zur geologischen Altersbestimmung. Als weiterer empirischer Beweis für die Urknallhypothese wird die 1964 entdeckte kosmische Hintergrundstrahlung angesehen.

Unmittelbar auf den Urknall folgte eine Inflationsphase des Weltalls. Sie dauerte zwar nur 10-32 Sekunden, doch während dieser Zeit vergrößerten sich alle Abstände um den Faktor 1050. Von dieser jedes Vorstellungsvermögen sprengenden Epoche abgesehen, erfolgt die Ausdehnung des Alls in Raum und Zeit mit einer bestimmten konstanten Geschwindigkeit, jener des Lichts.

Die Lichtgeschwindigkeit verkörpert die absolute Bewegung, auf welche Albert Einstein 1905 mit seiner Speziellen Relativitätstheorie eine neue Physik gründete. Aber nur relative Veränderungen der Bewegung sind beobachtbar. Mit dem alten Denkmodell von der absoluten Ruhe musste deshalb auch die alte Vorstellung von einer absoluten Zeit aufgegeben werden; Zeit und Raum hatten sich als relativ erwiesen.

Aus dieser Relativität ergibt sich unter anderem die Dilatation der Zeit. Dieser Effekt wird in dem bekannten Uhrenparadoxon deutlich: Eine Uhr, die mit großer Geschwindigkeit von einem Raumpunkt weg und wieder zurück bewegt worden ist, muss eine geringere Zeitspanne anzeigen als eine Uhr, die in Ruhe blieb. Über Jahrzehnte mit Skepsis betrachtet, wurde der Effekt mit Atomuhren an Bord von Flugzeugen experimentell bestätigt. Das Uhrenparadoxon zeigt außerdem, dass jedes sich gegenüber einem anderen bewegende System seine eigene Zeit hat. Daraus folgt, dass auch der Begriff der Gleichzeitigkeit nur relativ ist. Damit hat die Spezielle Relativitätstheorie den azeitlichen Charakter des Lichts aufgedeckt. Das Phänomen des „Jetzt" existiert nur in der Welt der Lebewesen.

Einstein hatte weiter gefolgert, dass die Masse eines Körpers bei Lichtgeschwindigkeit unendlich groß würde. Deshalb erkannte er die Geschwindigkeit des Lichts als größte überhaupt mögliche Geschwindigkeit, mit der sich irgendetwas im Raum ausbreiten kann. Damit war die Lichtgeschwindigkeit als Naturkonstante bestimmt. Ihr genauer Wert beträgt 299.792,458 Kilometer pro Sekunde. Mit ihr breiten sich elektromagnetische Wellen aller Frequenzen im Vakuum aus. Das hat heute praktische Bedeutung für die Zeitmessung. Empfängt man Radiosignale von mehreren miteinander gekoppelten Sendern, so kann man die unterschiedliche Laufzeit der Impulse messen. Darauf beruhen die modernen Navigationsverfahren, aus denen die Synchronisation des Weltuhrensystems abgeleitet wird.

1915 legte Einstein dar, dass die Planeten nicht unmittelbar von der Schwerkraft auf ihre Kurvenbahnen gezogen werden. Vielmehr folgen sie innerhalb der vierdimensionalen Raumzeit einer Geraden. Die Masse der Sonne krümmt dieses ganze Bezugssystem, die Raumzeit selbst. Dadurch entsteht für uns, die Betrachter im dreidimensionalen Raum, der objektive Eindruck einer Kreisbahn. Die Quintessenz dieser Überlegungen wurde als Allgemeine Relativitätstheorie bekannt: Die Materie bestimmt die Krümmung der Raumzeit, und diese bestimmt die Bewegung der Materie. Einstein hatte damit eine erste zusammenhängende Physik des Weltalls geschaffen. Danach ist der Weltraum endlich, aber unbegrenzt, und er ist „gekrümmt" in den vier Dimensionen. Raum und Zeit existieren in einer Einheit als Raum-Zeit-Kontinuum.

Aus der Krümmung der Raumzeit folgt unter anderem auch, dass die Zeit vom umgebenden Gravitationsfeld abhängt. Sie verstreicht in der Nähe einer großen Masse langsamer. Was einst unglaublich schien, ist längst experimentell bestätigt: Von zwei identischen Uhren nahe der Erdoberfläche und hoch darüber geht die untere langsamer. Das hat praktische Konsequenzen in der Satellitentechnik. Ohne entsprechende Korrektur der Borduhr würden im GPS-Navigationssystem Fehler bis zu mehreren Metern auftreten.

Die Existenz von Zeit beginnt mit dem Urknall. Aus der Anfangssingularität, einem sehr gleichmäßigen und geordneten Zustand, gingen in einer Explosionsphase Regionen mit einer etwas höheren Dichte hervor. Im System bildeten sich ungeordnete Verteilungen. In diesem Moment war der thermodynamische Zeitpfeil entstanden. Dieser Ausdruck beschreibt die Eigenart der Zeit, eine bevorzugte Richtung zu besitzen. Das ist jene zeitliche Richtung, in der in einem abgeschlossenen System die Entropie wächst. Dabei geht Energie in einen Zustand höherer Wahrscheinlichkeit über, es entsteht größere Unordnung der Moleküle. Durch diese Richtung unterscheiden sich Vergangenheit und Zukunft.

Zugleich mit dem thermodynamischen entstand der kosmologische Zeitpfeil. Er weist in jene Zeitrichtung, in der das Universum expandiert. Beide Richtungen sind gleich. Da sich der Raum ständig ausdehnt, entsteht ein einseitig gerichteter ununterbrochener Fluss von Energie in ihn hinein. Dieser ruft alle anderen zeitlich gerichteten Prozesse hervor. Es scheint, als würde sich dadurch der kosmologische Zeitpfeil allen anderen Prozessen aufprägen.

Prigogine hat darauf hingewiesen, dass die Zeit auch innere Entwicklungen von Systemen messe. Folglich manifestiere sich der Zeitpfeil im Wachstum von Komplexität. Damit kann das grundlegende Phänomen der Evolution, die Entwicklung vom Einfachen zum Komplexen, physikalisch erklärt werden. Als einer der Ersten erkannte Prigogine, dass in weit vom Gleichgewicht entfernten Systemen Ordnung aus dem Chaos entsteht. Die Chaostheorie erklärt Bifurkationspunkte als Verzweigungsstellen in der Vergangenheit eines Systems. An jedem von ihnen gab es die Möglichkeit verschiedener Zukünfte für den Fluss der Zeit. Das System stabilisiert seinen einmal gewählten Weg durch Rückkopplung an den Bifurkationen. Dadurch wird gewissermaßen seine Vergangenheit ständig wiederholt. Das bedeutet: Zeit ist irreversibel und rekapituliert doch stets die Vergangenheit. Ein bekanntes Beispiel für solche Vorgänge ist das von Johann Meckel (1781–1833) entdeckte biogenetische Prinzip, demzufolge der einzelne Organismus im Zuge seiner embryonalen Entwicklung die Hauptstadien der Entwicklung seiner Art erneut durchläuft.

Über den Anfang der Zeit sind sich die Naturwissenschaftler heute einigermaßen einig. Anders verhält es sich bei der Frage nach der Zukunft der Zeit. Alle diesbezüglichen Überlegungen münden letztlich in die Frage, ob Zeit endet. Immer wieder anders haben Menschen in ihrer Zeit darüber nachgedacht. Christen im Mittelalter haben sie auf ihre Weise beantwortet, noch bevor sie die Räderuhr kannten. Im 12. oder 13. Jahrhundert meißelte ein unbekannter Künstler an der Kathedrale von Chartres die Vorstellungen seiner Zeit vom Jüngsten Gericht in ein Relief. Es zeigt den auferstandenen Menschen umgeben von sieben Engeln. In ihren Händen halten sie Astrolabien, verbergen diese jedoch in ihren Gewändern – beredter Ausdruck der Erkenntnis, dass Zeitmessung ihren Sinn verliert, wenn alle Zeit endet, Gottes Ewigkeit beginnt.

In den ältesten Religionen ist alles Seiende durch die Schöpfung selbst bedroht. So wird in Vorstellungen des Hinduismus die Existenz der Welt mitsamt der Zeit nur durch das permanente Handeln der Schöpfungsgötter aufrechterhalten.

Menschen der Frühzeit empfanden das Vergehen der Zeit nicht als bedrohliche Unsicherheit, sondern als Teil einer Folge immer wiederkehrender Abläufe. Am Ende eines Zyklus wird der Anfang wiederholt. Das war die Zeit der ewigen Wiederkehr. Anders im buddhistischen Denken. Hier wurde eine Form von Ewigkeit zum Ziel des menschlichen Daseins, die bewegungslos in sich ruht: das Nirvana, Grenzfläche zwischen der Ruhe und dem Nichts. Dort ist die Zeit aufgehoben.

Zeit entsteht, wenn irgendetwas eine Wirkung ausübt, haben uns die Physiker gelehrt. Zeit ist also mit der Welt entstanden. Wenn irgendwann in ferner Zukunft nichts mehr bewirkt wird, wenn alle Systeme einen stationären Zustand erreicht haben, könnte sie enden. Anders gesagt – sie endet dann, wenn überhaupt alles Sein endet. Doch über die Endlichkeit des Seins sind heute die Naturwissenschaftler geteilter Meinung. Manche gehen von der Voraussetzung aus, dass sich das All, mit dem Urknall beginnend, unendlich weit und unendlich lange ausdehnen wird. Daraus würde folgen, dass Zeit zwar einen Anfang, doch kein Ende hätte.

Neben diesen beiden gegensätzlichen Hauptrichtungen begegnet uns drittens Hawkings Hypothese, die Raumzeit sei zwar endlich, aber nicht begrenzt; besäße also wie die Oberfläche einer Kugel keinen Anfang und kein Ende. Viertens könnte das Universum unendlich pulsieren, sich rhythmisch wieder zusammenziehen und mit jeder neuen Ausdehnungsphase eine neue Zeit beginnen. Und schließlich, ohne sich überhaupt irgendwie festzulegen, sehen Naturwissenschaftler heute die Welt als ein offenes Ordnungsgefüge an, das im Zusammenspiel von Zufall und Notwendigkeit vielfältiger Entwicklungen fähig ist. Aus anderer Sicht beginnt und endet Zeit im Denken. Hier formte sie sich vielgestaltig aus. Der in der Welt erst spät vom Menschen ersonnene Zeitbegriff wird mit dem Menschen und lange vor dem Ende der physikalischen Zeitlichkeit verschwinden, ist eine naheliegende Vermutung.

In einer gänzlich anderen Richtung hat Ilya Prigogine die Überlegungen zur Zukunft der Zeit vorangetrieben. In seiner Arbeit *Flèche du Temps et fin des certitudes* (Der Zeitpfeil und das Ende der Gewissheiten) führt er die Idee der Ungewissheit in die Zeitvorstellung ein. Die Schlussfolgerungen daraus hat er selbst so zusammengefasst: „Wir kommen von einer Welt der Gewissheiten in eine Welt der Wahrscheinlichkeiten. Wir müssen den schmalen Weg finden zwischen einem entfremdenden

Determinismus und einem Universum, das vom Zufall regiert würde und somit unserem Verstand unzugänglich wäre." Die Pariser Abteilung für Zukunftsforschung der UNESCO hat im Jahr 2000 den Aufsatz im Rahmen ihres Sammelbandes *Schlüssel zum 21. Jahrhundert* veröffentlicht. Ihr Direktor Jérôme Bindé schätzt ein, dass diese Idee der Ungewissheit vielleicht das prägende Merkmal des 21. Jahrhunderts sein wird. Es ist schwer, die Bedeutung dieses Gedankens für den Zeitbegriff in seiner ganzen Tragweite zu begreifen: Die Zeit hat keine Zukunft mehr, sondern multiple Zukünfte.

2. Astronomie und Zeitmessung

Die herkömmliche praktische Zeitrechnung beruht auf dem Zählen des Ablaufs von Tagen, Monaten und Jahren. Diese wiederkehrenden Zeitabschnitte werden durch die Bewegungen der größten Himmelskörper bestimmt. Bereits in der Steinzeit beobachtete man von festen Plätzen aus, an welchen Orten der Umgebung sie auf- und untergingen. Zahlreiche Megalithbauten sind Zeugnisse dieser Horizont-Astronomie und darauf beruhender sehr früher Formen von Zeitrechnung.

Die Chaldäer in Mesopotamien legten Ergebnisse ihrer Beobachtungen schriftlich nieder. Um das Jahr 2340 v. Chr. verzeichneten sie die Daten der Morgenerstaufgänge von 34 Fixsternen. Sie wussten, dass Sonne, Mond und Planeten auf geschlossenen Bahnen durch die Tierkreisbilder ziehen, und konnten die vier Hauptpunkte des Sonnenjahres aus der Stellung der Gestirne bestimmen. Chinesische Astronomen arbeiteten um 1300 v. Chr. das System der 28 Mondstationen für Kalenderzwecke aus. Ihre Fixstern-Kataloge entstanden mithilfe hervorragender Beobachtungsgeräte sowie sehr genauer Wasseruhren. Auch in Indien erreichte die Astronomie schon vor fast 3000 Jahren einen frühen Höhepunkt. Sie stand in engem Zusammenhang mit religiösen Vorschriften und dem Kalenderwesen. Erst die Griechen der Antike entwickelten die Astronomie zur Wissenschaft und erkannten die Kugelgestalt der Erde. Vom neunten bis ins elfte

Jahrhundert erlebte die arabische Astronomie ihre erste große Blütezeit.

In Frauenburg unweit Danzig arbeitete der Astronom und Domherr Nikolaus Kopernikus. Er gelangte zu der Überzeugung, dass die Sonne im Mittelpunkt des Weltalls ruhe und dass sich Erde und Planeten in Kreisen um sie bewegen. Sein berühmtes Werk *De revolutionibus orbium coelestium* (1543) leitete eine neue geistige Epoche ein. Ausgehend vom Kopernikanischen Weltsystem beobachteten Tycho Brahe und Johannes Kepler als kaiserliche Mathematiker in Prag die Planeten. Kepler zeigte, dass diese nicht in Kreisen, sondern auf Ellipsenbahnen um die Sonne laufen. Seine 1627 veröffentlichten *Rudolfinischen Tafeln* blieben lange die Grundlage der meisten astronomischen Rechnungen.

Klassischer Untersuchungsgegenstand der Astronomen ist der Himmel, jenes fiktive Gewölbe über dem Beobachter, das die Gestirne zu tragen scheint. Damit man sich in der Unendlichkeit des Weltalls von der Erde aus orientieren kann, denken sich die Astronomen den Himmel als Kugel, unterteilen ihn durch Kreise und setzen Fixpunkte hinein. Drei verschiedene Orientierungssysteme wurden ausgebildet.

Im Mittelpunkt des ältesten, des Horizontalsystems, steht der Beobachter. Senkrecht über ihm an der Himmelskugel liegt der Zenit (Scheitelpunkt), entgegengesetzt der Nadir (Fußpunkt). Man denkt sich eine Anzahl von „Höhenkreisen", die senkrecht auf dem Horizont stehen und alle durch Zenit und Nadir führen. Auf einem von ihnen erreichen sämtliche Gestirne ihre größte Höhe über dem Horizont, die Kulmination. Wenn die Sonne kulminiert, ist die Mitte des lichten Tages erreicht, es ist Mittag. Deshalb heißt er „Mittagskreis", Meridian. Die astronomischen Meridiane der verschiedenen Beobachtungsorte sind zugleich geografische Meridiane, Kreise im Gradnetz der Erde. Man erdachte sie zur Orientierung auf der Erde, sie entsprechen der geografischen Länge des Ortes. An den Längengraden orientieren sich die Zeitzonen der Erde. Das Horizontalsystem erlaubt, die Richtung zu einem Stern mittels zweier Koordinaten anzugeben:

Höhe und Azimut. Die Höhe misst man als Winkel über dem Horizont. Das Azimut (heute auch „der Azimut") ist der Winkel zwischen dem Höhenkreis des Sterns und dem Meridian des Beobachtungsortes. Man misst ihn entlang des Horizonts.

Im zweiten großen Orientierungssystem bildet die Erde als Ganzes den Mittelpunkt der Himmelskugel. Sie wird von einer Linie in zwei „gleiche" Halbkugeln geteilt, die deshalb Äquator („Gleichmacher") heißt. In der Mitte der Äquatorebene steht senkrecht auf ihr die (verlängerte) Erdachse. Sie ist gegenüber der Horizontebene eines Beobachters um einen bestimmten Winkel geneigt. Das ist die geografische Breite des Ortes. Auch in diesem, dem Äquatorialsystem, denkt man sich einen „Korb" aus vielen aufrecht stehenden Kreisen. Doch diesmal stehen diese senkrecht auf dem Äquator und führen durch die Himmelspole. In einem bestimmten Moment gehört zu jedem Gestirn ein solcher Kreis, und man kann zwischen ihm und dem Himmelsmeridian, am Äquator entlang, den Winkel messen. Es ist üblich, diesen Winkel auch in Stunden von Null bis 24 anzugeben. Deshalb heißt er „Stundenwinkel" und seine Begrenzung „Stundenkreis". Ein besonderer Stundenkreis ist derjenige, der durch den „Frühlingspunkt" am Himmel geht.

Der Frühlingspunkt ist nichts anderes als der Aufenthaltsort der Sonne zur Zeit der Frühlings-Tagundnachtgleiche. Man definiert ihn mithilfe eines dritten, des Ekliptikal-Systems. Das hat die Sonne zum Mittelpunkt. Die Erde folgt bei ihrem jährlichen Lauf um die Sonne einer elliptischen Bahn, die auf einer ebenen Fläche liegt. Wo diese Erdbahnebene die Himmelskugel trifft, entsteht ein Kreis, die Ekliptik. Den Menschen ist sie altbekannt, denn von der Erde aus betrachtet ist es die Sonnenbahn, der scheinbare jährliche Lauf der Sonne an der Himmelskugel. Diese Bahn bildet mit dem Äquator einen Winkel von rund 23½ Grad. Diese schiefe Lage der Ekliptik verursacht die wechselnde Höhe des Sonnenstandes und damit die Jahreszeiten.

Wo die Äquatorebene der Erde auf die Himmelskugel trifft, entsteht ein neuer Kreis, der Himmelsäquator. Dieser und die Ekliptik, zwei Kreise auf der Himmelskugel, schneiden sich an zwei Punkten. Zweimal im Jahr erreicht die Sonne auf ihrem Weg entlang der Ekliptik einen der Schnittpunkte. Sie steht dann im Himmelsäquator, und auf der Erde sind Tag und Nacht gleich lang. Dieser Zeitpunkt heißt Äquinoktium („Nachtgleiche") und die Schnittpunkte nennt man in Deutschland Frühlings- und Herbstpunkt. Die Äquinoktien treten jeweils am 19., 20. oder 21. März sowie am 22. oder 23. September ein. Allgemein sagt man heute Frühlings- oder Herbst-Tagundnachtgleiche (auch „Tag-und-Nacht-Gleiche") zu diesen Terminen.

Bedingt durch die schiefe Lage der Ekliptik pendelt die Sonne um den Äquator. Zweimal jährlich erfährt sie mit 23° 26′ 45″ ihre größte Deklination, dann ist sie am weitesten vom Äquator entfernt und hat ein Solstitium („Sonnenstillstandspunkt") erreicht. Der nördliche Solstitialpunkt heißt (auf der Nordhalbkugel) Sommerpunkt und wird am 21. Juni eingenommen, der Winterpunkt am 21. Dezember. Diese Tage sind als Sommer- und Wintersonnenwende allgemein bekannt.

Äquinoktien und Solstitien bilden zusammen die vier Jahrpunkte. Von der Erde aus gesehen (und in Gedanken um die nicht sichtbaren nächtlichen Abschnitte ergänzt) durchläuft die Sonne zwischen den Sonnenwenden eine enge Spirale. Vom tiefsten Stand am Winteranfang schraubt sie ihren Tagbogen zum höchsten Stand bei Sommerbeginn und zurück. In der Nähe der Tagundnachtgleichen liegen die täglichen Sonnenbahnen fast einen halben Winkelgrad auseinander und werden dann immer enger, zur Zeit der Sonnenwenden überdecken sie sich fast. Deshalb sind die Tagundnachtgleichen ohne Hilfsmittel leicht zu beobachten, die Sonnenwenden dagegen nur sehr ungenau, was in Kalendern der Frühzeit seinen Ausdruck gefunden hat.

Die Jahrpunkte bestimmen die vier kalendarischen (astronomischen) Jahreszeiten der gemäßigten Breiten. Wegen der elliptischen Erdbahn sind diese ungleich lang. Unser (nördlicher) Frühling und Sommer zählen je 93, der Herbst 91 und der Winter 88 Tage. Meteorologisch (klimatologisch) dauert jede Jahreszeit drei volle Monate, der Frühling beginnt mit dem März. Die Jahreszeiten der südlichen Hemisphäre sind den unseren entgegengesetzt. Neben den Jahreszeiten ist auch der Beginn des Jahres astronomisch präzise definiert: wenn die Sonne auf ihrer scheinbaren Jahresbahn die Länge von 280 Grad erreicht. Doch es hat nie einen Kalender gegeben, der darauf Rücksicht nimmt.

Auf großen Teilen der Erde wird die natürliche Teilung des Jahres von anderen Erscheinungen bestimmt. Lange haben sie auch die dort benutzten Kalender geprägt. In arktischen und antarktischen Gegenden, jenseits der Polarkreise ab 66° 33' nördlicher und südlicher Breite, geht im Winterhalbjahr die Sonne nicht mehr täglich auf und im Sommer nicht mehr unter. An den Polen gibt es überhaupt nur einmal jährlich Tag (186 mal 24 Stunden) und Nacht (179 mal 24 Stunden). Dagegen steht die Sonne an jedem Ort in der tropischen Zone zweimal jährlich im Zenit, hier sind Tage und Nächte unabhängig von den Jahreszeiten fast immer gleich lang.

Parallel zum Erdäquator und durch die Solstitien verlaufen die Wendekreise, an denen die Sonne ihre scheinbare Nord-Süd-Bewegung umkehrt. Ihre geografische Breite 23° 26' 45" ist gleich der Schieflage der Ekliptik. Zwischen den Wendekreisen liegt die tropische Zone der Erde.

In einem breiten Gürtel um den Äquator (von 40 Grad nördlicher bis 40 Grad südlicher Breite) herrschen jahreszeitlich wechselnde Winde, welche regelmäßige Regenzeiten hervorrufen, die in scharfem Gegensatz zu Trockenzeiten stehen. Regenzeiten gibt es entweder einmal jährlich oder zweimal, unterbrochen von einer „kleinen Trockenzeit". Daraus resultiert eine Vielfalt der von den Naturvölkern benutzten Kalender.

Weil die Erde um die Sonne kreist, wechseln dabei deren „Hintergrundbilder", die Fixsterne. Als noch die Augen einziges Instrument der Astronomen waren, ordneten sie die verwirrende Vielfalt der Sterne durch Bilder. Ihre Fantasie verband auffällig helle Sterne durch gedachte Linien zu stilisierten Figuren. Diese waren einprägsame Orientierungspunkte. Ihren Ursprung nimmt man im 4. Jahrtausend v. Chr. in Babylonien an.

Unser Sonnensystem hat die Gestalt einer flachen Scheibe. Deshalb gehen die Bewegungen der Sonne, ihrer Planeten und deren Monde innerhalb eines etwa 20 Grad breiten Bandes um die Himmelskugel vor sich. Seine Mittellinie ist die Ekliptik, die scheinbare Sonnenbahn. Innerhalb dieses Bandes erkennt man zwölf markante Sternbilder. Deren Gesamtheit heißt Zodiakus, in Deutschland nennt man sie den Tierkreis. Als man das Jahr in zwölf Abschnitte zu 30 Tagen gliederte, wurde dieses Verfahren auf den Tierkreis übertragen, auch die Ekliptik in zwölf Abschnitte zu je 30 Grad geteilt. Diese Abschnitte erhielten die Namen der ihnen am nächsten liegenden Sternbilder. Heute muss man streng die Tierkreis-Sternbilder von den Tierkreiszeichen unterscheiden. Letztere spielen in der Astrologie der Neuzeit eine wesentliche Rolle. Dabei lassen die Astrologen völlig unberücksichtigt, dass sich sowohl die Position der Sternbilder als auch ihre scheinbare Gestalt seither wesentlich verändert haben.

Ursache dafür sind von der Erde ausgeführte Kreiselbewegungen. Infolge ihrer Rotation hat sie sich an den Polen abgeplattet und am Äquator ausgebaucht, weshalb die auf sie wirkenden Anziehungskräfte von Sonne und Mond nicht genau in ihrem Mittelpunkt angreifen. Infolgedessen kippt die Erdachse etwas und ihre gedachte Verlängerung beschreibt auf der Himmelskugel in etwa 25.780 Jahren einen Kreis. Diese Bewegung hat zur Folge, dass sich der Frühlingspunkt auf der Ekliptik jährlich um etwa 50 Winkelsekunden ostwärts verschiebt. Entsprechend tritt die Tagundnachtgleiche, bezogen auf die Fixsterne, jedes Jahr 50 Sekunden früher ein. Deshalb wird die Erscheinung Präzession („das Vorangehen") genannt. Alle 2148 Jahre beträgt das Vorrücken rund 30 Grad, und ein neues Sternbild erscheint auf einem bestimmten Platz des Tierkreises. Damit wandert auch der Frühlingspunkt durch die Tierkreissternbilder.

Das erste astronomisch-zyklische Geschehen, dessen sich der Mensch bewusst wurde, wird der Wechsel von Tag und Nacht gewesen sein. Hunderttausende von Jahren vergingen, bis sich klare Begriffe herausbildeten. Mit „Tag" meinte man die Zeit zwischen Auf- und Untergang der Sonne. Heute verwenden wir dafür den Begriff „lichter Tag", und wir beschreiben den „ganzen Tag" als die Periode der Erdrotation. Wegen der unterschiedlichen Systeme, mit denen man die Bewegungen am Himmel misst, gibt es auch unterschiedliche Definitionen des Tages. Zunächst wurde die Umdrehungszeit der Erde anhand des Sonnenstandes von Mittag zu Mittag gemessen. Das Erreichen ihres höchsten Standes (die obere Kulmination) ist mit Hilfe der Schattenlänge leicht zu beobachten. Lange nahm man die Dauer eines „ganzen Tages" als gleichbleibend an. Dann bemerkte man jahreszeitliche Schwankungen, und als ausreichend genaue Uhren das Messen der Abweichungen erlaubten, führte man den mittleren Sonnentag ein. Zugleich ließ man die Tage nicht mehr mit der Mittagsstunde, sondern mit der unteren Kulmination zur „wahren Mitternacht" beginnen. Entsprechend hat ein Ort den „wahren Mittag", wenn die Sonne seinen Meridian überschreitet. Wahrer Mittag und wahre Mitternacht treffen nur viermal im Jahr auf ihre Mittelwerte, wie sie von unseren Uhren angezeigt werden.

Um „mittlere Tage" zu erzeugen, musste man eine fiktive „mittlere Sonne" einführen. Diese vollzieht ihren scheinbaren jährlichen Umlauf mit völlig gleichmäßiger Geschwindigkeit, und ihre Bahn ist nicht die Ekliptik, sondern der Äquator. Nur eines hat sie mit der wahren Sonne gemeinsam: Beide gehen zur gleichen Zeit durch den Frühlingspunkt. Der mittlere Sonnentag ist die Zeit zwischen zwei unteren Kulminationen der fiktiven mittleren Sonne. Erst seine Konstanz macht ihn als Zeiteinheit für Berechnungen geeignet. Er wird in 24 Stunden (entsprechend 1440 Minuten gleich 86.400 Sekunden) gegliedert, die man ab Mitternacht zählt. Seit etwa 1780 rechnet man in Europa nach mittlerer Zeit.

Die wahre Sonnenzeit weicht periodisch schwankend von der mittleren ab. Erstens wird die Erde auf ihrer Bahn in Sonnennähe durch die Gravitation beschleunigt. Zweitens wird diese einjährige Periode von einer halbjährlichen überlagert, die durch die schiefe Lage der Ekliptik bedingt ist. Der Schatten, den eine Sonnenuhr zur Mittagszeit wirft, folgt deshalb im Lauf des Jahres nicht der Südlinie, sondern beschreibt eine Analemma genannte Figur, die einer langgezogenen Acht ähnelt. Die Differenz „wahre minus mittlere Sonnenzeit" (die Breite der „Acht") wird Zeitgleichung genannt; sie besitzt im Lauf eines Jahres zwei Maxima und zwei Minima. Mitte Februar kulminiert die wahre Sonne erst 14 Minuten 24 Sekunden nach dem mittleren Mittag, dafür ist sie Anfang November 16 Minuten 21 Sekunden eher da.

Außer der wahren und der mittleren Sonnenzeit kennt man die Sternzeit. Einheit dieses astronomischen Zeitmaßes ist der Sterntag. Er ist auf die Ekliptik bezogen und beginnt, wenn der Frühlingspunkt kulminiert. Von der Erde aus gesehen durchläuft die Sonne – entgegen ihrer täglichen Bewegung von Ost nach West – im Laufe eines Jahres einmal die Ekliptik von West nach Ost. Doch immer wenn sich die Erde einmal um sich selbst gedreht hat, ist die Sonne bereits etwas weiter gewandert. Die Erde muss sich folglich jeden Tag noch um fast ein Grad weiterdrehen, ehe die Sonne wieder im Meridian des Beobachtungsortes steht. Deshalb ist der Sonnentag knapp vier Minuten länger als der Sterntag. Ebenso verschiebt sich der Aufgang der Sterne. Jeder Stern geht an jedem Tag rund vier Minuten eher auf als am vorhergehenden und erreicht nach einem Jahr wieder seine ursprüngliche Aufgangszeit. Außer dem Sterntag benutzen Astronomen einen siderischen Tag, der unmittelbar auf die Fixsterne bezogen wird und neun Millisekunden länger als ein mittlerer Sterntag ist.

Über große Zeiträume betrachtet werden alle diese unterschiedlich definierten Erdentage immer länger, nach ungefähr 62.500 Jahren um eine Sekunde. Das wird vom Mond verursacht, der eine Gezeitenreibung hervorruft, die ihrerseits die Erdrotation bremst. Vor etwa 600 Millionen Jahren hatte der Tag auf der Erde nur 20 Stunden und das Jahr 438 Tage. Diese Größenordnung ist durch die Wachstumsringe fossiler Korallen zweifelsfrei belegt.

Der Wahrnehmung des zyklischen Wechsels von Tag und Nacht folgte jene der wechselnden Lichtgestalten des Mondes. Er benötigt heute 27,321 66 Tage, um einmal die Erde zu umrunden.

Dieser Wert ist auf das System der Fixsterne bezogen und heißt deshalb siderischer Monat.

Dem sichtbaren Zyklus der Mondphasen entspricht der synodische Monat. Das ist die Zeit zwischen zwei Konjunktionen des Mondes mit der Sonne. Eine Konjunktion tritt ein, wenn Sonne und Mond von der Erde aus im gleichen Längengrad gesehen werden. Weil sich während eines siderischen Mondumlaufs auch die Sonne auf der Ekliptik weiterbewegt, erreicht der Mond erst etwas später wieder die Konjunktion. Deshalb ist der synodische Monat länger als der siderische, er dauert im Mittel 29,530 59 Tage.

Bis zu drei Tagen bleibt der Mond unsichtbar, weil seine von der Sonne beschienene Seite von der Erde aus nicht sichtbar wird. Später erscheint die schmale Sichel des „neuen Mondes" am Abend nach Sonnenuntergang über dem Westhorizont. Neumond nannte man ursprünglich diesen Zeitpunkt, genauer ist der Ausdruck Neulicht. Astronomisch ist Neumond der Zeitpunkt der Konjunktion, zwei bis drei Tage vor dem Neulicht. Der „volle Mond" wird in der Oppositionsstellung sichtbar. Traditionell wird der Eintritt der Mondphasen in den Kalendern angegeben. Wegen der aufwendigen Berechnung begnügte man sich früher mit der Rundung auf ganze Tage. Zur kirchlichen Berechnung des Osterdatums dienten Tabellen des „Mondzeigers", der Epakte. Sie gibt für den 1. Januar eines bestimmten Jahres an, wie viele Tage seit dem letzten Neumond vergangen sind.

Der synodische Umlauf des Mondes ist unabhängig von seiner Sichtbarkeit, doch synchron mit seinen Phasen. Ziemlich regelmäßig passiert das Gestirn die Mittagslinie, und zwar von Tag zu Tag jeweils etwa 49 Minuten später. Die Auf- und Untergangszeiten des Mondes dagegen schwanken beträchtlich, weil sich mit den Jahreszeiten seine Höhe über dem Horizont ändert.

Wann und wo Mond und Sonne am Horizont sichtbar werden und verschwinden, hängt von drei Ebenen am Himmel und ihrer Stellung zueinander ab: Äquator, Mond- und Sonnenbahn. Die Neigung der Sonnenbahn gegenüber der Äquatorebene verursacht die jahreszeitlich wechselnde Höhe des Sonnenstandes. Dabei ändern sich die Orte von Sonnenauf- und -untergang am Horizont, ihr Abstand ist im Sommer am größten und minimal im Winter. Auch die Orte von Auf- und Untergang des Mondes verändern sich auf diese Weise, pendeln jedoch in monatlichem Zyklus. Dieser leicht zu beobachtenden Erscheinung überlagert ist ein weiterer, oft nicht bemerkter Mondzyklus mit einer mehrjährigen Periode. Er wird verursacht durch die Neigung der Mondbahn gegenüber der Ekliptik. Zwar beträgt diese nur zirka 5,1 Grad, wechselt aber dafür ständig ihre Richtung. Sie vollführt Kreiselbewegungen mit einer Periode von 18,61 Jahren.

Innerhalb dieser großen Mondperiode wächst und schrumpft der Abstand zwischen Auf- und Untergangspunkt des Mondes. Bei maximalem Abstand tritt die große Mondwende ein, der nach etwa 9,3 Jahren eine kleine Mondwende mit minimalem Abstand folgt. Die nächste große Mondwende wird am 7. März 2025 eintreten. Vieles deutet darauf hin, dass die Mondextreme am Horizont bereits von Menschen der Stein- und Bronzezeit beobachtet worden sind. In mehreren prähistorischen Anlagen werden entsprechende Sichtachsen vermutet. Die um 1960 entstandene Archäo-Astronomie befasst sich mit solchen Anlagen sowie der möglicherweise damit verbunden gewesenen kalendarischen Nutzung.

Wegen der erwähnten Neigung der Mond- gegenüber der Sonnenbahn schneiden sich beide an zwei Punkten, den Mondbahnknoten. Diese wandern rückläufig um die Erde, je Jahr um etwa 20 Grad. Die Zeit zwischen dem zweimaligen Passieren des aufsteigenden Knotens heißt drakonitischer Monat (Drachenmonat) und beträgt 27,21222 Tage. Dieser Begriff spielt bei der Vorausberechnung von Mond- und Sonnenfinsternissen eine Rolle: Nach jeweils 18 Jahren und 11 Tagen wiederholen sich Verfinsterungen mit annähernd gleicher Stellung von Erde, Mond und Sonne. Diese Frist ergibt sich aus 242 Drachenmonaten, die 223 synodischen Monaten ziemlich genau entsprechen.

Entlang der Sonnenbahn ist der Tierkreis definiert; er besitzt ein Gegenstück in den Mondstationen. 27 oder 28 Himmelsgegenden musste man mit Namen benennen, um den täglichen Aufenthalt des Mondes am Himmel zu beschreiben. Sie bilden einen verlässlichen Kalender für das freie Mondjahr.

Auf der Erde ruft der Mond infolge der Gravitation die Gezeiten hervor. Zwei „Wasserberge" wandern mit der Erddrehung ununterbrochen um die Erde. Wenn sich die Erde nach 24 Stunden einmal um sich selbst gedreht hat, ist auch der Mond auf seiner Bahn ein Stück weitergezogen. Es dauert 1/29,53 Tage, bis ein bestimmter Ort auf der Erde ihn wieder „eingeholt" hat. Daraus entsteht die 12,4-stündige Periode der Gezeiten, die man Tide nennt. In einem Rhythmus von durchschnittlich 6 Stunden und 12 Minuten wechseln sich Hoch- und Niedrigwasser (Flut und Ebbe) ab.

Als sich Menschen der regelmäßigen Wiederkehr jahreszeitlicher Erscheinungen bewusst wurden, entstand der Begriff des Jahres. Ursprünglich berechnete man es nach dem Mond. Das freie Mondjahr als Summe von zwölf Mondumläufen umfasst 354 Tage. Erst mit dem Aufkommen des Ackerbaus erhielt ein Kalender Bedeutung, der mit dem Ablauf der Jahreszeiten übereinstimmte. Nun wurde nach Bedarf, später nach festen Regeln alle zwei bis drei Jahre ein zusätzlicher Monat eingeschaltet. Dies ist das gebundene Mondjahr. Später erkannte man die Sonne als Ursache des jahreszeitlichen Zyklus und bestimmte das Jahr als die Zeitspanne, in der die Sonne einen scheinbaren Umlauf um den Himmel vollendet. Heute gibt es für das Sonnenjahr, wie für den Tag, verschiedene Definitionen. Um die unterschiedlichen Jahrestypen miteinander zu vergleichen, messen wir ihre Dauer in mittleren Sonnentagen.

Die Umlaufzeit der Erde um die Sonne bezogen auf die Fixsterne ist das siderische Jahr (Sternjahr). Es wird gemessen als Zeitspanne zwischen zwei aufeinander folgenden Durchgängen der Sonne durch denselben Punkt der Ekliptik und beträgt 365,25636 Tage. Bereits die alten Ägypter bestimmten ein Sternjahr aus dem heliakischen Aufgang des Sirius. Das ist der erste sichtbare Aufgang eines Sterns im Jahr an einem Morgen kurz vor Sonnenaufgang.

Das tropische Jahr ist auf die Erde bezogen, und man hat es als die Zeit zwischen zwei Frühlings-Tagundnachtgleichen definiert. Es hängt also von der jeweiligen Lage des Frühlingspunktes ab, die sich durch Präzession und Nutation ständig verändert. Der Frühlingspunkt wandert auf der Ekliptik der Sonne entgegen (gegenwärtig jährlich um 50,3 Winkelsekunden). Deshalb erreicht ihn die Sonne, bevor sie ihren Umlauf vollendet hat, und daher ist das tropische Jahr kürzer als das siderische. Es hat 365,242199 Tage. Lange Zeit diente ein tropisches Jahr, und zwar das für 1900 bestimmte, als Einheit unserer Zeitrechnung; aus ihm wurde die Sekunde berechnet. Der Name „tropisches Jahr" ist vom griechischen *tropai*, „Kehren", abgeleitet und nimmt Bezug auf den Wechsel der Jahreszeiten, der durch dieses Sonnenjahr zeitlich fixiert bleibt.

Bei Astronomen ist außer dem siderischen und dem tropischen noch das anomalistische Jahr gebräuchlich. Im täglichen Leben verwenden wir das bürgerliche Jahr. Es wird von der Kalenderrechnung bestimmt, die von angenäherten Jahreslängen ausgeht. Das ältere julianische Jahr hatte 365,25 und unser gregorianisches Jahr besitzt 365,2425 mittlere Sonnentage.

3. Zeit in der Erdgeschichte

Alles, was ist, entwickelt sich; die Evolution begann mit dem Urknall und umfasst auch das anscheinend Unbelebte. Dabei spielen zyklische und rhythmische Prozesse eine entscheidende Rolle. Sie erfassen die kleinsten wie die größten existierenden Gebilde. Grundlegend wichtige Dinge geschahen in den ersten drei Minuten nach dem Urknall. Kräfte ordneten sich zu Gravitation, starker und schwacher Wechselwirkung, elektromagnetischer Kraft. Materie zog sich dicht zusammen, und schließlich bildeten sich die ersten Sterne. Ihre Lebenszyklen umfassen Jahrmilliarden, ihre räumlichen Umläufe Jahre bis Jahrmillionen, ihre Rotationen nur Stunden bis Tage.

Der Lebenszyklus eines Sterns beginnt, wenn genügend viele Atome zusammenstoßen. Dabei erhitzt sich das Gas, es kommt zur Kernfusion und der Stern leuchtet, bis er seinen Kernbrennstoff verbraucht hat. Dann kühlt er ab, schrumpft und existiert weiter als „Weißer Zwerg". Übersteigt jedoch seine Masse einen bestimmten Grenzwert, so fällt er völlig in sich zusammen und wird ein „Schwarzes Loch". Einige Sterne werden im Verlauf der Kernfusion zu heiß und explodieren, das sind die Supernovae. Dabei werden komplexer zusammengesetzte Atome, die höheren Elemente, in den Raum geschleudert. Sie gliedern sich anderen Systemen an oder sammeln sich zu neuen „Sternen der zweiten Generation". Das ist der Kreislauf der Materie im All.

Unser Sonnensystem entstand, als sich schwere Elemente in der Umgebung der Sonne zu Planeten zusammenschlossen. Vor etwa 4,5 Milliarden Jahren bildete sich so die Erde. Im Lauf der Zeit kühlte sie ab, und ihre Oberfläche erstarrte in großen Schollen. Damit begann ihr geologischer Lebenszyklus. Auf 3,9 Milliarden Jahre datiert man das älteste bekannte Gestein. Die Gesteinsschollen verdichteten sich zu Urkontinenten, die vor rund 700 Millionen Jahren im Superkontinent Rodinia vereint waren. Nach und nach trennten sie sich voneinander.

Die heutigen Kontinente schwimmen auf großen Platten. An ihren Bruchkanten dringt geschmolzenes Magma aus dem Erdinneren dazwischen und drückt sie auseinander. So wird der Atlantik gegenwärtig pro Jahr um 25 mm breiter. Die anhaltende Plattentektonik beeinflusst die Zeitmessung, indem sie die geografische Länge der Observatorien nationaler Zeitdienste verändert. Dadurch verschieben sich die Zeiten des Meridiandurchgangs der Gestirne. Das Internationale Zeitbüro kontrolliert und registriert diese Abweichungen der Ortszeiten.

Grundlegend für die geologische Entwicklung ist der Zyklus der Mineralien. Diese kombinieren sich zu Gesteinen und nehmen an deren Kreislauf teil. Älteste Gesteine bildeten sich aus der erstarrenden Schmelze. Dann begann vor 3,5 Milliarden Jahren die Ablagerung von Sedimenten. Verwitterungsprodukte älterer Gesteine und abgestorbene Organismen bilden kilometerdicke Schichten. Im Lauf von Jahrmillionen verdichten sie sich zu metamorphem Gestein, werden hinabgezogen und schmelzen in großer Tiefe. Gleichzeitig wachsen an anderen Plätzen magmatische Gesteine wieder empor und beginnen ab dem Augenblick ihres Entstehens zu verwittern. Dieser „große Kreislauf" der Gesteine ist mit vielfältigen Abkürzungen und Umwegen in Neben-Kreisläufen verbunden.

Wo Gesteine, Wasser und Lufthülle aneinandergrenzen, entstand die Biosphäre als Teil der Geosphäre. In diesem Raum entfaltet sich das Leben, und alle Stoffe darin durchlaufen mehrfach ineinander verwobene Kreisläufe. Besondere Bedeutung erlangte jener des Wassers, der das Gesicht unseres „blauen Planeten" prägt. Seine zeitlichen Zyklen sind – wie die räumlichen Sphären – ineinander eingebettet. Im Regenwald vollzieht sich der Kreislauf des Wassers binnen weniger Stunden, die Durchmischung der Ozeane braucht Jahrhunderte.

Im Lauf der ersten Milliarde Erdenjahre hatten sich Atome zu größeren Strukturen verbunden. Darunter fanden sich zufällig gebildete Makromoleküle, die selbst wieder Atome zu Strukturen zusammensetzen konnten. Das setzte Zyklen von Reproduktion und Vermehrung in Gang; Leben war entstanden. 3½ Milliarden Jahre alt sind die ältesten nachgewiesenen Reste von Organismen. Vor ungefähr einer Milliarde Jahren begann in einem neu entstandenen Sauerstoffmilieu die Entwicklung höherer Lebensformen. Bakterien entstanden, dann Pilze, Pflanzen, Tiere.

Um 1670 stellte der dänische Arzt Niels Steensen erstmals einen eindeutigen Zusammenhang zwischen Gesteinsschichten und der Vorstellung von „Zeit in der Erdgeschichte" her. Er erkannte Sandstein, Kalkstein und Schiefer als Verdichtungen von Sand, Kalk und Ton, die vom Wasser transportiert und in zeitlicher Folge als Schichten übereinander abgelagert wurden. Dann fand man einen Zusammenhang mit darin eingeschlossenen versteinerten Organismen, den Fossilien. Georges Cuvier und Alexandre Brongniart erkannten, dass die verschiedenen Arten von Fossilien gewöhnlich in derselben Reihenfolge auftreten. Gleichartige Fossilien signalisieren gleiches Alter der Gesteinsschichten. Dieses Prinzip der Leitfossilien wurde von dem englischen Landmesser William Smith weiter ausgearbeitet. Bis zur Mitte des 19. Jahrhunderts waren die wesentlichen Einheiten des „Fossilienkalenders" festgelegt. Die damals geprägten Bezeichnungen der Erdzeitalter und der sie unterteilenden Perioden benutzen wir noch heute. Nur ihre Datierung nach Jahren hat sich mit zunehmender Erkenntnis mehrmals verändert. Die Erdzeitalter sind Erd-Urzeit (Archaikum), Erd-Frühzeit (Proterozoikum), Erd-Altertum (Paläozoikum), Erd-Mittelalter (Mesozoikum) und Erdneuzeit (Känozoikum).

Die Wissenschaft von den geologischen Schichten mit Leitfossilien als Zeitmarken heißt Biostratigrafie. Sie ist Teilgebiet der Stratigrafie, welche allgemein die zeitliche Aufeinanderfolge der Schichtgesteine untersucht. Diese gehört ihrerseits zur Geochronologie, die sich allgemein mit der Einordnung von Ereignissen und Zeitabschnitten im Verlauf der Erdgeschichte befasst. Geologische „Kalender" sind sehr vielgestaltig. Stratigrafische Objekte wurden zuerst und auf unterschiedliche Weise für die Forschung zugänglich. Im Prozess des Aufschiebens und Senkens von Gebirgen entstanden Bruchstellen; diese offenbarten die Abfolge ihrer Schichten. Strömendes Wasser schliff zusammenhängende Querschnittsbilder frei, die viele Epochen der Erdgeschichte umfassen können. Ein berühmtes Beispiel dafür ist der Grand Canyon in Kalifornien. Weitreichende Kenntnisse gewann man schließlich in Zusammenhang mit dem Bergbau. Die im wörtlichen Sinn tiefsten Einblicke erlauben geologische Bohrungen.

1912 untersuchte der Geologe Gerard de Geer in Schweden den Rückzug der Gletscher von der Südküste zum nördlichen Gebirge. Ihr Schmelzwasser hinterlässt in Binnenseen geschichtete Ablagerungen. Bei stehendem Wasser im Sommer ergeben sich dunkle Tonschichten, bei der Schneeschmelze lagern sich helle Sandschichten ab. Eine solche Jahresschicht heißt Warve. De Geer benutzte die „Bänderung" des Warventons und bestimmte die Zeitdauer des Vorgangs auf 10.000 Jahre.

Der Engländer Flindern Petrie hat als Erster archäologische Schichten anhand der darin gefundenen Artefakte zeitlich identifiziert. Er sortierte in Ägypten Keramiken nach ihren Entwicklungsstadien „in sich selbst". Ganz andere von Menschen geschaffene Schichten entdeckten Archäologen in Tschatal Hüjük, einer der ältesten Städte der Welt. Für einige Jahrtausende war sie Hauptstadt der Hethiter. Der Brite James Mellaart grub sie zwischen 1951 und 1965 aus. Er zählte die übereinander liegenden weißen Putzschichten der Lehmziegelhäuser, die ihre Bewohner jährlich erneuert hatten. Einen präziseren Kalender hat noch kein Archäologe gefunden. Mellaart konnte eine achthundertjährige Stadtgeschichte zuverlässig rekonstruieren, die selbst wieder acht Jahrtausende zurückliegt.

Kann man schichtweise Ablagerungen einem Kalender vergleichen, so sind andere Vorgänge gleichsam die Uhren der Geologie und Archäologie. Bestimmte schwere Elemente haben radioaktive Eigenschaften; sie strahlen und zerfallen dabei in andere Elemente. 1905 zeigte der Brite Ernest Rutherford, dass dieser Zerfall einen natürlichen Zeitmesser ergibt. Grundgröße der radiometrischen Verfahren ist diejenige Zeit, nach der jeweils die Hälfte des spaltbaren Materials zerfallen ist. Man nennt sie Halbwertszeit.

Uran verwandelt sich im Verlauf des radioaktiven Zerfalls in Blei. Also ändert sich das Verhältnis der beiden Elemente im Gestein. Auf der Basis dieser kontinuierlich ablaufenden geologischen Uhr begann 1911 der Geologe Arthur Holmes, eine geologische Zeitskala zu erstellen. Damit gelang es der Geochronologie, das absolute physikalische Alter von Gesteinen zu bestimmen. Mit der Uran-Blei-Methode wurde das Alter der Erde seit der letzten globalen Durchmischung auf 4,55 Milliarden Jahre bestimmt; das gleiche Ergebnis fand man für die ältesten Mondgesteine. Für Meteoriten kommt vorzugsweise die Rubidium-Strontium-Methode zur Anwendung. Daneben steht die Kalium-Argon-Methode zur Verfügung.

Zur Altersbestimmung organischer Stoffe benutzt man die 1949 von Willard Frank Libby entwickelte Radiokarbonmethode (C14-Methode). Sie basiert auf dem Vorkommen des radioaktiven Kohlenstoff-Isotops 14C, das in der oberen Atmosphäre unter Einfluss der kosmischen Strahlung erzeugt wird. Durch Assimilation beziehungsweise mit der Nahrung wird es zusammen mit dem „regulären" Kohlenstoff 12C ständig ins Gewebe aller lebenden Organismen eingebaut. Nach deren Tod zerfällt 14C und wird nicht mehr neu aufgenommen. Aus dem Anteil des noch vorhandenen 14C am Gesamtkohlenstoff kann also die nach dem Tod verstrichene Zeit errechnet werden. Zunächst traten häufig Fehlinterpretationen der Messergebnisse auf. Heute gibt es Rechenmodelle, die veränderliche Ausgangswerte in die Bestimmung der vergangenen Zeit einbeziehen können. Nun aber hat sich gezeigt, dass das Verhältnis von 14C zu 12C auf der Erde auch räumlich nicht gleich ist. Jeder Ort auf der Erde und jeder betrachtete Zeitabschnitt hat offenbar seine eigenen „physikalischen Jahre".

Eine andere Datierungsmethode ist die 1967 von Zeller vorgeschlagene Elektronenspinresonanz- (ESR-) Spektroskopie, die um 1980 praktische Bedeutung in der Archäologie gewann. Sie beruht darauf, dass unter Einwirkung radioaktiver Strahlen in der molekularen Struktur bestimmter Materialien (zum Beispiel Muschelschalen oder Zahnschmelz) Fehlstellen entstehen. Je länger das Material der natürlichen Strahlung ausgesetzt war, das heißt je älter es ist, desto größer wird das ESR-Signal dieser Stellen. Die Schwierigkeit besteht darin, das gemessene Signal in ein bestimmtes Alter umzurechnen. Man bestrahlt dazu die Probe künstlich mit einer bekannten Dosis. Auch dieses Verfahren ist abhängig vom Herkunftsort, den Lagerbedingungen und dem Umgebungsmaterial der Probe.

Bei der Thermolumineszenz-Methode schließlich beobachtet man das Leuchten einer Probe beim schrittweisen Erhitzen und zeichnet eine „Glutkurve" auf. Aus dieser Kurve kann die Dosis an ionisierender Strahlung abgeleitet werden, der die Probe ausgesetzt war, seit sie das letzte Mal auf 450 Grad erhitzt wurde. Auch diese Dosis ist der vergangenen Zeit proportional. Die Methode eignet sich für Proben von Glas, Keramik und Knochen bis zu einem Alter von 300.000 Jahren.

4. Biologische Zeitlichkeit

Die Geologen des frühen 19. Jahrhunderts hatten die Schichtenfolge der Fossilien dokumentiert und damit offenbart, dass es eine Geschichte des Lebens gibt. Das bereitete den Weg für die Evolutionstheorie. 1866 formulierte Ernst Haeckel die „biogenetische Grundregel": Jede Art von Leben auf der Erde hat eine stammesgeschichtliche Entwicklung, die Phylogenese, durchlaufen. Jedes einzelne höhere Lebewesen wiederholt diesen Prozess im Verlauf der Ontogenese, seiner individuellen Entwicklung. In der Phylogenese drückt sich die Evolution aus. Wie jede Entwicklung verläuft sie vom Einfachen zum Komplexen. Auch darin manifestiert sich der Zeitpfeil.

Jedes individuelle Leben ist der Ablauf eines – für sich betrachtet – einmaligen Geschehens, dessen Phasen seinen Lebenszyklus bilden. Auf die erste Zellteilung folgen Wachstum, Reife, Vermehrung und Tod. Die Lebenszyklen aller Individuen wiederholen sich in der Aufeinanderfolge von Generationen. Während dieser Wiederholungen schreitet die Entwicklung voran. Generationen gliedern die Zeit.

Die Organismen haben sich im Verlauf der Evolution an ihre Umgebung angepasst. Weil in der Umgebung zyklische Änderungen stattfinden, ändern sich auch Intensität und Charakter biologischer Prozesse zyklisch, in relativ langen Perioden. Der New Yorker Evolutionsforscher Niles Eldredge hat 1994 ökologische Zeit definiert als „die Dauer, in der ökologische Vorgänge [...] typischerweise ablaufen." Ökologische Zeit erstreckt sich über den Bereich von einigen Minuten bis zu etwa einem oder zwei Jahrtausenden.

Andere Rhythmen von meist kürzerer Dauer regulieren die Existenz der einzelnen Individuen. Ihre Periodendauer bewegt sich in sehr unterschiedlichen Größenordnungen, von Femtosekunden (10-15s) bis zu mehreren Jahren. Jede Erscheinung hat ihr Zeitmaß, von der Funktion einzelner Zellen über komplexe

Systeme wie den Blutkreislauf der Säugetiere bis hin zur Lebensdauer der Individuen.

Von vier verschiedenen geophysikalischen Ereignissen wird das Verhalten der Organismen nachhaltig beeinflusst. Die Mehrheit aller physiologischen Prozesse hängt vom 24-stündigen Tagesrhythmus ab, der auch solar-diurnaler Rhythmus (von lateinisch *diurnus*, „zum Tag gehörig") genannt wird. Dagegen folgen viele Meeresbewohner und die meisten Pflanzen und Tiere in Küstengebieten dem 24,85-stündigen lunar-diurnalen Rhythmus beziehungsweise den 12,4-stündigen Tiden. Mit dem synodischen Monat (den sichtbaren Mondphasen) sind die 29,53 Tage währenden lunar-monatlichen Rhythmen verbunden. Sie manifestieren sich beispielsweise im Reproduktionszyklus zahlreicher Wasserbewohner.

Der jahreszeitliche Wechsel in Anzahl und Aktivität der Tiere sowie in Wachstum und Entwicklung der Pflanzen ist allgemein bekannt. Während das grundsätzliche Verhalten einer Art genetisch festgelegt ist, wird der konkrete Ablauf der jährlichen Rhythmen meist durch äußere Einflüsse wie Dauer des Tageslichts, Temperatur oder andere klimatische Faktoren modifiziert.

Gemeinsame Grundlage der verschiedenen Tages-, Monats- und Jahresrhythmen sind vererbbare Stoffwechselvorgänge, die biologischen Uhren. Sie laufen in den Individuen relativ selbstständig ab und erlauben ihnen das „Vorausahnen" des bevorstehenden Wechsels der Umweltbedingungen. Das ermöglicht optimale Anpassung. So wächst beispielsweise Hunden jährlich ihr dickeres Winterfell, und zwar rechtzeitig bevor es kalt wird.

Manche individuelle Zyklen der einzelnen Organismen passen sich an die in der Umgebung ablaufenden an; sie heißen deshalb umweltsynchron. Das ermöglicht Schwankungen mit der Tages- oder Jahreszeit, mit den Mondphasen oder den Gezeiten. Dabei wird ein etwas langsamer „freilaufender" innerer Rhythmus durch einen von außen einwirkenden Takt „mitgezogen". Als Triggerimpulse, also „Synchronisierungsbefehle", wirken dabei äußere Faktoren wie Licht, Temperatur oder Luftfeuchtigkeit. Beim Menschen bildet sich der Rhythmus einer „inneren Uhr" spontan heraus. Er stellt sich auf einen etwa 25-stündigen Ablauf ein, weshalb man von einer cirkadianen (ungefähr täglichen) Rhythmik spricht. Diesem cirkadianen Rhythmus wird der solardiurnale Takt durch das Tageslicht aufgeprägt.

Die eigentlichen biologischen Uhren sind Stoffwechselvorgänge, die auf molekularer Ebene ablaufen. Alle biologischen Zellen besitzen einen selbstständigen Stoffwechsel, der einem Eigenrhythmus folgt. Dieser Arbeitstakt der biologischen Moleküle liegt in der Größenordnung von Femtosekunden (10-15 s). Kompliziertere Aufgaben brauchen mehr Zeit. 60.000 chemische Reaktionen pro Sekunde laufen ab, wenn das Enzym „Polymerase 2" Erbinformation in der Zelle kopiert. Manche Zellen bilden Erregungsketten, in denen durch Rückkopplung ähnlich wie bei elektronischen Generatoren eine permanente Selbsterregung zustandekommt. Dann entstehen Schwingungen mit relativ konstanter, weit größerer Periodendauer.

Ein Gewebe aus einigen tausend spezialisierten Nervenzellen bildet die „zentrale innere Uhr", den Nucleus suprachiasmaticus. Genetisch festgelegt erzeugen seine Zellen spezielle „Zeit-Proteine". Diese werden taktweise ausgeschüttet und nach und nach wieder abgebaut. Ihr rhythmischer Auf- und Abbau, ihr Entstehen und Vergehen ist die innere Uhr. Sämtliche Lebensprozesse der Organismen, von den Wahrnehmungen der Sinnesorgane in ultrakurzen Zeitabschnitten über die verschiedenen Tages-, Monats- und Jahresrhythmen bis hin zum Lebensalter und damit dem Rhythmus der Generationenfolge, hängen letztlich von den biologischen Uhren ab. Ihre Steuerung erfolgt durch hormonale und nervale Mechanismen.

Seit einigen Jahrzehnten gibt es eine selbstständige Wissenschaftsdisziplin, die sich mit der zeitlichen Gliederung der Lebensprozesse beschäftigt. Die Chronobiologie kennt heute über 600 einzelne Schwingungen im Körper, von denen ein großer Teil mit dem Hell-Dunkel-Zyklus zusammenwirkt. Einen „Körperrhythmus an sich" gibt es nicht. Als erste der „inneren Uhren" bewusst wahrgenommen hat man wohl Atmung und Herzschlag. Verschiedene

Erscheinungen beeinflussen die Zahl der Herzschläge pro Minute. Doch auch im Ruhezustand schlägt das Herz keineswegs gleichförmig. Bei jedem zehnten bis zwanzigsten Herzschlag zeigen sich die Spitzen eines Elektrokardiogramms in völlig anderen Abständen. Durch diese variable Dauer einzelner Herzschläge kann das Herz äußere Störungen ausgleichen. Es hat sich gezeigt, dass die Feinstrukturen von Herzrhythmen fraktaler Natur und deshalb „chaosfähig" sind.

Im Lauf eines Tages wirken in einem Organismus die verschiedenen Mikrorhythmen. Sie bilden einen sehr detaillierten körpereigenen „Terminkalender", der sich unter anderem im regelmäßigen Schwanken diverser Hormonspiegel äußert. Deutlichster Ausdruck für den Biorhythmus des Menschen ist die Notwendigkeit zu schlafen. Schon die ältesten Lebewesen haben ihre Ruhephasen dem natürlichen Hell-Dunkel-Rhythmus angepasst. Nur der Mensch hat es gelernt, sich davon zu lösen. Aber ausreichender Schlaf ist entscheidend für die Synchronisierung der inneren Uhr. Alle Körperfunktionen werden auf die Pause eingestellt, der Mensch kann nur für begrenzte Stunden körperlich und geistig leistungsfähig sein. Die Abhängigkeit von seinem natürlichen Schlaf-Wach-Rhythmus macht sich am stärksten bemerkbar, wenn dieser aus dem Takt gerät. So reagieren viele Fernreisende mit dem gefürchteten Jetlag auf die Zeitdifferenz, wenn ihr Flugzeug mehrere Zeitzonen durchquert.

Die Evolution selbst hat unterschiedliche Weisen der Anpassung an den solar-diurnalen Rhythmus hervorgebracht. Als sich tierisches Leben immer mehr ausbreitete, wurde es eng auf der Erde, und die Arten begannen, den Lebensraum auch zeitlich aufzuteilen. Neben den tagaktiven entwickelten sich dämmerungs- und nachtaktive Arten. Ihr Hormonhaushalt wird nach anders strukturierten Programmen gesteuert. Auch bei Menschen gibt es verschiedene Chronotypen; die Zugehörigkeit zu ihnen ist genetisch bedingt. Am auffallendsten unterscheiden sich die extrem ausgeprägten Morgen- und Abendtypen.

In jedem Organismus überlagern sich zahlreiche Rhythmen mit unterschiedlicher und manchmal variabler Periodendauer.

Durch Interferenz zwischen ihnen entstehen komplizierte Muster, Strukturen aus Zeitelementen. Franz Halberg, ein Pionier der Chronobiologie, der eine statistische „Kartografie" solcher biologisch wirksamer Zeitstrukturen schuf, hat sie Chronome genannt. Sie umfassen ein weites Spektrum von Rhythmen in der Natur. Wie das Genom, der Chromosomensatz einer Zelle, enthält auch das Chronom wichtige Informationen. Beide gehören zusammen wie Zeit und Raum.

Sinnesorgane von Tieren und Pflanzen sind in gewisser Weise Zeitmesser. Sie reagieren auf Schwingungen innerhalb eines bestimmten Frequenzbereichs. Frequenz meint hier die Zahl der Schwingungen pro Sekunde, sie wird in deutschsprachigen Ländern in Hertz angegeben. Unterschiedliche Frequenzen rufen differenzierte Sinneseindrücke hervor. Dauert beispielsweise eine einzelne Schwingung 2,27 Millisekunden (10^{-3} s), so entspricht das 440 Hertz, und wir hören den „Kammerton a". Währt sie dagegen nur 2,27 Femtosekunden (10^{-15} s), so ist das eine Frequenz von 440 Petahertz (10^{15} Hertz), und wir sehen grünes Licht.

Der Bereich des Hörens reicht beim jungen Menschen im Allgemeinen von 16 Hertz bis 20 Kilohertz. Eine Schwingung innerhalb dieser Grenzen wird als Ton identifiziert, indem die Zeit von einem Maximum zum nächsten gemessen wird. Das erfolgt durch Vergleich mit einem kontinuierlich ablaufenden, stets verfügbaren Vorgang. Die Fähigkeit zu hören setzt also eine spezielle innere Uhr voraus. Unterhalb der menschlichen Hörgrenze bis hinab zu etwa einem Hertz spricht man von Infraschall. Weil dieser im Wasser besonders gut fortgeleitet wird, sind die meisten Wassertiere dafür sensibel.

Ultraschall reicht oberhalb der Hörgrenze bis zu etwa 100 Kilohertz entsprechend 10 Mikrosekunden. 1938 bemerkte der Amerikaner Donald R. Griffin, dass sich Fledermäuse mittels Ultraschall im Frequenzbereich von 20 bis 120 Kilohertz orientieren, den sie impulsartig selbst erzeugen. Die Schallwellen werden von Gegenständen der Umgebung und von Beutetieren reflektiert. Aus der Zeit zwischen dem Senden eines Impulses und dem Empfang seines Echos erhält die Fledermaus Informationen über die Entfernung des reflektierenden Objekts. Fledermäuse besitzen also Organe zur Kurzzeitmessung im Mikrosekundenbereich. Damit nicht genug: Sie synchronisieren zwei „Stoppuhren" miteinander und beherrschen dadurch stereophone Effekte. Darüber hinaus können sie die Differenz zwischen gesendeter und empfangener Frequenz wahrnehmen und sich dadurch über die Geschwindigkeit der fliehenden Beute informieren. Über ähnliche Fähigkeiten verfügt auch der Delphin im Wasser.

Licht ist derjenige Frequenzbereich elektromagnetischer Wellen, den der Mensch mit den Augen wahrnehmen kann. An das Spektrum der Regenbogenfarben schließen sich die für Menschen nicht sichtbaren Bereiche des Infraroten und des Ultravioletten an. Die Netzhaut im Hintergrund des Auges besitzt drei Arten lichtempfindlicher Zellen, Zäpfchen genannt. Deren Signale gelangen zu vier Schaltzellen, welche paarweise zusammenwirken und die Anteile von Rot/Grün und Blau/Gelb im Lichtgemisch feststellen. Solange ein Farbreiz fehlt, sendet jede von ihnen definierte Ruheimpulse aus. Treffen Farbinformationen ein, so ändern sich diese. Das Gehirn überwacht den Informationsfluss und interpretiert die veränderten Impulse als Farbinformation. Wir sehen also Farben mittels winzigster zeitlicher Verschiebungen.

Ein anderes Zeitmaß gilt im Leben der Pflanzen; deshalb nehmen wir es im Allgemeinen nicht wahr. Viele Pflanzen verlagern sogar ihren Standort, aber wir bemerken die Veränderung erst, wenn ein Weg zugewachsen, ein Grab überwuchert ist. Ein Zeitraffer-Film reduziert Monate auf Sekunden, zeigt uns das Wachsen im Frühling und das Vergehen im Herbst. Täglich entfalten und schließen sich Blüten, Blätter folgen dem Sonnenstand, Algen im Meer steigen zur Oberfläche und sinken wieder. Morgens schießen die Pflanzen empor, nachmittags ist ihr Stoffwechsel gering, das Wachstum ruht. Auch diese Steuerung besorgen biologische Uhren.

Pflanzen messen Licht und erkennen Farben mittels lichtempfindlicher Pigmente, der Kryptochrome. Wenn Sonnenlicht auf die Teilchen der Atmosphäre trifft, wird es gestreut. Abhängig vom Winkel, unter dem wir den Vorgang betrachten, erreichen uns unterschiedliche Bereiche seines Spektrums. Deshalb sehen wir den Himmel tagsüber blau, morgens und abends aber gelb und rot – was übrigens Menschen in vergangenen Epochen als Maß für das Erreichen bestimmter Tagesabschnitte genügte. Der kurzwellige Blau-Anteil des Spektrums ändert sich im Lauf des Tages. Daraus beziehen die Kryptochrome Informationen über die Tageszeit und synchronisieren die cirkadiane Rhythmik ihrer freilaufenden molekularen Uhren.

Bestimmte Erscheinungen der Pflanzenwelt sind zuverlässige Indikatoren für Tages- und Jahreszeiten. Auf eine Idee des schwedischen Naturforschers Carl von Linné geht die Blumenuhr zurück. Die Sektoren eines kreisförmigen Beetes werden mit verschiedenen Blumen bepflanzt, deren Blüten sich zu verschiedenen Tageszeiten öffnen und schließen.

Bäume sind die größten Lebewesen der Erde, und sie erreichen das höchste Lebensalter. Es gibt 3000-jährige Mammutbäume und manche Grannenkiefern in Kalifornien werden über 4000 Jahre alt. Bäume „wissen" vom Nahen des Winters, und die Verfärbung des Laubs ist eine Vorbereitung darauf: Blattgrün wird in die Zweige zurückgezogen und Trenngewebe gebildet, das beim Laubfall für Wundverschluss sorgt.

Auch eine ausgeprägte Zyklussynchronisation gibt es bei Pflanzen. Einige fruchttragende Bäume Südamerikas blühen in einem großen Gebiet alle gleichzeitig und nur für höchstens drei Tage. Affenhorden fallen zu dieser Zeit über die saftigen großen Blüten her. Nur durch das kurzzeitige Überangebot wird eine ausreichende Anzahl verschont und kann Samen bilden.

Wegen der jahreszeitlichen Klimaschwankungen wachsen Bäume und Sträucher im Lauf eines Jahres ungleichmäßig schnell, und das hinterlässt seine Spuren im Holz. Im Querschnitt eines Stammes sind die ringförmigen Wachstumszonen gut sichtbar. Das schnell gewachsene Frühjahrsholz ist weitporig und hell, das Sommerholz dichter und dunkler. Eine scharfe Grenze zum

Frühjahrsring des folgenden Jahres kennzeichnet die winterliche Ruheperiode. An den Jahresringen kann deshalb das Alter eines Baumes abgezählt werden. Ähnliche Erscheinungen werden an vielen Lebewesen beobachtet. Auch tägliche Wachstumsschwankungen hinterlassen solche Spuren. So findet man „Tagesringe" zum Beispiel bei den Kalkgehäusen von Korallen oder bei Harn- und Gallensteinen.

Je nach Witterung fallen die Jahresringe innerhalb eines Baumstamms mal breiter, mal schmaler aus. In einer bestimmten Gegend entstehen so in jedem Jahrhundert ganz charakteristische Streifenfolgen. Auf ihrem Vergleich beruht die Dendrochronologie. Heute existiert eine große Zahl nach Baumart und Region unterschiedlicher Datenreihen. Sie wurden aus unterschiedlich alten Proben zusammengesetzt, die man überlappend aneinanderreihen konnte. Allerdings wird die Zuverlässigkeit auch dieser Methode angezweifelt. Der Physiker Christian Blöss und der Historiker Hans-Ulrich Niemitz haben herausgearbeitet, dass sich Dendrochronologie und C14-Methode gegenseitig stützen.

Dem Prinzip der Stratigrafie mittels Leitfossilien ähnelt eine neuere Methode, mit der Bodenschichten und darin lagernde Funde zeitlich bestimmt werden können. Sie basiert auf der Pollenanalyse von Blütenpflanzen. Hat man diese aus einer Erdschicht isoliert, können die Paläobotaniker aus Menge und Art der gefundenen Pollen die Flora des betreffenden Gebietes bestimmen. Dann werden die prozentualen Anteile der verschiedenen Pflanzenarten errechnet und die Ergebnisse in Pollendiagrammen zusammengefasst. Diese sind charakteristisch für den jeweiligen erdgeschichtlichen Zeitabschnitt.

III. Die Zeit des Menschen

1. Menschwerdung und Zeitbegriff

Charles Darwins 1871 veröffentlichtes Werk *Die Abstammung des Menschen* machte erstmals deutlich, dass auch der Mensch Ergebnis der Evolution ist. Sammelnd umherstreifende Pflanzenesser kannten bereits die Jahreszeiten. Einen Kalender benötigten sie dafür freilich noch nicht. Auch Affen finden sich pünktlich einige Monde nach der Regenzeit zur Obsternte in Gegenden ein, die sie sonst nicht bewohnen.

Der gesamte „Lebenskalender" eines Affen ist anders gegliedert als der eines Menschen. Zu seinen wesentlichen Eckdaten gehören vor allem die Dauer der Schwangerschaft, das Alter der Entwöhnung, der Durchbruch bleibender Mahlzähne, der Eintritt der Geschlechtsreife und schließlich die Lebensdauer. Im Vergleich zur Hirnmasse anderer Säuger müsste Homo sapiens eigentlich 21 Monate schwanger sein. Seine stark verlängerte Kindheit wird mit einem schnellen Wachstumsschub abgeschlossen. Dieses besondere Muster von Kindheit und Reifung kennt nur der Mensch. Es ermöglicht ihm den Erwerb kultureller Fähigkeiten.

Vor 150.000 Jahren tauchte in Afrika eine neue Menschenart auf, der moderne Homo sapiens sapiens. Im Lauf der folgenden 100.000 Jahre verbreitete er sich über ganz Eurasien und verdrängte die früheren Populationen vollständig. Die ausgeprägten Jahreszeiten in Europa zwangen ihn zur Jagd. Vor 50.000 bis 35.000 Jahren gab es in Europa, von Ost nach West fortschreitend, einen enormen Entwicklungssprung. Die modernen Zuwanderer produzierten entwickelte Steinwerkzeuge, Kleidung und Kunstgegenstände. Von dieser jungpaläolithischen Revolution an vollzieht sich tiefgreifender Wandel in Tausenden statt in Hunderttausenden von Jahren. Beschleunigung bestimmt die künftige Entwicklung der Menschheit. Der Faktor Zeit wird ausschlaggebendes Element ihrer Kultur. Archäologen haben die Zeitspanne der menschlichen Entwicklung in Kulturperioden gegliedert. Deren Namen sind von den Fundorten abgeleitet, an denen erstmals typische Zeugnisse der jeweiligen Entwicklungsstufe ausgegraben wurden. Nach diesem klassischen „archäologischen Kalender" werden bis heute die Funde geordnet.

Irgendwann im Lauf der letzten 2,5 Millionen Jahre gelangte der Mensch zum Bewusstsein seiner selbst. Der Zoologe Richard Dawkins geht davon aus, dass Organismen generell etwas über die Zukunft wissen müssen. Viele solche Prozesse von Vorschau wie beispielsweise die mit biologischen Uhren verknüpften Mechanismen laufen auch unbewusst ab. Dawkins hat biologische Vorschauprozesse mit der Simulation komplexer Abläufe im Computer verglichen. Wird ein solches dynamisches Modell immer umfassender, so muss es irgendwann sich selbst einschließen, seine eigene Existenz berücksichtigen. Auf ähnliche Weise könnte auch im Menschen das Selbstbewusstsein entstanden sein.

Mit dem Bewusstsein des Menschen vom *Ich* verband sich ein Bewusstsein von der Zeit. Das Gehirn erlangte die Fähigkeit, aufeinander folgende Augenblicke miteinander zu verschmelzen. Dadurch erweiterte sich das menschliche „Kernbewusstsein", die an das hier und jetzt gebundene, gewissermaßen statische Erkenntnis des „Ich bin" zur Vorstellung von einer dynamischen Existenz in der Zeit, von einer Kontinuität des Daseins. Zur Konstruktion eines entsprechenden Zeitbegriffs unterteilt das Gehirn die kontinuierliche Zeit in Abschnitte. Weil die Nervenbahnen unterschiedlich lang sind, kommen die Signale der verschiedenen Sinnesorgane zeitlich gegeneinander versetzt im Gehirn an und müssen koordiniert werden. Deshalb werden sie blockweise gesammelt, sortiert und unter Berücksichtigung ihrer Verzögerung wieder zusammengesetzt. Dann erst erscheinen sie im Bewusstsein, und dort wird die Zeit als „fließend" wahrgenommen.

Die primär vom Gehirn aufgenommenen Abschnitte haben eine durchschnittliche Größe von 30 Millisekunden. Nur durch solche Zeitfenster nehmen wir Informationen aus der Umgebung wahr. Dabei werden mehrere verschiedene Reize innerhalb desselben Zeitfensters als gleichzeitig empfunden. Unterhalb dieser Schwelle existiert praktisch keine individuelle Zeit. Das gilt für das Sehen, das Gehör und den Tastsinn. Eine Reihe von Zeitfenstern bis zu einer Gesamtdauer von wenigen Sekunden fassen wir zu Wahrnehmungsgestalten zusammen. Nur innerhalb einer solchen begrenzten Zeitstrecke können wir die Übersicht über die Folge der Einzelerscheinungen behalten, Ereignisse als Ganzes überblicken.

Demnach erfordert das menschliche Zeiterleben mehrere hierarchische Stufen der Zeitwahrnehmung. Der Psychologe und Hirnforscher Ernst Pöppel hat sie untersucht und ihren Zusammenhang beschrieben. Zeit wird durch die elementaren subjektiven Phänomene Gleichzeitigkeit, Ungleichzeitigkeit, Aufeinanderfolge, Gegenwart und Dauer in unserem Bewusstsein verfügbar.

Eine Vielzahl von Experimenten hat belegt, dass das Gehirn generell nicht kontinuierlich, sondern in Zeittakten arbeitet, die beim Menschen etwa 30 Millisekunden dauern. Die dem entsprechende Taktfrequenz in der Größenordnung von 33 Hertz steuert eine Vielzahl weiterer neurophysiologischer Prozesse. Sie verleiht uns die Fähigkeit, Sequenzen zu bilden, das heißt mehrere Glieder einer Folge in eine Ordnung zu bringen, uns diese Ordnung zu merken und sie später wiederzugeben. So wird beim Lesen einer Telefonnummer jede einzelne Ziffer mit einer Zeitmarke verbunden. Soll sie gleich darauf gewählt werden, so gewährleisten die aufeinander folgenden Zeitmarken eine richtige Wiederholung der Sequenz, der Ziffernfolge. Um sie aber als einheitliche Telefonnummer zu identifizieren, um aus Buchstaben ein Wort zu bilden oder um aus nacheinander gesehenen Bildern eines Vogels den Eindruck seines Fliegens zu gewinnen, benötigen wir einen Überblick über die aufeinander folgenden Elemente. Den erhalten wir erst durch ihre zeitliche Integration. Wir nehmen sie nicht für sich allein wahr, sondern beziehen mehrere aufeinander und bilden daraus eine Wahrnehmungsgestalt. Eine besonders wichtige Rolle spielen deshalb die Integrationsmechanismen, die unter anderem für das Herstellen von „Gegenwart" im menschlichen Zeiterleben verantwortlich sind. Tatsächlich erfordern jedes Ereignis sowie alle Handlungen und Prozesse eine gewisse Zeit, so kurz sie auch sein mag. Dementsprechend hat die subjektive Gegenwart eine deutliche Ausdehnung von zwei bis drei Sekunden und unterscheidet sich damit grundlegend vom dimensionslosen Punkt der Mathematiker, auf den sich der Gegenwartsbegriff der Physik reduziert. Über eine Grenze von etwa drei Sekunden hinaus können wir Information nicht mehr zu Wahrnehmungsgestalten zusammenfassen, und nur innerhalb dieser Zeitstrecke können wir Ereignisse als Ganzes überblicken. Das ist die Gegenwart des menschlichen Erlebens. Genau diese ist vorrangig gemeint, wenn die Umgangssprache vom „Augenblick" redet.

Außer der Wahrnehmung sind viele verschiedene Bereiche unseres Erlebens und Verhaltens auf die Drei-Sekunden-Takte begrenzt. Vielleicht ist es die Mindestdauer, die wir benötigen, um das gegenwärtige Geschehen zu „begreifen". Zwei bis drei Sekunden dauert durchschnittlich das Händeschütteln bei einer Begrüßung, und ebenso lange klingen die eingängigen Motive in der Musik. Gesprochene Verszeilen von Gedichten dauern in keiner Sprache länger, und alle drei Sekunden ändern wir die Blickrichtung.

Ein weiteres Phänomen subjektiver Zeit ist das Erleben von Dauer. Es setzt die Fähigkeit des Erinnerns voraus, die auf einem Integrationsmechanismus anderer Art, dem Gedächtnis, basiert. Darin werden Informationen additiv gespeichert und können später reproduziert werden. Das eigentliche Erinnern besteht im Abrufen des Gedächtnisinhalts. Als „Nebenprodukt" des Erinnerns wird unser Eindruck von der Kontinuität des Daseins erzeugt.

Gedächtnis ist aus physiologischer Sicht als eine allgemeine Funktion der organisierten Materie erklärt worden. Selbst bei Einzellern können wir die Fähigkeit des biologischen „Erinnerns" finden. Mit zunehmender Komplexität der Lebewesen ist das Gedächtnis mit biologischen Uhren verbunden. Im engeren Sinn ist das Gedächtnis ein Prozess, eine besondere Fähigkeit des höher entwickelten Nervensystems. Beim Menschen unterscheidet man drei hierarchische Stufen. Im Bewusstsein des Augenblicks vorhandene Informationen verweilen für einige Sekunden im Ultrakurzzeit-Gedächtnis. Werden sie während dieser Zeit durch innere Wiederholung bekräftigt, verstärkt, so gelangen sie für maximal zwei Stunden in das Kurzzeit-Gedächtnis. Ein ähnlicher Mechanismus überträgt sie schließlich zu relativ dauerhafter Speicherung in das Langzeit-Gedächtnis.

Erinnern kann man sich nur an Vergangenes. Der Mensch wird sich durch das Erinnern des Vorher und des Nachher bewusst; dadurch erhält seine Zeit eine Richtung. Das ist diejenige des psychologischen Zeitpfeils. Durch ihn erhalten die zunächst unzusammenhängenden Augenblicke des Bewusstseins eine Kontinuität. In dieser Kontinuität vereinen sich Vergangenheit, Gegenwart und gedanklich vorweggenommene Zukunft zur noetischen Zeit.

Diese, die Noozeitlichkeit, wurde als die zeitliche Realität des entwickelten menschlichen Geistes definiert, als innere Erfahrung des Fließens der Zeit beschrieben. Sie existiert rein intellektuell. Aus ihr resultiert Einsicht in die Zusammenhänge des Geschehens, und mit ihr überwindet das menschliche Bewusstsein Raum und Zeit. Aber Zeitverständnis setzt Handlungskompetenz voraus, bemerkt der Freiburger Soziologe Günter Dux. Deshalb entsteht ein abstrakter Zeitbegriff bei Individuen und in Gesellschaften erst spät.

Der Astrophysiker Hans Jörg Fahr spricht von einem „historischen Zeitpfeil" und erklärt ihn als Erscheinung der ständigen Zunahme von Ordnung und Information in den evolutionären Prozessen. Diese Pfeilrichtung scheint, jedenfalls auf den ersten Blick, dem Zeitpfeil der Physiker genau entgegengesetzt. Der Physiker Stephen Hawking hat besonders anschaulich erklärt, weshalb das so ist. Wird im Gedächtnis eine Information gespeichert und erinnert, so läuft eine Reihe chemischer Prozesse ab, bei denen Energie verbraucht wird. Weil diese Energie nicht verschwinden kann, erhöht sie die „Abwärme" des Systems Mensch. Das aber vergrößert die Unordnung der Atome.

2. Zeit und Sprache

Eng mit der Entstehung des menschlichen Bewusstseins und mit dem Denken ist die Herausbildung der Sprache verbunden. Sprache gilt als Wendepunkt der Evolution. Sie überwand die Grenzen der unmittelbaren Erfahrung und öffnete uns die Unendlichkeit von Raum und Zeit. Sprache ist das Medium, um die Vergangenheit zu beschreiben; sie realisiert das kollektive Gedächtnis der Menschheit. Außerdem erlaubt sie die Anwendung von Ordnungsprinzipien. Das macht sie zum Mittel, um Zukunft zu planen, und dadurch erschloss sie dem Menschen die neuartigen Welten materieller und geistiger Kultur.

Das Bewusstsein von der Zeit und ihren Erscheinungen ist mit der sprachlichen Artikulierung des individuellen Zeitempfindens verbunden. Erst Sprache ermöglichte, sich die Vielfalt der zeitlich bedingten Erscheinungen bewusst machen und darüber eine Art gesellschaftlichen Konsens herzustellen. Irgendwann und sehr allmählich bildeten sich die ersten mit Zeit zusammenhängenden Begriffe. Zuallererst mag ein Bedürfnis entstanden sein, das „hier und jetzt", das wirkliche gegenwärtige Erleben, von den anderen Punkten in Zeit und Raum zu unterscheiden. Offenbar gab es dafür zunächst nur einen ganz undifferenzierten Ausdruck. Dann war der Raum von der Zeit zu sondern. Das ist keineswegs einfach, denn jede Bewegung im Raum geschieht zugleich in der Zeit. Aber nur die räumliche Veränderung ist den Sinnen unmittelbar zugänglich, und es bedarf einer intellektuellen Leistung, ihren zeitlichen Aspekt als selbstständigen Begriff zu isolieren. Deshalb entstanden in den Sprachen zuerst die räumlichen Begriffe.

In der indogermanischen Ursprache drückte die Lautfolge *ke* wohl ganz allgemein aus, dass man in der Umgebung eine räumliche oder zeitliche Veränderung wahrnahm. Daraus formten sich zunächst die Grundbegriffe „hin" und „her". Sie zeigen noch heute eine Veränderung sowohl im Raum als auch in der Zeit an. Weil sich ständig etwas in der Umgebung hin- oder herbewegte, entstand das Bedürfnis, das Nächstliegende,

Unveränderte, explizit zu benennen. Dazu wurde ein Ausdruck für das „hier und heute" erfunden. Zunächst erfolgte eine stärkere Differenzierung des räumlichen Aspekts, dann trennte sich der zeitliche Aspekt davon ab. Sehr viel später zogen die Römer *hoc die* („an diesem Tag") zu *hodie* („heute") zusammen. England benutzt die abgekürzte Übertragung *today* („an [diesem] Tage"). Manche Autoren haben deshalb auch das deutsche *hiu tagu* als Lehnübersetzung von hodie beschrieben. Aber bevor alle diese Zusammensetzungen entstanden, muss ein Begriff für den Tag bereits existiert haben.

Der ursprüngliche Begriff „heute" grenzt die Gegenwart nur unvollkommen ein; deutlicher sind „nun" und „jetzt". Alles, was erstmals im Gesichtskreis auftauchte, benannte die indogermanische Ursprache mit *neuo*. Daraus entwickelte sich „neu". Unsere Gegenwartssprache bevorzugt das „jetzt" gegenüber dem „nun". Es wurzelt in einem germanischen Begriff von „Leben, Zeit". Im Gegensatz zu „heute" und „jetzt" umschließt „immer" die gesamte Zeit. Es bildete sich aus althochdeutsch *iomer*. Die auch dem „jetzt" zugrunde liegende Partikel *io* hängt mit indogermanisch *aiu* („Lebensdauer, Lebenskraft") zusammen, und das angehängte *me* bedeutet „groß, ansehnlich". „Große Lebenskraft" war also die ursprüngliche Bedeutung unseres „immer". Ein direktes Gegenwort entstand, indem man *io* mit der Negationspartikel *ni-* zu althochdeutsch *nio* („ohne Leben") zusammensetzte. Hieraus entwickelte sich „nie".

Aus der Empfindung des Fließens der Zeit in einer bestimmten Richtung entstand das Bedürfnis, sich in der Zeit zu orientieren, zeitliche Kausalität auszudrücken. Allmählich wurden Worte dafür gefunden. Ausgangspunkt war das „hier und jetzt". Dann galt es, zwei Erscheinungen räumlich-zeitlich miteinander zu vergleichen. Es entstanden Worte für ein Geschehen vor dem Bezugspunkt, für Gleichzeitigkeit und für das darauf Folgende. Neben den grundlegenden Begriffen zum Ordnen des Vorher und Nachher entwickelten sich Ausdrücke zur relativen Bewertung zeitlicher Erscheinungen wie „spät" und „früh".

Der sinnliche Eindruck des an jedem Morgen neu erstrahlenden Lichtes gehört zu den ersten bewusst wahrgenommenen Erscheinungen und folglich auch zu den frühesten Erinnerungen der Menschheit. Die regelmäßige Wiederkehr der Tage trug deshalb wesentlich zur Herausbildung des Zeitbewusstseins bei. Als man dann ein Wort für den abstrakten Begriff des Tages fand und vom Heute das Gestern und das Morgen unterschied, war ein wichtiger Schritt auf dem langen Weg zu den Grundbegriffen aller Kalender getan.

Die indogermanischen Völker bildeten Worte für „die Zeit, in der die Sonne brennt" aus dem sehr alten *dheg*. Daneben entstand *nok* als Begriff für die Zeit zwischen zwei Sonnenuntergängen. Nok wird also der Ausgangspunkt für den abstrakten Tagesbegriff gewesen sein. Später wechselten die Bedeutungen. „Nacht" meinte nur noch die Zeit der Dunkelheit, und „Tag" umfasste den gesamten Zyklus. Ein Tag umschloss eine Zeitspanne, die für Menschen der Frühzeit eben überschaubar war. Als irgendwann ein Bewusstsein für das Vergehen längerer Zeitabschnitte erwachte, konnten sich auch Begriffe für langes Andauern bilden.

Erst als die Sprache zeitliche Erscheinungen differenziert benennen konnte, früh von spät, jung und neu von alt, gestern von heute und morgen unterschied, entstand ein abstrakter Begriff von Zeit. Schon Demokrit erkannte Zeit als ein nur vorgestelltes Abbild von Tag und Nacht zugleich. Ein Ausdruck für das Abstraktum „Zeit" erschien zuerst im antiken Griechenland: *chrónos* („Zeit"). Das war ein Begriff für gleichförmig dahinfließende Zeit. Hier haben Worte wie Chronik, Chronometer und synchron ihren Ursprung. *Kairós* war ursprünglich das Wort der Griechen für den passenden Ort, dann für eine günstige Gelegenheit, um ein Vorhaben erfolgreich durchzuführen. Ihre Philosophen bezeichneten mit *kairós* den „entscheidenden Zeitpunkt", von dem es abhängt, ob eine Entscheidung sinnvoll ist. Heute bedeutet neugriechisch *kairós* einfach „Zeit".

Daneben gibt es den alten Wortstamm *kal* („zählen"). Zu ihm gehören sanskrit *ka-la* („Zeit") sowie lateinisch *calculare* („zählen") und *calare* („den Anfang nennen, ausrufen"). Auf das Ausrufen des Monatsanfangs beziehen sich die *calendae*, die Kalenden der Römer, von denen der Kalender seinen Namen erhielt. Der lateinische Begriff für begrenzte, für abgemessene Zeit war *tempus*. Im 17. Jahrhundert gelangte „Tempo" als Fremdwort ins Deutsche. Zunächst benutzte man es auch hier im Sinne von „Zeit" und „Gelegenheit".

Nicht nur in den Wörtern, auch in ihren Formen sowie in der Struktur der Sprache spiegelt sich das Bewusstsein der Menschen von der Zeit. Es gibt vielfältige Möglichkeiten, einen zeitlichen Bezug auszudrücken, und die verschiedenen Sprachen machen unterschiedlichen Gebrauch davon. Linguisten unterscheiden die Mittel der Grammatik – Tempora und Aspekte – von den lexikalischen. In den meisten Sprachen, darunter im Deutschen, nehmen die Verben verschiedene Formen an und drücken dadurch bestimmte zeitliche Beziehungen aus.

Manche Sprachen unterscheiden nur zwischen zwei Zuständen. Sie orientieren sich am Resultat dessen, was in der Zeit geschieht. So heißt es auf hawaiisch entweder *ua himeni* („Gesang abgeschlossen") oder *himeni ana* („Gesang nicht abgeschlossen"). Viele Sprachen verwenden neben den Tempora noch Aspekte als zusätzliche Möglichkeit, zeitliche Relationen auszudrücken. Oft geht es dabei um die interne zeitliche Gliederung eines oder um die Verschachtelung mehrerer Vorgänge. Andere Sprachen (so die semitischen) markieren den Zeitpunkt gar nicht, sie benutzen modale temporale Formen.

Außer den Möglichkeiten der Grammatik gibt es im Deutschen und in anderen Sprachen eine Fülle lexikalischer Mittel, zeitliche Beziehungen auszudrücken:

- temporale Verben (anfangen, beginnen, dauern, enden, vergehen)
- Temporaladverbien (heute, jetzt, einst, neulich)
- Nominalphrasen (die ganze Nacht, nächste Woche, während des Gesprächs)
- präpositionale Phrasen (am Montag, nach dem Essen, um vier Uhr)

- temporale Nebensätze (als er kam, sobald es hell wird, wenn es drei schlägt).

3. Das individuelle Zeitempfinden

Das erstmalige Bewusstwerden der Zeit geschah als individuelle Erfahrung jedes Einzelnen. Es ist heute unbestritten, dass jedes höhere Lebewesen im Verlauf der Ontogenese (seiner individuellen Entwicklung) die Phylogenese (die stammesgeschichtliche Entwicklung seiner Art) wiederholt. Offenbar geschieht etwas Vergleichbares beim Erwerb von Zeitbegriffen; Kinder wiederholen die entsprechenden Phasen aus der Menschheitsgeschichte. Wir können beobachten, dass sich ein kleines Kind zunächst auf die unmittelbare Gegenwart konzentriert. Sobald es laufen kann, erobert es sich zunächst zeitlos den Raum und erwirbt die sprachliche Fähigkeit, Orte zu benennen. Erst danach, wenn in drei bis vier Jahren sein Ich-Bewusstsein und das Gedächtnis entstanden sind, kann es die ersten zeitlichen Begriffe anwenden und lernt, sein Verhalten an die Zeit der Erwachsenen anzupassen. Die lange Dauer dieser Entwicklung hängt unter anderem damit zusammen, dass wir Zeit nicht unmittelbar wahrnehmen können.

Erst durch das Erinnern an früher Wahrgenommenes wird sich der Mensch des Ablaufs der Zeit und seiner eigenen Entwicklung bewusst. Aber dass etwas im Gedächtnis gespeichert wird, setzt persönliches Erleben voraus. Nur die selbst erlebten Gefühle und Empfindungen ermöglichen eigene Erinnerungen. Der Hirnforscher Otto-Joachim Grüsser, der 1983 den Ausdruck Ich-Zeit für die subjektiv erfahrene Zeit des Individuums prägte, hat sie so beschrieben: „Diese Zeit kann erlebte Gegenwart sein, sie kann erfahrene und erinnerte Zeit sein, die sich auf Vergangenes bezieht, sie kann aber auch planende, sorgende, erwartete Zeit sein, Vorgriff auf Zukünftiges."

Zeit ist physikalisch ein kontinuierlicher Fluss, doch der Mensch nimmt Informationen aus der Umgebung abschnittsweise, in aufeinander folgenden Zeitfenstern wahr. Dadurch entsteht das Bewusstsein des Nacheinanders der Geschehnisse, aneinander gereihter Momente, zeitlicher Kausalität. An dieses Bewusstsein knüpft sich das Empfinden von der Geschwindigkeit des Wechsels und von der Dauer der Erscheinungen. Zahlreiche Veränderungen in unserer Umwelt oder deren Details nehmen wir gar nicht wahr, weil sie zu langsam oder für unsere Sinne zu schnell ablaufen.

Nur physikalisch fließt Zeit immer und überall gleich. Im Gefühl jedes einzelnen Menschen hat sie ein anderes Maß. Wie Menschen die Dauer eines Zeitabschnitts empfinden, hängt von ihren persönlichen Voraussetzungen ab. Die Basis dafür sind genetisch vorbestimmte biologische Ausgangswerte, die einen Rahmen abstecken, innerhalb dessen die individuelle Ausgestaltung erfolgt. Dabei wirken kulturelle Prägung und Gesundheitszustand wesentlich mit. Vor allem aber verändert sich das Zeitbewusstsein des Einzelnen in Abhängigkeit von Lebensalter und Erfahrung. Älteren Menschen enteilt die Zeit schnell, jungen scheint sie oft sehr lang. Das könnte damit zusammenhängen, dass ein Jahr für einen Zwanzigjährigen ein Zwanzigstel seines erfahrenen Lebens repräsentiert. Einem Sechzigjährigen erscheint derselbe Zeitraum nur ein Drittel so lang.

Je kürzer der betrachtete Zeitraum ist, desto stärker wirkt auch die aktuelle äußere Situation auf das Zeitempfinden ein. Hauptfaktoren sind Motivation, Erwartungshaltung, Aktivität und Aufmerksamkeit. Wenn ein Kranker im Bett liegt, führen Langeweile und Duldenmüssen dazu, dass die Zeit für ihn nicht vergehen will. Beim Erleben angenehmer Emotionen vergeht die Zeit dagegen „wie im Fluge". Und wenn mit gesteigerter Aktivität, bei gespannter Aufmerksamkeit eine Arbeit erledigt, ein Ziel erreicht werden soll, dann „läuft die Zeit davon" und wird knapp.

Diese scheinbare Dehnung oder Schrumpfung der Zeit entsteht dadurch, dass das Gehirn je nach den Umständen ein Zeitfenster längere oder kürzere Zeit offen hält. Die Zeit vergeht schnell, wenn wir viel erleben, Interessantes erfahren, wenn Aufregendes geschieht. Dann sind alle Sinne gefordert, die zu verarbeitende Informationsmenge steigt, die Zeitfenster sind bald gefüllt und werden kürzer. Das Gedächtnis speichert dann Informationen aus vielen Fenstern.

Während des Erlebens ist die Aufmerksamkeit vorwiegend entweder auf das Geschehen oder auf den Ablauf der Zeit gerichtet, es wird Kurzweil oder Langeweile empfunden. Völlig anders stellt sich das Vergehen eines bestimmten Zeitabschnitts in der Erinnerung dar. Voraussetzung dafür, dass wir subjektive Dauer erleben können, ist ein Gedächtnis. Darin wird Information additiv gespeichert und kann später im Hinblick auf Zeitdauer abgefragt werden. In der Erinnerung wird nun das Erleben der Zeit über die „Menge des Erlebten" beurteilt. Der mentale Inhalt bestimmt die individuelle Dauer vergangener Zeit. Wurde geistig viel verarbeitet, dann erscheint sie im Rückblick als lang, während sie im Verlauf des realen Geschehens sehr schnell zu vergehen schien. Das ist das zeitliche Paradox.

Umgekehrt verlangsamen Langeweile und Wartenmüssen den Ablauf, aber hinterlassen kaum Erinnerung. Zeitintervalle, während deren Langeweile herrschte, also wenig verarbeitet wurde, erscheinen im Rückblick geschrumpft. So kommt es, dass kurze Urlaubsreisen deutliche Spuren im Gedächtnis hinterlassen, während der vergleichsweise ereignisarme Ablauf des Alltags fast gänzlich daraus verschwindet. Unter extremen Bedingungen dagegen, beispielsweise bei einem Unfall, kann sich die subjektiv empfundene Zeit völlig von der Realzeit entfernen. Plötzlich läuft alles „wie in Zeitlupe" ab und kann auch so erinnert werden.

Philosophen haben vermutlich als erste das individuelle Erleben der Zeit beschrieben. Die antike Schule der Stoa verstand Zeit als Idee, als das Abmessen der Bewegung der Welt. Diese Idee begreife das Vergangene und das Zukünftige, aber nicht die Gegenwart. Anders Augustinus; sein metaphysisches Denken hatte der Seele die Aufgabe zugewiesen, die wahrgenommenen Zustände zu vergleichen und sie nach „früher" oder „später" zu ordnen. Vergangenheit und Zukunft würden in der äußeren Wirklichkeit nicht existieren; Zeit sei nur in der seelischen Gegenwart, als Augenschein, Erinnerung oder Erwartung. Eine wieder andere Meinung vertrat der russische Denker Leo Tolstoi am Ende des 19. Jahrhunderts: „Du triffst Entscheidungen in der Gegenwart, und die Gegenwart ist außerhalb der Zeit; sie ist ein winziger Augenblick, in dem sich zwei Zeiten – Vergangenheit und Zukunft – begegnen. In der Gegenwart hast du immer Entscheidungsfreiheit." Die Epoche der Aufklärung unterschied naturwissenschaftlich-objektive von subjektiv-ästhetischer Zeit. Schließlich definierte Husserl eine von der objektiv messbaren getrennte individuelle Erlebniszeit. Auch Bergson unterschied die Erlebniszeit als ursprüngliche, vom Menschen erlebte Zeit von objektiver Zeit. Darüber hinaus erklärte er Erlebniszeit als schöpferische Zeit des Menschen.

Nach den Philosophen entdeckten auch die Psychologen das Thema „Zeiterfahrung der Menschen". Das Empfinden von Zeit ist ein Gefühl und gründet dennoch auf den inneren Uhren. Biologische Rhythmen setzen die Maßstäbe, anhand deren etwas als schnell oder langsam, kurz oder lang gefühlt wird. Eine nicht unwichtige Rolle dabei spielt der Charakter des Einzelnen, die Gesamtheit seiner Persönlichkeitseigenschaften. Er bestimmt die Art und Weise des Verhaltens gegenüber der Umwelt. Das schließt ein, wie Menschen mit der Zeit umgehen.

Seit der Antike unterschied man nach dem Typ des Nervensystems die vier Temperamente: cholerisch, sanguinisch, melancholisch und phlegmatisch. Hinsichtlich ihres Umgangs mit der Zeit fällt hier der Phlegmatiker besonders auf. Er gilt als Inbegriff des Langsamen, der sich viel Zeit nimmt. Im Gegensatz dazu steht der schnell reagierende Choleriker.

Die typusbedingte Grundstimmung des Systems „Mensch" einschließlich seines Zeitgefühls wird von plötzlichen heftigen Emotionen beeinflusst. So löst akutes Angstgefühl einen Fluchtreflex aus und ermöglicht ihn physisch durch beschleunigten Herzschlag. Zugleich erscheint die Zeit stark gedehnt, was ein genaueres Wahrnehmen der Vorgänge in der Umgebung erlaubt. Lang anhaltende Emotionen verleihen dem Zeitempfinden eher qualitative Unterschiede. Freude, Sorge, Trauer „färben" gewissermaßen die Zeit emotional, doch auch sie bewirken, dass längere Zeitabschnitte gedehnt oder gerafft wahrgenommen werden. Das verstärkt die individuelle Verschiedenheit der Zeiterfahrung im normalen alltäglichen Bewusstsein.

Emotionen, die das Zeitempfinden beeinflussen, werden auch durch Musik hervorgerufen. Deren innere zeitliche Komponenten spielen dabei eine wesentliche Rolle. So rufen Abweichungen bei der strikten musikalischen Zeiteinhaltung ein unbehagliches Gefühl beim Zuhörer hervor. Schon um 1600 forderte William Shakespeare in *König Richard der Zweite*: „Ha, haltet Zeitmaß! Wie so sauer wird Musik, so süß sonst, wenn die Zeit verletzt und das Verhältnis nicht geachtet wird!"

Rein physikalisch ist Musik nichts als regelmäßig gegliederte Zeit. „Der Ton macht die Musik", heißt es. Ein reiner Ton ist eine hörbare Schwingung mit sinusförmigem zeitlichem Verlauf. Eine einzelne Schwingung des „Kammertons a" (mit einer Frequenz von 440 Hertz) dauert 2,27 Millisekunden. Das geübte Gehör „misst" diese Zeit und identifiziert den Ton. Jahrhunderte hindurch bildete der Takt in der abendländischen Musik ein ordnendes Raster der Zeit. Gegen Ende des 20. Jahrhunderts wurde diese Funktion zunehmend aufgegeben. In Fachkreisen ist von einer „Zeitverschleierung" die Rede. Beispiel einer extremen Richtung ist ein der „ernsten Musik" zugerechnetes Stück von Cage mit dem Titel „Vier Minuten und 33 Sekunden", in welchem während dieser Dauer seitens der Mitwirkenden *nichts* geschieht. Das Klangereignis besteht allein aus den zufälligen Geräuschen der Umgebung. Entgegengesetzte Extreme liefert die „Unterhaltungs-kultur" vor allem mit Rap und Techno. Mit meist elektronischen Mitteln wird eine rasend schnelle Wiederholung impulsartiger Sequenzen erzeugt. Das bringt einen permanenten energetischen Strom akustischer Stöße hervor, der Schnelligkeit zum magischen Stillstand wandelt. In beiden Modellen kippt die Zeiterfahrung um.

Ohne Zweifel hat Musik Auswirkungen auf biologische Funktionen unseres Körpers. Den Gesetzen der Rhythmik kann man sich schwer entziehen. Oft werden die Zeitelemente der Musik an Bewegung gekoppelt. Ein mit sanftem Schaukeln verbundenes Wiegenlied beruhigt und lässt nicht nur Kinder bald einschlafen; Marschmusik zwingt zum Gleichschritt. Die von der Musik hervorgerufenen Emotionen können in den Bewegungen des Zuhörenden und deren zeitlicher Gliederung einen unmittelbaren Ausdruck finden. Der Tanz ist eine dafür typische Form. Auch diesen Zusammenhang zwischen emotionalem Zustand und Körperrhythmik hat bereits Shakespeare beschrieben. „Mein Fuß kann nicht zur Lust ein Zeitmaß halten, indes mein Herz kein Maß im Grame hält", antwortet eine sich kummervoll Sorgende, als ihr ein Tanz im Garten vorgeschlagen wird (*König Richard der Zweite*).

Als die ursprünglichen Gemeinschaftserlebnisse Musik und Tanz eine kulturelle Verfeinerung erfuhren, wurden sie zu unmittelbar ästhetisch gestalteter Zeit. Sie entfalten sich in der Zeit und prägen einen Abschnitt in ganz bestimmter, genau wiederholbarer Weise. Das haben sie mit dem Drama und dem Ritual gemeinsam. Im Lauf der kulturgeschichtlichen Entwicklung haben Menschen die Zeit vielfältig erfahren. Auch die Literatur hat diese Erfahrungen ästhetisch gestaltet und gespeichert. Thomas Mann vergleicht 1924 im *Zauberberg*: „Denn die Erzählung gleicht der Musik darin, dass sie die Zeit erfüllt, sie ‚anständig ausfüllt', sie ‚einteilt' und macht, dass ‚etwas daran' und ‚etwas los damit' ist [...] Die Zeit ist das Element der Erzählung, wie sie das Element des Lebens ist, – unlösbar damit verbunden, wie mit den Körpern im Raum. Sie ist auch das Element der Musik, als welche die Zeit misst und gliedert, sie kurzweilig und kostbar auf einmal macht."

Auch bildende Künstler beschäftigten sich mit der Zeit. Eine ganze Reihe grafischer Arbeiten des Mittelalters bildet Allegorien der Zeit ab. Ihr häufigstes Attribut ist die Sanduhr. Sie macht ihr unaufhaltsames Verrinnen deutlich und verweist auf das bevorstehende Lebensende. Auf das Thema „Zeit" bezogene Gemälde reichen von den Jahreszeitenbildern der Alten Meister über den Motivkreis Jugend und Alter (Edvard Munch) bis hin zur *zerfließenden Zeit* des Surrealisten Salvatore Dali.

Das Zeitgefühl des Einzelnen ist vor allem auch gesellschaftlich determiniert. Mit der Entwicklung von Sprache wurde der Gedankenaustausch über individuelle Zeiterfahrungen möglich. Dadurch bildeten sich kollektive Zeitvorstellungen als Bestandteil von Kultur heraus. Jeder Kulturkreis entwickelte sein eigenes Gefühl für Zeit. Mythen, Religionen und Künste der Völker spiegeln deren verallgemeinerte Zeiterfahrungen wider. Diese kollektiven Vorstellungen münden in ein vermeintlich objektives Zeitempfinden. Es ist schwierig, dies vom individuellen Empfinden abzugrenzen.

Die Gesellschaft wirkt mit ihren ökonomischen, sozialen, kulturellen, religiösen oder ästhetischen Gesichtspunkten prägend auf das Individuum ein. Im umgebenden Kulturkreis sammelt der Mensch seine subjektiven Erfahrungen. Das beginnt heute beim Säugling mit der Gewöhnung an feste Zeiten für Fläschchen und Töpfchen. So entsteht eine Kombination aus objektiver und subjektiver Zeiterfahrung, die zugleich den Einzelnen mit „seiner" Gemeinschaft verbindet.

Jede Gesellschaft übt Macht über ihre Mitglieder aus und erlangt damit Macht über die Zeit der Menschen. Wer aber ihre Zeit beherrscht, erlangt Herrschaft über ihr Fühlen und beeinflusst ihr Denken. Der Anführer der urzeitlichen Sippe bestimmte den Beginn der Jagd, der Chef eines Unternehmens legt die Arbeitszeit fest, die Obersten einer Religionsgemeinschaft bestimmen, ob der wöchentliche Feiertag am Freitag, Samstag oder Sonntag zu begehen sei, und die Staatsführung verordnet, ab welchem Ereignis man die Jahre zählt. Kalender begründen für jedermann sichtbare, im Alltag erlebte Identität als beispielsweise Muslim, Jude oder Christ. Gemeinsame Feste bestärken das Gemeinschaftsgefühl. In einer starken Gemeinschaft aber steht ihrem Führer mehr Macht zu Gebote.

Das Sich-Unterordnen unter eine fremdbestimmte Zeit drückt die Art der Beziehungen zwischen Menschen aus. Zwar ist das Zeitgefühl dem Individuum eigen, aber doch ein kulturelles Merkmal. Im Allgemeinen wird erwartet, dass jeder sich auf die zeitlichen Gegebenheiten seiner Umwelt einstellt, sich nach den Zeitgewohnheiten der Mitmenschen richtet. Besonders deutlich spüren wir eine vermeintliche „Macht der Zeit", wenn wir warten müssen. Jemanden absichtlich warten lassen ist pure Demonstration von Macht. Schon 1077 ließ Papst Gregor VII. den Kaiser Heinrich IV. in Canossa drei Tage und Nächte im Schnee stehen, bevor er ihm Audienz gewährte. In Brasilien ist das Wartenlassen von Mitmenschen noch heute eine Frage des gesellschaftlichen Status. Wer hier pünktlich zu einem Treffen kommt, disqualifiziert sich selbst. Oft muss in einer Schlange gewartet werden. Das ist nicht nur typisch für Gesellschaften, in denen Mangel herrscht; fast überall in der Welt wird vor Amtsstuben gewartet. In manchen Ländern, wie etwa Mexiko, gibt es professionelle Warter, die gegen Entgelt für wohlhabende Bürger Schlange stehen: Sozial Höherstehende kaufen sich Zeit.

Bestimmte, die Gesellschaft als Ganzes erfassende Erscheinungen verändern den von den Individuen empfundenen Ablauf der Zeit. Besonders deutlich wird das in „schnelllebigen" Zeiten, wenn in Krisensituationen die Ereignisse ganze Völker „in Atem halten", wenn das ganze Bezugssystem „schneller tickt". Solche Zeiten großer gesellschaftlicher Umwälzungen haben Brüche in der geschichtlichen Zeit zur Folge. Unterbrechungen im regelmäßigen Gang der individuell erlebten Zeit entstehen vor allem dann, wenn sich die Lebensumstände von Familien oder größeren Gemeinschaften durch Katastrophen oder andere Einflüsse – meist zum schlechteren – wenden. Kann der Mensch die Veränderungen nicht beeinflussen, so nennt er sie Schicksal.

Gleichgültig, in welchem Umfang ein Mensch selbst über seine Zeit bestimmen kann und welchen Zwecken er sie widmet – er kann die raum-zeitlichen Grenzen seiner physischen Existenz nicht überschreiten. Alle seine Lebensfunktionen und ein wesentlicher Teil seiner Willensäußerungen werden letzten Endes durch zeitlich geregelte Vorgänge gesteuert. Das individuelle Sein hat eine materielle Basis, fußt auf biologischen Ausgangswerten. Die ganze Biologie ihrerseits basiert auf chemisch-physikalischen Prozessen, deren Intensität und Charakter sich zyklisch ändern. Die Hirnforscher wissen längst, dass auch dem Bewusstsein nur chemische und elektrische Vorgänge entsprechen.

4. Zeit in Mythen und Religionen

Vor einigen zehntausend Jahren verbrachten Menschen ihr Leben ohne gesicherte Nahrungsquellen in ständigem Ringen um die buchstäblich nackte Existenz. Die Kräfte der Natur waren ihnen fremd und unverständlich. Ihre tägliche Erfahrung lehrte sie, dass andere Lebewesen dahintersteckten, wenn sich in ihrer Umgebung etwas bewegte. Also schien auch hinter Wolken und Regen, hinter Mond und Sonne etwas Lebendiges verborgen zu sein. So kamen die Dämonen in die Welt. Es schien, als würden sie auch bestimmen, wann es Tag und wann es Nacht wurde. In den Dingen der Umgebung schien eine unbegreifliche Macht zu stecken. Als Versuch, diese Macht zu lenken, entstand die ursprüngliche Magie und beherrschte das Denken. In Zusammenhang damit bildeten sich erste Keime von Wissenschaft und Kunst.

Immer mehr Erscheinungen der Natur traten ins Blickfeld der Menschen und gaben immer neue Rätsel auf. Wer sie zu allgemeinem Nutzen löste, besaß „magische" Fähigkeiten. Schließlich verwandelten sich einige Magier in Priester. Sie gaben vor, den Göttern nahezustehen, und entwickelten sich zu einer abgesonderten sozialen Schicht. Nun schien es, als hätten die Priester für die Wiederkehr von Sonne und Regen, Tag und Nacht, Sommer und Winter zu sorgen.

Etwa zwischen dem achten und neunten Jahrtausend v. Chr. wurde aus dem Jäger ein sesshafter Bauer und Viehzüchter. Dann sonderte sich das Handwerk vom Ackerbau. Die Produktivität menschlicher Arbeit stieg, und Sklaverei wurde einträglich. Mächtige Sklavenhalterstaaten bildeten sich aus, die der Organisation bedurften. Dabei spielte der Faktor Zeit eine ausschlaggebende Rolle, und so entstanden mit den Staaten ihre Staatskalender.

Seit einigen zehntausend Jahren schon hatte eine allgemeine Beschleunigung die Entwicklung der Menschheit bestimmt. Nun erreichte das Zeitverständnis der Menschen eine Stufe, von der an sie Zeit bewusst ausnutzten, um ihre Lebensbedingungen zu verbessern. Das zementierte die gesellschaftliche Dimension der

Zeit. Im Lauf der nächsten Jahrtausende erreichten die Produktionsmittel eine neue entscheidende Stufe: Man ging von der Steinzur Metallbearbeitung über. Stadtartige Siedlungen und weitere Arbeitsteilung ermöglichten höhere Zivilisation, Wissenschaft und Kunst.

Sehr früh begannen Menschen, die Nahrung spendende Erde zu verehren. Aber das Überleben ihrer Sippen hing nicht nur von der Fruchtbarkeit des Bodens ab, sondern ebenso von jener der Menschen. Bald heiligten sie deshalb auch die Fruchtbarkeit der Mütter; neben die Erdgötter traten die Muttergottheiten. Noch heute verwenden wir die Begriffe „Mutter" und „Erde" als Sinnbilder der Fruchtbarkeit, wenn wir die Humusschicht des Ackers „Muttererde" nennen. Als man bemerkte, dass ein Zusammenhang zwischen den Perioden der Menstruation und den Phasen des Mondes zu bestehen schien, begann auch die Vergötterung des Mondes.

Als die Stämme sesshaft wurden, änderte sich ihre Geisterwelt. Wer den Acker bestellt, unterliegt der Macht des Sonnendämons, der die Saat reifen oder verdorren lassen kann. Diesen Dämon günstig zu stimmen, sein Tun zu beobachten, wurde lebenswichtig, und man übertrug die Aufgabe Spezialisten, den Priestern. Nach der Verehrung von Erd- und Muttergottheiten, den mit Fruchtbarkeit verbundenen Mondritualen, gelangte man so zum Sonnenkult. Als man in nördlicheren Gegenden siedelte und als Kaltzeiten das Klima veränderten, hing das Überleben oft unmittelbar von der wärmenden Sonne ab. Hier kam man früh und direkt zur Verehrung der Sonne.

Nach und nach wurde es den Menschen bewusst, dass Mond und Sonne die Zeit gliedern. Das war die Geburtsstunde der Kalender. Doch diese großartige Idee verband sich noch lange nicht mit der Erkenntnis von Naturgesetzen, mit den Umläufen von Himmelskörpern, sondern allein mit dem Glauben an das Wirken der Geister und Götter. Bei solcher Abhängigkeit der Kalender vom vorherrschenden Religionssystem ist es im Prinzip bis heute geblieben.

Im Ergebnis von Landwirtschaft und fortschreitender Arbeitsteilung war die Führungsrolle in den Gemeinschaften von den Müttern auf die Männer übergegangen. Daneben hatten sich Hierarchien in der Gesellschaft herausgebildet, und entsprechend dachte man sich die Götterwelt hierarchisch geordnet. Nun regierte ein männlicher Hauptgott über die anderen, und einige wurden überhaupt zum Alleinherrscher über Himmel und Erde. Diese Ordnung schlug sich in den Kalendern nieder: Nach den mächtigsten und angesehensten Göttern benannte man die Monate und die Tage der Woche, nicht zu reden von der großen Zahl ihnen geweihter Festtage.

Zu irdischen Stellvertretern des Christengottes erklärten sich die Päpste. Durch Jahrhunderte entschieden sie über die Berechnung christlicher Festtermine wie über Kalender schlechthin. Unser „gregorianischer Kalender" wurde 1582 von Papst Gregor XIII. in Kraft gesetzt. Und noch 1970 führte Papst Paul VI. einen neuen „Generalkalender" ein, freilich nur für den Gebrauch innerhalb der katholischen Kirche.

Licht und Dunkel, das Auftauchen und Verschwinden von Sonne und Mond, waren für die sich entwickelnde Menschheit zunächst selbstverständliche Bestandteile ihrer Welt. Erst als ein Zeitbegriff, ein Gefühl für Dauer entstand, begann der Wechsel durch seine Regelmäßigkeit zu beeindrucken. Es schien, als ob geheimnisvolle Verbindungen zwischen Himmel und Erde bestünden. Neben dem Zusammenhang von Ebbe und Flut mit dem Mond bemerkte man die Übereinstimmung von Menstruationsperioden und Mondphasen und vermutete eine Beziehung des Mondes zum Geheimnis von Werden und Vergehen, Geburt und Tod. Die Beziehung zwischen Mond und weiblicher Fruchtbarkeit führte zur Vorstellung eines männlichen Mondgottes. Erst später tauchten bei Griechen und Römern weibliche Mondgottheiten auf:

Im Mittelalter glaubten die Astrologen, die Stimmungen der Menschen seien vom Monde abhängig. Von Luna, der Mondgöttin, wurde mittelhochdeutsch *lune* abgeleitet und im Sinne von „Mondphase" und „Wechsel des Mondes" gebraucht. Mondsymbole, in Knochen gekerbt oder in Stein geritzt, verwendete wohl zuerst der Schamane. Später verschmolzen sie mit Kalenderzeichen. Die Angabe der Mondphasen in den Kalendern diente ganz praktischen Zwecken; man berücksichtigte sie bei häuslichen und landwirtschaftlichen Arbeiten. So sollte bei zunehmendem Mond ausgeführt werden, was wachsen muss; was aber nach unten wachsen oder schwinden soll, sei bei abnehmendem Mond zu beginnen. Derartiger Aberglaube scheint unausrottbar. Besondere „Mondkalender" erleben noch in unserer Zeit hohe Auflagen.

In Kultur und Lebensweise verwurzelte „echte" Mondkulte haben ihre Lebenskraft bis heute bewahrt. Anhänger des Hinayana- Buddhismus begehen bei Voll- und bei Neumond rituelle Beichtfeiern. Sie teilen ihr Leben in Mondjahre und verwenden entsprechende Kalender im Alltagsleben. Hottentotten und Buschmann-Leute beten zum Mond um Regen und Jagdbeute, und in manchen Dörfern Afrikas tanzt und trommelt man während der Vollmondnächte.

Die der Sonne gewidmeten Kulte beziehen sich auf ihre Leben spendende Macht. Die meisten Mythen beschreiben sie selbst als lebendes Wesen. Ihre Weise, sich am Himmel zu bewegen, entspricht den Lebensumständen der jeweiligen Kulturen. In den Veden, den heiligen Schriften der Hindus, lenkt der Sonnengott Surya seinen Wagen über den Himmel. Viele Völker dachten sich einen solchen Sonnenwagen, andere analog dazu ein Boot. Nach altägyptischen Vorstellungen reist der Sonnengott Re auf seiner Barke über den Himmel und verweilt in jeder der zwölf Provinzen eine Stunde. Re stirbt allabendlich und wird bei Tagesanbruch wieder geboren. Nachts lauert in der Unterwelt die riesige Schlange Apophis auf ihn, am Morgen besiegt sie der Falke Re-Harachte, der junge starke Gott. Bei den Maya verkörperte ein Jaguar die Nacht und fraß an jedem Abend die Sonne. Die Sonnengötter Utu der Sumerer und Shamash in Babylon verbringen die Nacht in der Unterwelt, die sie durch den mythischen Berg Maschu betreten und verlassen. Bei den sibirischen Ewenken spießt ein Elch jeden Abend die Sonne auf und läuft mit ihr davon. Der Held Main fängt ihn dann und bringt die Sonne jeden Morgen an ihren Platz zurück. Fast überall ist die Sonne Urheber des Wechsels von Licht und Dunkel. Nur in der chinesischen Mythologie ist alles anders: Immer wenn der Riese Pan-ku die Augen schließt, wird es Nacht.

Manchmal bereitet eine spezielle Gottheit den Sonnenaufgang vor. In Vorderasien war es Shahar („die Morgendämmerung"), eine Tochter der „Herrin der Sterne", Ischtar. Die Antike kannte Eos (Aurora) als Göttin der Morgenröte. In zahlreichen Kulturen machten sich die Menschen selbst an die überlebenswichtige Aufgabe, den regelmäßigen Gang der Sonne aufrechtzuerhalten. An kritischen Stellen ihres Laufs vollzog man Riten, die zur Grundlage vieler religiöser Traditionen wurden. Extreme Ausprägung erfuhr das bei den Azteken. Nur mit immer neuem Opferblut gestärkt konnte ihre Sonnengottheit die Nacht besiegen, die das Land und seine Bewohner mit eisigem Griff umklammert. In der westlichen Kultur finden wir die Spuren solcher Rituale zum Beispiel in den Sonnenwendfesten. Ursprünglich hatten die vier markanten Zeitpunkte des Sonnenlaufs lediglich die Termine für die Riten bestimmt. Dann wurden sie historisch bedingte und schließlich wissenschaftlich begründete Basis allgemeiner Kalendersysteme.

Neben Sonne und Mond beobachtete man die Sterne. Zahlreiche Religionen haben sie als Erscheinungsformen und ihre Bewegungen als Willenskundgebungen der Götter gedeutet. Markantes Beispiel einer Astralreligion ist die der Babylonier. Ihre Priester-Astrologen interpretierten die Bewegungen der Gestirne als Hinweise auf künftiges irdisches Geschehen. Pragmatisch ermittelten sie Glück bringende Tage etwa für Kriegszüge und andere wichtige Unternehmungen. Später übernahmen Spezialisten diese Aufgabe. Die sogenannten Tagewähler erklärten bestimmte Termine zu Glücks- oder Unglückstagen. So verzeichneten noch zahlreiche mittelalterliche Kalender die als gefährlich angesehenen *dies egyptiaci*. Die mit der Astrologie eng verwandte Chronomantie geht über einzelne Tage hinaus und versteht sich als „Lehre von den guten und schlechten Zeiten". Voraussagen über das Schicksal einzelner Personen anhand der Konstellation der Gestirne kamen in spätbabylonischer und hellenistischer Zeit auf. Daraus entwickelten sich Horoskope: Das griechische Wort bedeutet „Stundenseher".

Der Glaube an den Einfluss der Gestirne durchzieht die Geschichte des menschlichen Denkens. Jean Gebser hat sie 1932 in fünf Phasen eingeteilt und sie unterschiedlichen Auffassungen von Zeit zugeordnet: Archaisches und magisches Denken sei im Wesentlichen ohne Zeitbegriffe, mythisches Denken naturzeithaft und meist vergangenheitsbezogen, das mentale Denken der Gegenwart abstrakt zeithaft und vorwiegend zukunftsgerichtet. Für die Zukunft vermutete Gebser – nicht zu Unrecht, wie sich heute ansatzweise zeigt – ein integrales Denken, das sich von einer Zeitbezogenheit weitgehend löst und die „Ursprungs-Gegenwart des Ganzen" betont. Kurt Weis hat darauf aufmerksam gemacht, dass solche Denkstrukturen sicher nicht im Sinne eines plötzlichen Wechsels abgelöst werden. Vielmehr lebt in irgendwelchen Nischen altes Denken immer fort und blüht von Zeit zu Zeit wieder auf.

Religionen befriedigen psychische, oft irrationale Bedürfnisse der Menschen, die in der biologischen Evolution wurzeln. Dazu gehört der Wunsch nach sozialer Gruppenzugehörigkeit. Das fand in den Riten und Mythen der alten Kulturen ein geeignetes Bezugssystem. Religionen fußen auf dem Glauben an die Existenz einer übernatürlichen Wirklichkeit. Dieser Glaube hat seine Ursprünge in magischem Denken und mythologischer Überlieferung.

Religionen beanspruchen die Herrschaft über die Zeit. Die ältesten Versuche, Zeit zu strukturieren, gründen wohl in den mit Mond und Sonne verbundenen Riten. Daraus erwuchs sakrales Geschehen, und aus diesem Zusammenhang entstand der Begriff „heilige Zeit" in den Religionen. Kultische, religiöse Feste bilden Abschnitte heiliger Zeit innerhalb des kontinuierlichen Laufs der alltäglichen Zeit. Sie erinnern zu wiederkehrenden Zeitpunkten an die Gegenwart des Heiligen, gliedern die Zeit zyklisch innerhalb eines Jahres. Viele der religiös bedingten Festbräuche sind mit ältesten Symbolen des Lebens, der Fruchtbarkeit und ähnlichem verbunden. Wohl deshalb besitzen sie eine so erstaunliche Lebenskraft und werden nicht nur von Gläubigen dauerhaft akzeptiert. Manche Religionen haben die Zeit als solche personifiziert. Der Zeitgott Zurvan der Iraner oder Chronos der Griechen sind Beispiele für eine Auffassung, die keine besondere „heilige Zeit" kennt, weil sie Zeit schlechthin als heilig ansieht.

Aus dem Stamm tief verwurzelter uralter Hoffnungen der Menschheit sprossen die Zweige religiösen Glaubens; in der Vielfalt religiöser Anschauungen wurzelt die Vielfalt der Kalender. Manche Religionen betrachten den Gang der Zeit als prinzipiell determiniert. Sie setzen eine Art Zielpunkt für ihren weiteren Lauf, richten sie aus auf einen „Jüngsten Tag", auf ein Weltgericht oder auf die Wiederkehr göttlicher Gestalten. Jüdisch-christliche Tradition versteht Zeit als solche einmalige Entwicklung, die zwischen Schöpfung und Weltende abläuft, und verbindet sie mit der Existenz des Menschen. Doch wird daneben auch ständige Wiederkehr garantiert: „Solange die Erde steht, soll nicht aufhören Saat und Ernte, Frost und Hitze, Sommer und Winter, Tag und Nacht", lautet die Zusage des Gottes an Noah im *Alten Testament*.

Der Hinduismus begreift Zeit als Widerspiegelung der Existenz des Brahma und gliedert sie in vorherbestimmte Weltalter (Yugas). Dagegen geht der Islam von der Vorstellung aus, das gesamte Weltgeschehen unterliege (zumindest potenziell) ständiger göttlicher Einflussnahme. Das ist die Ursache dafür, dass Muslime bis heute keine vorausberechneten Kalender verwenden, um den Beginn ihrer wichtigsten Feste zu erfahren; stets muss das wirkliche Erscheinen des neuen Mondes beobachtet werden.

Chinesische Kultur betrachtet die Zeit überwiegend als objektive Realität. In der Vorstellung des Taoismus unterliegt die gesamte Natur zyklischen Wechseln. Im Einklang mit diesen Gesetzen der Wiederkehr, des Auf- und Abstiegs, zu leben, ist der Sinn dieser ganz vergeistigten Philosophie. Auch in den indischen Mythen ist der Mensch nur eine von zahlreichen Erscheinungsformen des All-Lebens in der Natur. Jainismus und Buddhismus ordnen das Weltgeschehen in große Zyklen des Werdens und Vergehens ein. Die Vorstellung von einem Gott hatte im Buddhismus und Taoismus niemals wesentliche Bedeutung.

Die religiösen Vorstellungen der Australier kreisen um eine ohne Anfang vorgestellte „Urzeit", zu der noch heute auf den Bewusstseinsebenen von Traum oder Ekstase ein Zugang gefunden werden kann. Im Glauben der Aborigines haben Wesen der Urzeit an heiligen Orten Teile ihrer schöpferischen Kräfte zurückgelassen. Deren Wirksamkeit begründet den Fortgang des Lebens. Sie hängt von ihrer ständigen Erneuerung durch Kulthandlungen der Lebenden ab.

Solche Fixierung des Transzendenten, des sinnlich nicht Erfahrbaren an bestimmten geheimnisvollen Orten gab es ursprünglich wohl bei allen Völkern. Nach und nach wurde der Platz dieses „Jenseitigen" im Raum immer unbestimmter und verschwand im langsam aufkommenden Begriff von der Zeit. Bei den Weltreligionen entstand durch ihren Anspruch auf universelle Gültigkeit zusätzlich ein Zwang, ihre ortsgebundenen Aspekte weitgehend aufzugeben. Die großen „westlichen" Religionen wurzeln demgemäß in einem als geschichtlich aufgefassten Zeitbegriff. Im Gegensatz dazu beziehen sich die Religionen der Indianer Nordamerikas auf Orte. Das charakteristische Merkmal ihrer Kulturen ist das Gefühl völliger Einheit des Individuums mit der Welt. Deshalb ist für sie eine Trennung zwischen sakraler und profaner Zeit undenkbar. Darauf basieren Gleichsetzungen von Raum und Zeit, die in unterschiedlichem Grade ausgeprägt sind, bei Ackerbauern stärker als bei Jägern. Der Rand ihres Lebenskreises, der Raum dahinter, wird mit Vergangenheit und Alter assoziiert; an entlegenen Orten überdauern die weit zurückliegende Zeit und ihre Vertreter.

Auch Mesoamerika hat bestimmte Raumvorstellungen mit vergangenen Zeitepochen in Verbindung gebracht. In seinen Kulturen hat sich die zyklische Zeitauffassung extrem ausgeprägt. Fällt in den trockenen Halbwüsten der ersehnte Regen, so wird eine ganze Welt real wiedergeboren. Auch dass die Zeit solche Wiedergeburten erlebe, wurde hier geglaubt. Entsprechend beginnt die ganze Geschichte der Maya immer wieder neu wie der

Lauf der Sonne. Um diesen Rhythmus der Welt in Gang zu halten, brachten sie ihren Göttern Menschenopfer dar: Aus Tod entsteht Leben, und aus den Opfern Hoffnung. Auch die Priester der Azteken hatten mit blutigen Opfern für die Existenz des folgenden Tages zu sorgen, die Zeit in Gang zu halten.

Ihre grundlegenden Vorstellungen von Zeit und Raum haben die Menschen in Schöpfungsmythen artikuliert. Diese Erklärungsversuche tangieren Grenzen des Seins in Zeit und Raum, über die das Denken nicht hinausgelangt. Doch Religionen erheben Anspruch auf die absolute Wahrheit, und um absolut zu sein, muss diese ewig sein, also die Grenzen von Zeit und Raum überschreiten. Den daraus entstehenden Widerspruch haben die Schöpfungsmythen aller großen Kulturen durch einen Dualismus von Sein und Nichtsein überbrückt. Ewige Götter erheben sich über das ewige Chaos und erzeugen darin die Kräfte und Wesen der Welt einschließlich einer begrenzten Zeit.

Die Denker der europäischen Antike nannten den Anfangszustand der Welt vor der Schöpfung das Chaos. Der griechische Epiker Hesiod dachte sich um 700 v. Chr. Chaos noch als leeren Raum, spätere Philosophen stellten es sich als ungeordneten Urstoff vor, aus dem die Ordnung, der Kosmos, entstand. Aristoteles dagegen lehnte um 340 v. Chr. den Begriff einer Schöpfung grundsätzlich ab und lehrte, dass das Universum weder Anfang noch Ende in der Zeit habe. Kant erklärte um 1770 die ganze Frage nach dem Ursprung des Universums als im Widerspruch zur reinen Vernunft stehend. Nach seiner Meinung gäbe es ebenso überzeugende Gründe für einen zeitlichen Anfang des Universums wie dagegen, nämlich: Wenn das Universum keinen Anfang hätte, läge ein unendlicher Zeitraum vor jedem Ereignis, und das sei absurd. Besäße es aber einen Anfang, dann läge ein unendlicher Zeitraum vor diesem – und warum sollte dann das Universum zu irgendeinem bestimmten Zeitpunkt begonnen haben?

Hawking hat sich 1989 mit Kants Argument auseinandergesetzt und weist darauf hin, dass dessen These und Antithese auf der gleichen stillschweigenden Voraussetzung beruhen, dass nämlich die Zeit unendlich weit zurückreiche, egal, ob das Universum einen Anfang hat oder nicht. Aber vor Beginn des Universums überhaupt von Zeit zu reden ist sinnlos. Damit begegnet die Ansicht des führenden zeitgenössischen Physikers dem Schöpfungsbegriff des Augustinus: Die Welt sei mit, nicht in der Zeit geschaffen, und folglich sei Zeit nur eine Eigenschaft des von Gott geschaffenen Universums.

Manche Kulturen entwickelten sehr konkrete, oft auf Naturbeobachtung gründende Vorstellungen vom Ursprung des Seins, darunter jene von einem Ur-Ei oder von Ur-Ozeanen. Juden, Christen und Muslime glauben dagegen an eine Schöpfung, an die Erschaffung alles Existierenden aus dem Nichts durch das allmächtige Wort Gottes zu einem bestimmten Zeitpunkt.

Nicht alle Religionen schildern die Wirklichkeit im Rahmen zeitlicher Abläufe. Etliche gehen nicht von einem Anfang im Augenblick einer Schöpfung aus. Zum Beispiel erklärte Jinasana, der große Lehrer der Jainas um 900 n. Chr., die Welt sei unerschaffen wie die Zeit selbst, ohne Anfang und Ende. Und der Buddhismus nimmt an, dass sich das Universum in ewigem Wechsel im Nichtsein auflöst und sich wieder zum Sein zusammenfügt. Solche Denkmodelle begründen eine zeitlos-ewige, immer während Wirklichkeit.

Unabhängig von der Art des Beginns sehen die meisten großen Religionen die Zeit der (jeweils gegenwärtigen) Welt als begrenzt an, und die Vorstellung eines Anfangs legt auch den Gedanken an ein bevorstehendes Ende nahe. Das entspricht der Erfahrung vom Werdegang der Lebewesen. Vorstellungen von Anfang und Ende der Welt setzen einen grundsätzlich linearen Zeitverlauf voraus. Dort aber, wo sie mit Auferstehung und Neubeginn verbunden sind, fließen Elemente zyklischer Zeitauffassung in dieses gedankliche System ein. Solche Auffassung entspricht der Beobachtung der Lebensvorgänge in der Natur. Östliche Kulturen gehen generell von zyklischen Perioden des Ablaufs der Zeit aus. Auch viele andere Religionen haben Vorstellungen von einer zyklischen Erneuerung bewahrt. Das tritt neben Mond- und Sonnenkulten besonders bei jahreszeitlichen Festen in Erscheinung.

Zahlreiche Mythen im Vorderen Orient berichten davon, dass eine Gottheit gestorben und danach zu neuem Leben erwacht sei. Solche Vorstellungen werden sich zuerst aus der Beobachtung von Wachstum und Verfall der Vegetation entwickelt haben. Ihre Jahrtausende andauernde Existenz im Bewusstsein der Völker ist nicht zuletzt der Beobachtung geschuldet, dass das Menschengeschlecht in aufeinander folgenden Generationen weiterbesteht.

Die alten Dichter und Philosophen teilten die Vergangenheit in unterschiedliche Abschnitte, die man Zeitalter nannte. Aus einer Idealisierung des nur noch vage Erinnerten und vielleicht Erträumten entstand die Vorstellung vom „goldenen Zeitalter". Entsprechende Ideen sind bei vielen Völkern nachweisbar, und auch der biblische Begriff vom Paradies gehört zu ihnen, ebenso wie die indischen „Gesetze des Manu", der Mythos der Hopi-Indianer von den „Vier Welten" und die „Fünf Zeitalter der Menschheit" der klassischen Antike. Nach Hesiod wechselten diese vom goldenen über ein silbernes, ehernes, heroisches zum jetzigen eisernen und wurden dabei immer schlechter. Die Griechen wähnten das goldene Zeitalter, eine glückselige Urzeit ohne Schuld und Kummer, unter der Herrschaft des Chronos, die Römer unter der des Saturnus.

Solche auch in späteren Jahrhunderten immer wiederholten Legenden verkehren den allmählichen Aufstieg der Menschheit vom Niederen zum Höheren in sein Gegenteil. Die Gründe für ihr Entstehen sind kontrovers diskutiert worden. Es mag sein, dass das einleuchtende Bild vom einstigen gottgewollten Idealleben und dem darauf folgenden Niedergang die Möglichkeit des Hoffens auf eine Umkehr in der Zukunft erschloss.

Weitere Parallelen zu den Zeitalter-Theorien des Nahen Ostens und der Antike finden sich im Hinduismus. Brahma, der Schöpfergott, ist so gewaltig, dass in nur einem Brahma-Tag und einer Brahma-Nacht die Welt entsteht, existiert und vergeht. Dieser kosmische Zyklus teilt sich in vier Yugas, Zeitalter. Sie beginnen mit dem goldenen Krita Yuga und verschlechtern sich ständig zum gegenwärtigen Kali Yuga, dem Zeitalter der Dunkelheit und Verzweiflung. Auch die iranische Mythologie kennt eine 12.000 Jahre andauernde Weltperiode, die in vier Zeitalter aufgeteilt ist. In den ersten 3000 Jahren schuf Ahuramazda freundliche Geister, in der zweiten die materielle Welt, in der dritten kämpften Gut und Böse, in der vierten erschien Zoroaster, der Religionsreformator, und am Ende wird der Erlöser Saoshyant die Welt erneuern. Züge dieser Auffassung des Weltgeschehens als Jahrtausende umfassenden Kampf zwischen guten und bösen Prinzipien beziehungsweise Göttern gelangten ins Judentum, von dort ins Christentum und schließlich weiter in den Islam. Heute meint der Begriff Zeitalter jeden größeren Zeitraum, dessen Geschichte von einem herausragenden Ereignis, einer Idee oder einer Persönlichkeit geprägt wird. Naturgemäß sind solche Definitionen von der jeweils herrschenden Ideologie abhängig.

Bestimmte Religionen (Judentum, Christentum, Islam) werden unter dem Oberbegriff „Religionen der geschichtlichen Gottesoffenbarung" zusammengefasst. Sie gehen davon aus, dass die Welt zu einem bestimmten Zeitpunkt aus dem Nichts entstand und einmal untergehen wird. Die dazwischenliegende Zeit umfasst im Sinne der christlich orientierten Religionswissenschaft die „Weltgeschichte". Zeit als solche sei eine einmalige, in Ewigkeit eingebettete Entwicklung, wird dabei vorausgesetzt. Zahlreiche Versuche wurden unternommen, den Zeitpunkt der Schöpfung zu berechnen. Die Ergebnisse bewegen sich zwischen den Jahren 5969 und 3761 v. Chr.

5. Feste und Feiern

In der mittelitalienischen Landschaft Latium entstand vor 2500 Jahren aus italischen Dialekten die lateinische Sprache. Mit dem Aufstieg Roms zur Weltmacht verbreitete sie sich weit, durchdrang und verdrängte zahlreiche andere Sprachen. Denkgewohnheiten und Kalender folgten alsbald. Die italische Sprachpartikel *fes* bezeichnete damals religiöse Handlungen. Priester bestimmten die Termine dafür und regelten damit das öffentliche Leben. In ihrer Sakralsprache meinte der Ausdruck *fesiae* die für religiöse

Handlungen bestimmten Tage. Später gelangte das Priesterwort in die Sprache der Beamten und veränderte sich zu *feriae* mit der Bedeutung „geschäftsfreie Feiertage, Ruhetage". Parallel dazu benutzte die Umgangssprache des Volkes *festa* als allgemeine Sammelbezeichnung für Feste und Feiern. In dem Maße, wie Nachbarvölker und besetzte Länder den römischen Kalender kennenlernten, übernahmen sie auch damit verbundene Benennungen.

Unterdessen hatte das Bedürfnis nach regelmäßigen Ruhetagen zur siebentägigen Woche geführt. Die Juden widmeten ihren arbeitsfreien Tag dem Gottesdienst, hielten den Sabbat. Ihr Tag begann am Abend, und als sie in Kontakt mit Völkern traten, bei denen der Tag morgens anbrach, entstand die Gewohnheit, auch die Abende vor dem Sabbat und vor anderen Festen besonders zu bezeichnen. Zwar benannte der Begriff „Abend" von Anfang an den Teil des Tages, an dem die Sonne unterging, doch im Lauf der Zeit benutzte man das Wort auch im Sinne von „Vorabend" und meinte damit ausdrücklich den Abend vor einem Fest. Erst später erfasste das Wort den ganzen Tag vor einem Fest, und deshalb sagen wir Heiligabend und Sonnabend. Im profanen Bereich entstand durch Umdeutung des mittelhochdeutschen firabent („Vorabend eines Festes") der Begriff Feierabend, Ruhezeit nach der Tagesarbeit. Ab dem 18. Jahrhundert war er allgemein verbreitet und umfasste später auch die Ruhezeit am Lebensabend.

Viele der Feier- und Gedenktage in unserem Kalender sind sehr alt. Ursprünglich waren Festtage mit Erscheinungen eines Wechsels in der Natur verbunden, mit Mond, Sonne und Jahreszeiten. Später wurden sie an geschichtliche Ereignisse bei den verschiedenen Völkern geknüpft. Ändern sich in einem Land die Machtverhältnisse, so erwachsen daraus neue Anlässe zu Festen. Zugleich verbreiten sich neue Ideologien und stellen die überlieferten Werte in Frage. Dann verbinden sich neue Inhalte mit den altgewohnten Formen und Terminen der Feste. Dennoch, oder vielleicht eben deshalb, lebt eine vage Erinnerung an älteste Zeiten manchmal noch nach Jahrtausenden in den Festbräuchen der Völker.

Beredtes Beispiel für die Dauerhaftigkeit kollektiver Erinnerung und das Weiterleben ältester Bräuche ist die christliche Osterfeier. Stark vereinfacht stellt sich seine Geschichte so dar: Ein Erntefest ackerbauender Stämme Kleinasiens (rituelles Brotbacken) wuchs mit einem Reinigungsfest von Hirtenvölkern (Opfern eines Lammes) zu einem Frühjahrsfest semitischer Einwanderer zusammen. Diese deuteten es zum jüdischen Befreiungsfest Pessach um. Dann begingen aus dem Judentum hervorgegangene Urchristen den gewohnten Termin zum Gedächtnis an den Tod Jesu (Karfreitag). Andere, die sogenannten Heidenchristen, folgten anderen religiösen Traditionen. Sie bevorzugten es, Christi Auferstehung um diese Zeit zu feiern (Ostern), und knüpften damit an die Kulte der jährlich auferstehenden vorderasiatischen Vegetationsgötter (Attis, Adonis, Tammuz) an. Schließlich verbreitete sich das christliche Ostern im Römerreich und trat im Norden an die Stelle eines altgermanischen Frühlingsfestes. Ungeachtet dieser vielfachen Verwandlung und Vermischung hat die Volkskultur uralte Riten mit seinem Termin verbunden und bis heute bewahrt. So überdauerte der Brauch, gefärbte Eier als Fruchtbarkeitssymbole zu überreichen, den Untergang ganzer Weltreiche. Er überlebte die Macht antiker Priester, jüdischer Gesetzgeber, römischer Kaiser, katholischer Päpste und kommunistischer Diktatoren.

Feste verwandeln die alltägliche Zeit der Gegenwart in Festzeit. Aber es ist nicht der Anlass als solcher, der Termin im Kalender, der den Festtag vom Alltag unterscheidet. Festzeit entsteht erst durch entsprechendes Handeln der Beteiligten. Es ist bei allen Völkern uralte Sitte, festliche Ereignisse durch festliche Kleidung, Schmuck, Schneiden der Haare und ähnliches zu akzentuieren. Manche Religionen schreiben ausdrücklich rituelle Waschungen vor. Vergangene Jahrhunderte kannten die Sitte des Badetages, um die Feier des Sonntags vorzubereiten; im altnordischen Kalender gab sie dem entsprechenden Wochentag seinen Namen.

Vielfältige Elemente gestalten den Verlauf eines Festes. Neben Musik und Tanz spielt Feuer eine ganz besondere Rolle im festlichen Zeremoniell. Der jährliche Lauf der Sonne ließ die Sonnenwendtermine deutlich hervortreten. Das Abnehmen von

Wärme und Licht mitten im Sommer löste Besorgnis aus und veranlasste Gegenmaßnahmen. Die Wintersonnenwende weckte neue Hoffnung, die zu bestärken war. Zwischen beiden Terminen liegen Sommer- und Winterbeginn, sie sind die wichtigsten Eckdaten im Kalender der Hirtenvölker. Das Brauchtum Europas hat Erinnerungen an alte Feuerkulte dadurch bewahrt, dass es sie mit christlichen Festen verband. So wurden beispielsweise Fruchtbarkeitszauber zu „Osterfeuern"; Sonnenwendfeuer entzündete man am Johannistag (24. Juni). Für andere Hochkulturen hatte Feuer existenzielle Bedeutung. Die Azteken glaubten an periodische Weltuntergänge. Sie fürchteten, die gegenwärtige Welt würde am Ende eines 52-jährigen Kalenderzyklus durch Feuer vernichtet. Also löschte man stets zu diesem Zeitpunkt alle Feuer im Lande. Wurde dann beobachtet, dass das Sternbild „Feuerbohrer" den Meridian überschritt, so war die Gefahr für diesmal überstanden. Nun wurde unter Menschenopfer neues Feuer gebohrt und durch Läufer im Reich verteilt. Ein neuer Zyklus der Zeit konnte beginnen.

Als sich in der Geisteswelt des Menschen eine Vorstellung von Zukunft ausprägte, war sie mit Hoffnung verbunden. Das Hoffen erwies sich als Triebkraft kultureller Entwicklung. Ohne Hoffnung auf Beute hätte kein früher Fleischesser die Gefahren der Jagd auf sich genommen, ohne Hoffnung auf Ernte kein Ackerbauer das Saatkorn dem Boden anvertraut. Betrachten wir beispielhaft einige der ältesten Feste unter diesem Aspekt. Schon vor fünf Jahrtausenden feierte man entlang des Nils, wenn seine Leben spendenden Wasser zu steigen begannen, die „Nacht des Tropfens". Man hoffte auf die Fruchtbarkeit der Felder. Der Brauch erhielt sich bei den Kopten bis ins 20. Jahrhundert. Und ihr Monat Paopi bekam seinen Namen vom viertausendjährigen Fest des Opet, bei dem der Gott einen Thronfolger zu zeugen und dadurch das ewige Leben des Pharao zu sichern hatte. Man hoffte auf die Fruchtbarkeit der Gemahlin des Herrschers.

Seit im siebenten Jahrhundert der Islam entstand, gilt seinen Anhängern der Fastenmonat Ramadan als Hauptereignis des Jahres. Zum Vorbild dienten dem Propheten Muhammad die jüdischen Fastenbräuche. Heute ist der Ramadan die größte kollektive

Veranstaltung auf der Erde; eine Milliarde Menschen diszipliniert sich gemeinsam. Bald darauf beginnt der Monat der Pilgerfahrt nach Mekka. Das geht auf einen Brauch zurück, den arabische Nomaden schon viele Jahrhunderte vor Muhammad übten; sie trafen sich einmal jährlich am heiligen Stein. Beim anschließenden „Großen Fest" *id al-adha*, türkisch heißt es Kurban Bayram, wird ein Schaf rituell geschlachtet, um an die Opferbereitschaft ihres Stammvaters Ibrahim zu erinnern. Doch die Legende von Abraham steht schon im *Alten Testament* der Juden, und der eigentliche Ursprung des Brauchs ist noch weit älter – das Ritual des Tieropfers der Hirten im Frühling.

Viele der großen Götterfeste der griechischen Antike gehen auf Adonis, Kybele und Attis zurück, mit dem Wechsel der Jahreszeiten verbundene Vegetationsgötter Vorderasiens. Zu solchen Götterfesten gehörten auch die Olympischen Spiele der Antike. Ihre überregionale Bedeutung veranlasste ab 776 v. Chr. eine durchgehende Zählung der Jahre bei den Griechen. Doch die ursprünglichsten aller Feste finden wir bei den letzten Überlebenden der kleinen Völker mit einer traditionellen Kultur. Sie haben eine erstaunliche Lebenskraft bewiesen. Die Quitzol in Mexikos Sierra Madre begehen jährlich nach Ernteabschluss das „Fest der Urmutter Erde". Anschließend pilgern sie zur Küste des Ozeans, um beim darauf folgenden Vollmond von der Wassergöttin Regen zu erbitten. In ihrem Selbstverständnis sorgen die Zeremonien der Schamanen für den Fortbestand der Welt, für einen neuen Kreislauf der Natur.

In der westlichen Gesellschaft machten weltliche Herren aus wirtschaftlichen Gründen schon früh ihren Einfluss geltend, die Zahl der arbeitsfreien Feiertage zu begrenzen. Daraus ist der Begriff der gesetzlichen Feiertage hervorgegangen. Zu den anerkannten Kirchenfesten kam eine Reihe rein weltlicher Feier- und Gedenktage. Manche Monarchien bejubeln den Geburtstag des Herrschers, Republiken begehen gewöhnlich den Jahrestag ihrer Proklamation als Staatsfeiertag. Nahezu alle Völker feiern den Beginn eines neuen Jahres. Weiter gibt es neben den Festen eine unübersehbare Zahl von Gedenktagen, veranlasst durch die verschiedensten Organisationen und Interessengruppen. Zu guter Letzt seien die zahlreichen ganz persönlichen und dennoch an den Kalender gebundenen Festanlässe wie Geburtstage und Jubiläen genannt – festliche Zeiten zwischen Erinnern und Hoffnung.

6. Geschichtliche Zeit

Zeit ist linear und nicht umkehrbar, in ihr laufen zyklisch wiederkehrende und rhythmisch gegliederte Prozesse ab. Alles Lebende erfährt in der Zeit eine Evolution. Einzelwesen durchlaufen Abschnitte ihrer Entwicklung und erlangen dadurch eine individuelle Biografie. Soziale Gruppen erlangen eine „Gruppenbiografie", eine Geschichte. Einzelschicksale fügen sich zur Geschichte einer Familie, einer Stadt, eines Volkes.

Seit Jahrhunderten ist der Gedanke allgemein verbreitet, Geschichte habe erst mit dem Schreiben vor etwa 7000 Jahren begonnen. Ein Geschichtsbegriff erscheint erstmals bei Herodot um 440 v. Chr. als *historia*. Das griechische Wort bedeutet eigentlich „Erforschung" im Sinne von „Erfahrung machen", und Ableitungen davon sind bis heute international gebräuchlich. In Deutschland wurde „historia" seit dem 18. Jahrhundert durch „Geschichte" verdrängt. Das kommt von „Geschehen", assoziiert aber auch die Vorstellung von übereinander liegenden Schichten, einer Aufeinanderfolge materieller Zeugnisse vergangenen Geschehens, wie sie von Archäologen erforscht werden. Und eben solche Forschungsergebnisse werden von etablierten Geschichtswissenschaftlern nicht als Geschichte anerkannt. Nach ihrer Definition beginnt Geschichte mit schriftlichen Aufzeichnungen, der Rest ist „Vorgeschichte". Doch zu allen Zeiten geschah etwas, und jede geschichtliche Überlieferung begann mit dem Erzählen von Geschichten.

Der Begriff einer „Universalgeschichte" aller Zeiten und Völker wird häufig auf das Entstehen des christlichen Geschichtsmythos bezogen und in Beziehung zu dem von Augustinus um 400 formulierten Begriff linearer Zeit gesetzt. Aber schon Polybius aus Megalopolis hatte um 130 v. Chr. die Geschichte seiner Zeit kausalanalytisch als zusammenhängendes Ganzes beschrieben. Auch das etwa gleichzeitig entstandene *Buch Daniel* des *Alten Testaments*, das geschichtliche Ereignisse in vier großen Reichen wiedergibt, bezeugt eine Vorstellung von ihrem linearen Ablauf.

Das lineare Denken wurzelt in einer Handlungslogik, einem strukturellen Konzept des Denkens, das die primitiven und archaischen Kulturen auszeichnet. Ihnen fehlt ein abstrakter Begriff von Zeit; sie kennen nur die konkrete Zeit der Handlung, des augenblicklichen Geschehens. Darauf basierend betrachtet die jüdisch-christliche Zeitvorstellung die Existenz der Menschheit wie eine zusammenhängende Handlung, die sich gewissermaßen gedehnt über die ganze Geschichte hin erstreckt. Indessen gibt es einen entscheidenden Unterschied zwischen ursprünglich-logischer Linearität und jüdisch-christlicher heilsgeschichtlicher Zeit: Diese kehrt in ihren Ausgangspunkt, in Gottes Ewigkeit zurück und bleibt dadurch letztendlich zyklisch.

Verstand bereits das *Alte Testament* die lineare Zeit als Folge von Zeitpunkten und Zeitabschnitten, so unterscheidet das *Neue Testament* ausdrücklich den Zeitraum *chrónos* von *kairós*, dem rechten Zeitpunkt für Entscheidungen, und trennt beide vom *aion*, der grenzenlosen Zeit der Ewigkeit. Die im Iran entstandene Äonenlehre hatte die Existenz der Welt in vier Perioden zu je drei Jahrtausenden geteilt. Dann benutzten Griechen *aion* im Sinne von Lebenszeit und Zeitdauer, später kam die Vorstellung von Ewigkeit hinzu. Römer übernahmen das Wort als *aeon* und im 18. Jahrhundert gelangte es als „der Äon" ins Deutsche. Um einen unendlich langen Zeitraum zu benennen, benutzen wir meist den Plural „die Äonen".

Die eigenen Taten zu rühmen, sie bekannt zu machen und nachfolgenden Generationen zu überliefern wird Ausgangspunkt aller Geschichtsschreibung gewesen sein. Die ältesten Chroniken berichten dementsprechend von ausgewählten Ereignissen aus der Geschichte des eigenen Stammes oder Volkes. Berühmte Chronisten dieser Art sind Cassiodor für die Goten und Gregor von Tours für die Franken im sechsten Jahrhundert, und nicht zuletzt Beda Venerabilis gegen 730 mit seiner *Historia ecclesiastica gentis Anglorum* für die Angelsachsen.

Der Name Chronik kommt vom griechischen *chronikón*, „Zeitbuch". Erste einfache Chroniken beschränken sich auf die Regierungszeiten einzelner Herrscher. Erst später erfassen sie geschichtliche Vorgänge in größeren Zeiträumen. Oft haben frühe Chronisten über die Ereignisse nicht im strengen chronologischen Zusammenhang, sondern in freier zeitlicher Anordnung berichtet. Verwendeten sie aber innerhalb der jeweiligen Chronik eine durchgehend einheitliche zeitliche Basis, dann war es gewöhnlich die Ära des jeweiligen Herrschers. Erst Beda übernahm die um 530 von Dionysius ersonnene Datierung nach *anni domini*. Mit ihm beginnend setzte sich langsam die christliche Jahreszählung in der Geschichtsschreibung des europäischen Mittelalters durch.

Die übliche grobe Scheidung geschichtlicher Zeit in Altertum, Mittelalter und Neuzeit wurde zuerst von Christoph Cellarius gegen 1700 benutzt. Später fand auch die „Vorgeschichte" Anschluss an dieses System, als der Däne Christian Thomson sie um 1820 in Steinzeit, Bronzezeit und Eisenzeit einteilte. Doch erst etwa 1900 war dieses Dreiperiodensystem in Deutschland fest etabliert. Dann differenzierte man in Alt- und Jungsteinzeit (Paläo- und Neolithikum), fügte das Mesolithikum zwischen beide ein, trennte das Alt- vom Jungpaläolithikum und grenzte am Ende der Jungsteinzeit das Chalkolithikum, die Kupfersteinzeit, ab.

Die abendländische Geschichtsauffassung betrachtete auch weiterhin die gesamte Menschheitsgeschichte als einmaligen Ablauf eines Geschehens, das einen Anfang in der Zeit hat, eine Folge kausaler Geschehnisse durchläuft und dem ein sinnvolles Ende gewiss ist. Aber die Vorstellungen von einem sinnvollen Ende veränderten sich unter dem Einfluss des Humanismus. Seit Jahrtausenden hatten die Anhänger eschatologischer Ideen um den Preis des Weltuntergangs auf das Himmelreich gehofft. Nun hoffte man auf ein besseres irdisches Leben als Ziel gesellschaftlichen Fortschritts.

Diese uralte westliche Geistestradition spiegelt sich selbst im Marxismus. 1848 verfassten Marx und Engels das *Kommunisti-*

sche Manifest, in dem die proletarische Revolution als Ergebnis eines gesetzmäßig verlaufenden Geschichtsprozesses vorausgesagt wurde. Die klassenlose Gesellschaft mit „paradiesischen" Lebensverhältnssen sei das Endstadium, in das alle Kämpfe der Jahrhunderte auslaufen werden. Ein Jahrhundert später schrieb der Philosoph Gert von Natzmer über die marxistische Lehre, auch sie sei letztlich säkularisierte Heilsbotschaft und ein spätes Erbe christlicher Geschichtserwartung. Auch Karl Löwith kritisierte 1953 in seinem einflussreichen Werk *Weltgeschichte und Heilsgeschehen* die Konzeption des Marxismus als verweltlichte Heilsgeschichte.

Andere Kulturen verstehen die Welt als ewigen Kreislauf und suchen sie durch dauerhaften Gang ihrer Zyklen im Gleichgewicht zu halten. Zu ihnen gehören Babylon, Indien und China. Die Maya-Kultur als letzte der archaischen Hochkulturen brachte die am höchsten organisierte Form zyklischer Zeitauffassung hervor. Aus der Anschauung stets wiederkehrender Tage, Monde und Jahre hatte sich diese ursprüngliche, der Natur nahe Betrachtungsweise ergeben. Eigentlich handelt es sich dabei aber, wie der Soziologe Günter Dux herausgearbeitet hat, lediglich um eine zyklische Interpretation, denn die ursprüngliche, primitive Struktur der Zeit ist linear wie die Struktur der Handlung; sie führt von einem Anfang zu einem Ende, das sie bewirkt und auf das sie zielt. Jeden neuen Zyklus der Natur hat man dementsprechend als wirklichen Neuanfang gesehen. Einzig die Völker Asiens haben in großem Umfang ihre traditionellen Vorstellungen von Zeit und Geschichte bewahren können. Dass sie heute unseren Kalender benutzen, ändert nichts an ihrem anders gearteten Verständnis von der Ordnung der Welt.

Zeitrechnungen vermitteln zwischen den gegensätzlichen Gestalten linearer und zyklischer Zeit, integrieren sie zu komplexen Systemen. Darin besteht ihre kulturelle Leistung. Chronologische Systeme vermitteln eine Vorstellung vom unwiderruflichen Fortgang der Zeit, doch sie können nur aus Perioden von Wiederholung konstruiert sein. Jede Form von Zeitrechnung basiert auf regelmäßigen Beobachtungen und Aufzeichnungen. Was aber homogen vorübergleitet, enthält keine Information und kann weder beobachtet noch aufgezeichnet werden. Stattdessen sind es die Zyklen und Rhythmen, die einen Maßstab für das Vergehen der Zeit bilden. Ihre Wiederholungen prägen gleichsam der gleichförmigen Zeit eine Struktur auf. Vor diesem Hintergrund erscheinen die besonderen Ereignisse, die scheinbaren Unterbrechungen des gleichförmigen Fließens, die Abweichungen vom gewöhnlichen Gang des Lebens. Sie sind es, die man sich merkt, in den Chroniken verzeichnet, aus denen Geschichte entsteht. Und eben deshalb ist der Inhalt solcher Aufzeichnungen nur selten wirklich objektiv – mehrere Zeitzeugen erinnern ein und dasselbe Geschehen aus unterschiedlichem Erfahrungshintergrund, erkennen differenzierte Details, andere Zusammenhänge.

Heute stehen die Historiker vor einer Vielfalt geschichtlicher Zeiten. Geschichte bewegt sich durch einen Zugewinn an Kompetenz, schrieb Günter Dux, und auch der Bielefelder Historiker Reinhart Koselleck hat auf den Umstand hingewiesen, dass die Wahrheit der Geschichte nicht ein für allemal die gleiche bleibt. Der Zeitverlauf, der Abstand vom Geschehen selbst, ermöglicht Erfahrungen, die im Rückblick das Vergangene neu erkennen lassen. Nur eine einzige kalendarische Zeit reicht nicht mehr aus, um historisch sachgerecht zu verfahren. Heute erkennen Historiker verschiedene Zeitabläufe, die in- und umeinander gelagert verschiedene Tempi des Wandels aufweisen. Deshalb unterscheiden sie verschiedene Zeitebenen. So berichtet die Ereignisgeschichte von Zusammenhängen, deren Anfänge und Enden sinnvoll zu bestimmen sind. Die Strukturgeschichte untersucht Wechselwirkungen zwischen Ereignissen und Strukturen und verwendet den Prozess als Zeitkategorie, auf den wiederum Beschleunigung oder Verzögerung einwirken. Dazu kommen Übergangszeiten und Erfahrungsbrüche.

7. Zeit und Ökonomie

Vor etwa zehn oder zwölf Jahrtausenden erfanden Menschen überall in vielen Teilen der Welt unabhängig voneinander verschiedene Techniken des Ackerbaus und konnten damit einen Nahrungsmittelüberschuss erzeugen. Diese Schaffung eines Mehrprodukts wurde zur entscheidenden Wendung in ihrem Dasein, weshalb man den Vorgang „agrarische Revolution" nennt. Von nun an ging es um Produktivität, die bewusste Ausnutzung der Zeit wurde ausschlaggebend. Die Sklaverei – einfachste, natürlichste Form der Arbeitsteilung – wurde einträglich, denn die Herren besaßen vor allem das ökonomische Potenzial ihrer Sklaven, deren Arbeitskraft und Lebenszeit.

Die Gesellschaft differenzierte sich, und die soziale Organisation wurde immer komplexer. Größere Dörfer ersetzten einzelne Ansiedlungen, dann entstanden Stadt- und später Nationalstaaten. Mit der neuen Lebensweise begann ökonomisches Denken. Man musste für Vorrat im Winter sorgen und für Saaten im Frühjahr. Das setzt ein Bewusstsein von Zukunft voraus und erfordert die Anwendung kalendarischer Begriffe. Hand in Hand damit erlaubte die fortschreitende Arbeitsteilung die Entwicklung von Naturwissenschaften; erste bescheidene Anfänge der Astronomie ermöglichten dann den Kalender.

Wenige Jahrtausende später trat die Uhr ins Leben des antiken Menschen, und schnell wurden auch ihre unangenehmen Begleiterscheinungen spürbar. Platon in Griechenland meinte um 340 v. Chr., die Rechtsgelehrten würden vor Gericht „von der Klepsydra angetrieben" und fänden keine Ruhe mehr. Auch in Rom setzte die Kontrolle des öffentlichen Lebens durch die Zeitmesser ein und um 250 v. Chr. klagte der Dichter Titus Plautus, überall würden Sonnenuhren „seinen Tag in Stücke reißen". Dann führten die römischen Legionen Taschen-Sonnenuhren mit sich und unterwarfen die Völker auch ihrem Zeit-Regime. Doch mit dem Untergang der großen Sklavenhalterstaaten verlor der Faktor Zeit für einige Jahrhunderte seine Bedeutung im Alltagsleben.

Im 14. Jahrhundert nahm von Italien die Renaissance ihren Ausgang, jene Kulturwende vom Mittelalter zur Neuzeit, die sich in sämtlichen Lebens- und Geistesbereichen vollzog. Sie wurde vom Humanismus begleitet und ist mit der Reformation geschichtlich verbunden. In ihrem Ergebnis begannen Handwerk und Handel auch in Deutschland zu expandieren und sprengten die alten Strukturen. Die gesellschaftlichen Funktionen differenzierten sich unter dem zunehmenden Konkurrenzdruck. Das wirkte auf den Einzelnen zurück. Die neuen Anforderungen des öffentlichen Lebens traten gegenüber persönlichen Bedürfnissen in den Vordergrund. Angst vor sozialer Herabsetzung bewirkte – zunächst bei den gesellschaftlich höheren Schichten – einen Zwang zur Selbstregulierung der Menschen. Daraus entwickelte sich ein neuartiges Zeitbewusstsein.

Zedlers Lexikon (1732/1752) fordert: „Der Mensch darf die Zeit seines Lebens nicht nach seinem Gefallen brauchen, indem er da ist, dass er sich und andere glückselig mache, folglich soll er die Zeit so brauchen, wie es Gottes Willen gemäß ist, dass er Nutzen in der Welt schaffe, und den wahren Fleiß ausübe." Und es wird definitiv erklärt: „Der Missbrauch der Zeit bestehet im Müßiggange, da man eines Theils solche Verrichtungen vornimmt, die eitel sind, und keinen Nutzen bringen; andern Theils seinem verderbten Triebe zu gefallen gar nichts tut." In dieser Epoche erlebte das geflügelte Wort der Römer, das aus den Oden des Horaz zitierte „carpe diem!" einen Wandel seiner Interpretation vom genussvollen „Pflücke den Tag" zum gebieterischen „Nutze die Zeit".

Mit der Renaissance verbreitete sich die mechanische Uhr und mit dieser die Benutzung gleichlanger Stunden. Vielleicht begann es bei der Post, jenes neue Zeitbewusstsein, das unabhängig vom Lauf der Sonne einem bestimmten Rhythmus folgt. Regelmäßige Kurse erforderten zeitliche Planung. Nur so trafen Kuriere an vorherbestimmten Plätzen zusammen, hatten Reisende Anschluss zum Umsteigen. Schon vor Beginn der eigentlichen Industrialisierung gewann dieses Zeitempfinden Einfluss und verband sich mit dem Begriff der Arbeitszeit.

Karl Marx beschrieb den Doppelcharakter der Ware: Produziert für einen abstrakten Markt, musste sie außer Gebrauchswert auch Tauschwert besitzen. Etwas, das allen Waren gemeinsam ist und sie vergleichbar, tauschbar macht, fand sich in der für ihre Herstellung aufgewandten Arbeitszeit. Das war die mit der Uhr gemessene Dauer, und die Zeit des Tages spielte dabei ebenso wenig eine Rolle wie Wochentag oder Jahreszeit. Zugleich löste sich auch der Arbeitsrhythmus von der Herstellung konkreter Produkte, war von nun an nur noch an der Dauer einzelner Arbeitsschritte orientiert. Aus Uhrzeit wurde abstrakte Zeit ohne irgendeine Qualität für den Einzelnen; einst schöpferische Arbeitszeit geriet zur drückenden Last.

Der deutsche Psychoanalytiker Erich Fromm hat um 1970 eine Antwort auf die interessante Frage gefunden, warum sich eigentlich Menschen diesen Zeitdruck gefallen lassen: Aus dem Bedürfnis nach Konformität, wurzelnd in dem Bewusstsein ihres Alleinseins, entspringt Scham, die Zeit nicht recht zu nutzen. Aus diesen soziokulturellen Einflüssen erwuchs ein neuzeitliches, ein kapitalistisches, ein ökonomisches Zeitbewusstsein. Aus der Sicht der Unternehmer, der Organisatoren der Produktion, wurde Zeit zur Ressource, die man ausbeutet wie alle anderen Ressourcen auch. Alles in der Wirtschaft dreht sich seitdem um die Zeit. Schon Marx resümierte: „Ökonomie der Zeit, darein löst sich schließlich alle Ökonomie auf." Dem ist nichts hinzuzufügen.

Wie der Tag des Einzelnen zu verlaufen habe, bestimmte nun die von anderen festgelegte Arbeitszeit. Noch 1875 hatten deutsche Arbeitnehmer in der Regel an sechs Wochentagen je zwölf Arbeitsstunden zu leisten. Erst 1918 wurde die 48-Stunden-Woche gesetzlich eingeführt. Auch den Gang des Jahres reguliert die Arbeitswelt. Neben dem jahreszeitlich geprägten Bauernkalender gewannen die Zeitpläne der verschiedenen anderen Saisonbetriebe wie Ziegeleien oder Zuckerfabriken an Einfluss. Aus der einst regelmäßigen Kinderarbeit während der Erntezeit auf dem Lande entwickelten sich Schulferien. Heute bestimmen Ferienkalender weltweit den Jahreslauf von Millionen Lehrern und Schülern.

Viele in der Gegenwart glauben, die Zeit wäre ihr Besitz. Für sie spielt Selbstausbeutung eine wesentliche Rolle. Und so leben sie denn ihr ganzes Leben nach den Grundsätzen des Kapitals: Auch die Zeit unbedingt nutzen, nie vergeuden, den Tag bis zur letzten Minute auskosten, ausschöpfen. „Er stiehlt meine Zeit", heißt es von jemandem, der sich nicht an einen Zeitplan hält, eine Frage stellt, ein persönliches Anliegen hat. Aber die Zeit gehört uns nicht, man kann Zeit nicht „haben". Vermehren lässt sie sich erst recht nicht, und dennoch mangelt es nicht an Versuchen dazu. Zeitplaner haben Hochkonjunktur; sie sollen durch mehr Ordnung in den Terminen mehr Zeit für den Einzelnen schaffen. Oft aber wird durch übertriebenes und falsch verstandenes Zeitmanagement noch weitere Zeit verloren.

Einst wandte man die Zeit von Sklaven auf, um das Leben der Herren zu erleichtern und zu verschönen. Heute kaufen Manager die Zeit von Sekretärinnen und Assistenten, um eigene „wertvollere" Zeit zu gewinnen. Doch oft kennen sie nur noch „sinnvolle", „nützliche" Handlungen, und ihr persönlicher Gestaltungsrahmen wird immer enger. Rastlosigkeit bestimmt ihr Leben. Alles, was Zeit erspart, erzeugt sogleich neuen Zeitdruck, und daraus erwächst ein verstärktes Gefühl von Zeitmangel. Die Vorstellung, sie hätten die Kontrolle über die Zeit, erweist sich als Illusion.

Oft wird versucht, durch planende Vorausschau Vorstellungen von der Zukunft zu gewinnen und diese zu gestalten. Grundlagen dafür liefert die Statistik, die zahlenmäßige Untersuchung von Massenerscheinungen. Ohne zeitlichen Zusammenhang ist sie nicht vorstellbar. Bereits im alten Ägypten registrierte man Ernteergebnisse auf Zeiträume bezogen. Das Staatswesen der Inka führte unter anderem jahrgangsweise Geburts- und Sterberegister. Hier diente das Erfassen der Bevölkerung nach Altersklassen zur Ermittlung der Arbeitskraftressourcen und des Bedarfs an Lebensmitteln. Aber erst im Lauf des 18. Jahrhunderts setzte sich Zeit als Ordnungskategorie empirischer Daten generell durch.

Fast alles in Natur und Gesellschaft verändert sich im Lauf der Zeit und wird beobachtet, gezählt und gemessen. Zählt oder misst man dieselbe Größe unter vergleichbaren Bedingungen zu verschiedenen Zeitpunkten, so entsteht eine Zeitreihe. Die Statistik leitet aus Zeitreihen vier Bewegungskomponenten ab: die langfristige Bewegung (Trend), die jahreszeitliche Bewegung (Saison), eine oder mehrere zyklische Bewegungen (Konjunktur) sowie „zufällige" Restschwankungen. Auch qualitative Größen können eine Zeitreihe bilden. Dazu sammeln zum Beispiel Sozialforscher im Lauf eines längeren Zeitraums Aussagen über die Veränderung bestimmter Größen, indem ein bestimmter Personenkreis wiederholt befragt wird (Panelmethode).

Bedürfnisse von Rechnungswesen und Statistik führten zu eigenständigen Definitionen des Jahres. Seit dem Altertum wurden Steuern gewöhnlich nach der Ernte erhoben, und daraus ergab sich ein besonderes Steuerjahr. Die europäische Kameralistik unterschied den *Stylus communis*, den gewöhnlichen Jahresbeginn, vom *Stylus camerae*. Das Rechnungsjahr begann zum Beispiel in Aachen im 17./18. Jahrhundert am 25. Mai. Man teilte es in zwölf Rechnungsmonate zu je vier Kalenderwochen. Der dadurch entstehende Rest bildete am Schluss einen 13. Monat. Das „Kammerjahr" verschiedener deutscher Finanzkammern begann dagegen häufig mit Johanni (24. Juni) und bei der kaiserlichen Finanzkammer im 18. Jahrhundert am 1. September. Das Steuerjahr der Engländer beginnt noch heute am 6. April. Dieser Termin entspricht dem alten Jahreswechsel am 25. März (julianisch). In Japan beginnt mit dem 1. April ein neues Steuerjahr und für die Kinder ein neues Schuljahr. In Unternehmen spricht man neben Rechnungsjahren von Wirtschafts-, Geschäfts- oder Berichtsjahren.

8. Soziale Zeit

Seit Émile Durkheim (1858–1917) bestimmt der Begriff der sozialen Zeit das Denken der Soziologie. Der französische Philosoph und Sozialwissenschaftler erkannte Zeit als den allgemeinen Rahmen, in dem eine Gesellschaft ihre sozialen Aktivitäten organisiert. Durch zeitliche Integration verschmelzen einzelne Personen und

Gruppen zur mehr oder weniger einheitlichen Gesellschaft. Erst vor etwa dreißig Jahren entstand der Begriff Soziozeitlichkeit. Er bezieht sich auf die von der modernen interdisziplinären Zeitforschung angenommene Hierarchie verschiedenartiger Zeitlichkeiten und umfasst die gesellschaftlichen Aspekte der Zeit. Zeit liefert ein Ordnungsgefüge für Ereignisse, Tätigkeiten und deren Beziehungen zueinander. Vom Standpunkt der Soziologen ist sie ein soziales Konstrukt, und sie zu bestimmen ist eine soziale Tätigkeit.

Die Sozialwissenschaften versuchen, die von Menschen erfahrene, erlebte und geschaffene Zeit zu beschreiben und als „soziale Zeit" zu anderen Zeitlichkeiten, jenen der Physiker, Astronomen oder Biologen etwa, in Bezug zu setzen. Sie verstehen Zeit als gesellschaftliche Institution, als Mittel sozialer Orientierung und Regulierung. Wegweisend ist dabei der Essay *Über die Zeit*, den der Soziologe Norbert Elias 1984 veröffentlichte. Hiernach ist Zeit der Ausdruck und das Ergebnis einer hohen menschlichen Syntheseleistung, die erst im Zusammenhang mit gesellschaftlichen Entwicklungen verstanden werden kann. Die Kernfrage dabei ist, wozu eigentlich Menschen Zeitbestimmungen brauchen. Zeit setzt, so Elias, Dinge für unsere Wahrnehmung in Beziehung, verknüpft Erlebtes miteinander und ist Symbol für diese Beziehung, ein mit Sinn gefülltes Zeichen. Durch solche bedeutungstragenden Zeichen können sich Menschen über die Formen ihres Zusammenlebens verständigen. Davon zeugen unsere Kalender und die Zifferblätter der Uhren. Diese Symbole zur zeitlichen Orientierung beruhen auf Übereinkunft. Deshalb können Ereignisse nach unterschiedlichen Kriterien, Intentionen und Wertungen verknüpft werden, sodass die Zeit in verschiedenen Epochen und Kulturen eine andere Form annimmt.

Es gibt zahlreiche Möglichkeiten, sich den Zeitbegriffen der Soziologie zu nähern. Wählt man die Geschichte unserer Zivilisation als Ausgangspunkt, dann ist zunächst zu untersuchen, wie und warum sich die Ereigniszeit der primitiven Gesellschaften hin zum System der gemessenen Weltzeit entwickelte. Bevor man die Zeit zu messen begann, wurde sie durch die Dauer sozialer

Tätigkeiten bestimmt. Zeitpunkte waren durch den Eintritt bestimmter Ereignisse markiert. In diesen Ereigniszeit-Kulturen der Jäger und Sammler bedarf es keiner präzisen zeitlichen Abstimmung gemeinschaftlicher Tätigkeiten, und es besteht auch keine Notwendigkeit, sich einem Tempo unterzuordnen, das nicht den natürlichen biologischen Rhythmen entspricht. Trotzdem strukturieren auch in solchen wenig entwickelten Gesellschaften unterschiedliche Rhythmen und Geschwindigkeiten aus sich heraus die soziale Ordnung. Jedes Individuum für sich bildet im Laufe seiner Entwicklung eine zeitliche Handlungskompetenz aus, um in seiner natürlichen Umwelt zu überleben. Indem er diese elementare Zeit durch soziale Zeit ergänzt, gliedert sich der Einzelne in eine Gruppe ein. In vielen Kulturen werden noch heute gängige Zeitmaße von der Dauer charakteristischer Tätigkeiten abgeleitet. Typisches Beispiel bei uns ist die bekannte „Zigarettenlänge".

Mit zunehmender Größe der Gruppen müssen mehr Tätigkeiten koordiniert werden. Ackerbaukulturen erfordern eine gemeinsame Strukturierung der Tage und des Jahres. Noch größere soziale Einheiten wie Städte bedingen ein entsprechendes Mehr an Organisationskompetenz. Daraus wieder erwachsen die Voraussetzungen für genauere zeitliche Ordnung, für höher entwickelte Kalender. Schließlich nimmt die Zeitbestimmung eine zentrale Stellung bei der Organisation von Staaten und des gesamten öffentlichen Lebens ein. Das bedeutet für den Menschen einerseits, Autonomie gegenüber der Umwelt zu gewinnen. Andererseits wird seine Freiheit beschnitten, als Individuum über eine Eigenzeit zu verfügen. Schon das antike Griechenland benutzte Wasseruhren, um Angelegenheiten der Gemeinschaft zu regeln. So wurden Zeitordnungen zu Instrumenten der sozialen Kontrolle und Pünktlichkeit in den Rang einer Tugend erhoben.

Kindheit, Jugend, Reife und Alter strukturieren die Lebenszeit. Jede dieser Phasen hat eigene Qualitäten, besondere von der Natur bestimmte Aufgaben. Antike Kulturen begannen, den Lebensverlauf der Menschen zu reglementieren. Staatliche Verordnung gliederte die Lebenszeit in Abschnitte, von denen die Verteilung von Rechten und Pflichten abhing. Immer wieder gab es Ansätze zur Gliederung des Menschenlebens nach einem bestimmten Schema. Servius Tullius, dem etruskischen König von Rom im sechsten Jahrhundert v. Chr., wird eine erste rechtliche Fixierung der Altersgruppen zugeschrieben. Hiernach war der Römer *puer* bis 17, *iunior* und damit für den Kriegsdienst tauglich bis 46, und danach *senior*, frei von persönlichen Leistungen für den Staat. Diese Dreiteilung in Jugend, Erwachsensein und Alter prägte grundlegend die Vorstellungen des Abendlandes. Das Leben des Einzelnen beschreibt einen natürlichen Spannungsbogen, der mit einem Aufstieg beginnt, allmählich in einen Abstieg übergeht und mit dem Tode endet. Lebenszeit und Alter sind Ausdruck seelisch-körperlicher Bewegungen. Das Leben erfüllt sich innerhalb der natürlichen Phasen seiner Entwicklung. Diese Phasen der Lebenszeit wurden ihrer qualitativen Unterschiede beraubt, als die gemessene Zeit ins Alltagsleben eindrang und sich die sozialen Zeitbestimmungen von der Rhythmik der Natur lösten. Dabei wird der Einzelne immer mehr von äußeren Taktgebern abhängig.

Die ältesten Formen von Zeitmessung hatten vorwiegend kultische Funktion, und sie genügten den damals bestehenden sozialen Bedürfnissen. Erst als in den frühen Hochkulturen neue Formen der sozialen Organisation notwendig wurden, entwickelten sich zwei Kulturtechniken von zentraler Bedeutung: die Schrift und die universale Zeitmessung. Beide sind unverzichtbare Voraussetzungen für das Entstehen historischer Zeit.

Nachdem einmal der Anfang gemacht war, wurde Zeit immer genauer messbar. Zunächst ermöglichte das die Ausprägung der Naturwissenschaften. Auf deren Basis entstand Technologie, und diese forderte – im Dienste oder unter dem Deckmantel des sozialen Fortschritts – eine immer präzisere Koordination der sozialen Aktivitäten. Die gemessene Zeit durchdrang zunehmend alle Sphären des gesellschaftlichen und privaten Lebens. Dasselbe Zeitmaß unterteilte Tätigkeiten jeglicher Art und beraubte die Lebenszeit ihrer qualitativen Unterschiede.

Das Entstehen eines neuen Weltbildes im Mittelalter verband sich mit dem Aufkommen der Maschine. Zwischen dem 10. und 14. Jahrhundert breiteten sich Wasser- und Windmühlen langsam in Europa aus, und ihr Räderwerk gab den Anstoß zur mechanischen Uhr. In dieser wurde der weitreichende kulturelle Bedeutungsgehalt der Maschine am deutlichsten sichtbar. Mit der Entstehung des Maschinenzeitalters begann ein Prozess der Ökonomisierung von Zeit, den ein völliger Umbruch im Zeitverständnis begleitete.

Die Uhr übertrug die Zeitstruktur des beliebig unterteilbaren Kontinuums, der scheinbar gleichwertigen Abschnitte aus dem Bereich der Natur in den der Gesellschaft. So konnte sich die neue Zeitordnung auf die natürliche Zeit berufen. Ordnung, Disziplin und Pünktlichkeit gehörten – neben Arbeit an sich – zu den neuen Tugenden des Bürgers, die ihm unter ungeheurem Druck anerzogen wurden. Der Prozess begann in der Schule, fand seine Fortsetzung in der Armee und mündete in restriktiven Arbeitsordnungen.

Deklariert als eine Art von göttlicher Leihgabe, durfte der Mensch über die ihm zugeteilte Lebenszeit keineswegs beliebig verfügen. Sparsamer Umgang damit war angesagt. Bis heute sind die Industriegesellschaft als Ganzes sowie alle ihre Teile bis hin zum einzelnen Menschen dem „Zeitdruck" ausgesetzt. Der Ausdruck beschönigt die Zustände und verfälscht die Ursachen. Druck entsteht durch die Behauptung, Zeit müsse „sinnvoll" ausgenutzt werden, und man versteht darunter die wirtschaftliche Nutzung. Der „Verbrauch" von Zeit sei einzuschränken durch weitere Rationalisierung. Dahinter steckt nichts anderes als die Tatsache, dass beschleunigte Produktion und Warenbewegung einen schnelleren Umschlag des eingesetzten Kapitals und damit höheren Gewinn ermöglichen. Dadurch wird Zeit zu Geld.

Für das wirtschaftliche Geschehen gegen Ende des 18. und am Beginn des 19. Jahrhunderts prägte 1837 der französische Nationalökonom Jérôme Adolphe Blanqui den Ausdruck „industrielle Revolution". Der Kern ihres Wesens besteht im Ersatz von Muskel- durch Maschinenkraft. Auslöser dieses Prozesses war

James Watt's Erfindung der Dampfmaschine im Jahre 1765, und zu seinen spektakulärsten Ergebnissen gehört der Bau der ersten Eisenbahn 1825. Aber als entscheidende Erfindung auf dem Weg ins Industriezeitalter wird von vielen die Uhr angesehen, nicht die Dampfmaschine. Indessen war die Uhr als typisches Sinnbild einer neuen Epoche, als Symbol für Kraft und Geschwindigkeit wenig geeignet. Der Bielefelder Historiker Reinhart Koselleck konstatiert: „Die Uhr konnte Beschleunigung messen, nicht aber symbolisieren. Das wurde erst möglich seit der Eisenbahn und ihrer Metaphorik: Marx sprach von den Revolutionen als den ‚Lokomotiven der Geschichte', nicht aber von den Uhren der Geschichte."

Unter dem Gesichtspunkt der sozialen Zeit bestand das Ergebnis der ersten industriellen Revolution vor allem darin, dass ab jetzt Beschleunigung außer den Maschinen auch den Menschen selbst erfasste. Das Wort entstand im 17. Jahrhundert als technisch-physikalischer Fachausdruck. Für die Angelegenheiten der Menschen gab es damals den Ausdruck „schleunig" mit der Bedeutung „eilig". Es ist symptomatisch für die buchstäblich alles erfassende Beschleunigung und nicht ohne Ironie, dass ausgerechnet dieses Wort heute praktisch untergegangen ist – unsere Umgangssprache kennt es nur noch in der Steigerungsform „schleunigst".

Als zweite industrielle Revolution bezeichnet man heute das Prinzip der Fließbandproduktion. Die damit eingeleitete Produktionsweise erreichte ihren Höhepunkt in den drei Jahrzehnten nach dem Ende des Zweiten Weltkriegs. Eine dritte industrielle Revolution nahm ihren Anfang etwa in den 1980er Jahren. Sie ist charakterisiert durch die zunehmende Technisierung und Automatisierung sowie die wachsende Vernetzung zwischen Zulieferern, Produktionsstätten und Händlern. Die Rationalisierung dieses Gesamtprozesses erfordert genaueste zeitliche Koordination seiner Schritte. Heute beherrschen lagerlose Fertigung und „lean production" die Wirtschaft und zwingen zu rigorosem Zeitmanagement. Ob Containerschiff oder LKW: Transporte müssen auf die Stunde pünktlich „just in time" beim Empfänger eintreffen.

Die Rationalisierung hat inzwischen längst die Grenzen der Arbeitswelt überschritten und ist in weite Bereiche des privaten Lebens eingedrungen. Das findet vordergründigen Ausdruck in der Technisierung der Haushalte oder in den „versteckten Uhren" der vielfältigsten Geräte. Doch die einschneidendsten Folgen entstehen daraus, dass Zeitökonomie und Effizienz in großem Umfang auch das Freizeitverhalten bestimmen. Wir sind uns kaum noch dessen bewusst, wie sehr unsere Art zu leben von der Zeitmessung bestimmt wird.

Menschen, Dinge und ihre Beziehungen entwickeln sich. Erreichen sie dabei nach einer gewissen Zeit einen höheren Grad der Vollkommenheit, so spricht man von Fortschritt. Primitiven Gesellschaften ist dieser Begriff bis ins 20. Jahrhundert weitgehend unbekannt geblieben. Im Abendland wurde die Idee vom Fortschritt zu einer Grundlage der Geschichtsphilosophie, hier deutet man Weltgeschichte als Aufstieg von niederen zu höheren Kulturformen. Andere Lehren interpretieren die Geschichte im Gegensatz dazu als stufenweisen Niedergang (von einem „goldenen Zeitalter" abwärts) oder als ewigen Kreislauf. Welche dieser Möglichkeiten eine Gesellschaft anerkennt, hängt von ihren kulturellen Grundwerten ab. Damit korrespondierend sind ganze Kulturen von einer optimistischen, pessimistischen oder gleichmütigen Grundstimmung getragen, die das Zeitgefühl ihrer Mitglieder ebenso prägt wie ihre Kalender.

Unsere bisherigen Betrachtungen folgten einem zivilisationsgeschichtlichen Ansatz. Einen anderen Zugang zu Zeitbegriffen der Soziologie öffnete die Erforschung von Fragen des Zeitbewusstseins, des individuellen Erlebens von Zeit. Der Münchener Psychologe und Zeitforscher Ernst Pöppel konstatierte 1999: „Physikalisch ist Zeit ein linearer Fluss. Aber im Gefühl des Menschen ist die Zeit subjektiv. In unserer westlichen Gesellschaft fließt sie nicht, weil die Kontinuität verloren gegangen ist, weil wir von chaotischen Einflüssen umgeben sind."

Stärksten Einfluss auf das Empfinden sozialer Zeit hat der Wechsel von Arbeit und Ruhe. Das Bedürfnis. sich auszuruhen, ist körperlich bedingt, und deshalb gab es bereits in den alten Hochkulturen mehr oder weniger regelmäßige Ruhetage. Der Brauch fand Eingang in die religiösen Mythen, und so gelangte die Erzählung von sechs Schöpfungstagen und dem siebenten Tag der Ruhe in die heiligen Schriften der Juden. Daraus ergab es sich, dass sie jeden siebenten Tag besonders hervorhoben: An ihm feierten sie ihren Sabbat. Aus vielerlei Impulsen entstanden, gliederte der siebentägige Rhythmus Arbeit und Muße überschaubar. Dazu kamen Feiertage „außer der Reihe", an denen andere, meist religiöse Pflichten an die Stelle der üblichen Arbeit traten.

Den täglichen Wechsel von Arbeits- und Freizeit regelte der Lauf der Sonne. Das ist in landwirtschaftlich geprägten Gegenden noch heute so. Arbeiter in den Städten des Mittelalters hatten ihr Tagewerk zu beginnen, wenn man auf der Straße jemanden erkennen konnte, und die Arbeit endete mit Anbruch der Dunkelheit. Später machten die gleichlangen Stunden der Uhr die Arbeit berechenbar. Daraus erwuchs die Forderung der Arbeiter, die tägliche Arbeitszeit zu begrenzen. Erst seit 1960 gibt es in der BRD die Fünftagewoche mit vierzig Arbeitsstunden. Das Interesse der Arbeitenden richtet sich auf Zeitwohlstand, nachdem der Güterwohlstand ein ausreichendes Niveau erreicht hat, bemerkt Jürgen Rinderspacher vom Sozialwissenschaftlichen Institut der Evangelischen Kirche. „Zeit zu haben" und Kontakte zu pflegen gehört zu den wichtigen Freizeitbedürfnissen.

Anders als Menschen können Maschinen nahezu ununterbrochen in Betrieb sein. Das führte zur Schichtarbeit. Doch aus biologischen Gründen unterliegt die Bereitschaft zur Aktivität im Lauf der 24 Tagesstunden starken Schwankungen, Be- und Entlastung wechseln rhythmisch. Außerdem koppelt Schichtdienst die davon Betroffenen in gewisser Weise von der sozialen Zeit ihrer Umgebung ab. Wer aber gezwungen ist, gegen den Rhythmus der anderen zu leben, erlebt soziale Unsicherheit. Die Abschnitte des Tages haben unterschiedlichen sozialen Charakter, ihre Bewertung wird durch gesellschaftliche Konventionen bestimmt So sind bestimmte Tagesstunden in Ortssatzungen oder Mietverträgen als Ruhezeiten ausgewiesen.

Ebenso entsteht im Lauf der Woche ein Spannungsbogen infolge der gesellschaftlichen Bewertung bestimmter Zeitabschnitte. Traditionell soll das freie Wochenende ein Bedürfnis nach Ruhe befriedigen. Für viele ist der Sonntag ein zeitliches Refugium, in das Fremden kein Einlass gewährt wird. Ausschlafen können ist wesentlicher Teil dieser Art Sonntagskultur. Daneben dient das Wochenende in großem Umfang – wenn nicht hauptsächlich – der Pflege sozialer Kontakte.

Bei jenen, die auf Aktivität und Unterhaltung orientiert sind, beginnt der wöchentliche Spannungsbogen mit der Frage: „Was machen wir am Wochenende?" und klingt aus am Montag beim Reden über die Erlebnisse. Andere entspannen am Sonntag durch Ruhe und Besinnlichkeit. Bei diesen ist häufig der Sonntagabend wieder der Vorbereitung auf die neue Arbeitswoche gewidmet. Für manche ist das Wochenende auch Pufferzeit, in der unter der Woche nicht bewältigte Aufgaben erledigt werden. Mit der zunehmenden Deregulierung der Arbeitszeiten läuft nun das Wochenende Gefahr, wieder zu verschwinden.

Auch im Lauf des Jahres wechseln Zeiten von Arbeit und Ruhe sowie Perioden unterschiedlich gearteter Aktivität. Einst hatten die Jahreszeiten gravierenden Einfluss auf Lebensweise und Befindlichkeit. Heute ist durch das städtische Leben viel von dem spezifischen Charakter bestimmter Zeiten verloren gegangen. Die natürlichen Rhythmen des Tages, der traditionelle Wochenrhythmus und auch die Jahreszeiten haben bereits merklich an Bedeutung verloren. Das ist ein Ergebnis unserer Lebensweise, und das ist es, was Pöppel meint, wenn er von chaotischen Einflüssen spricht.

Andere interpretieren diese Entwicklung als Zugewinn an individueller Freiheit. In der Hauptsache entfaltet sich diese in der Freizeit. Der Ausdruck meint im weiteren Sinne jene Zeit, in der die Berufstätigen nicht arbeiten müssen. In der Periode des Frühkapitalismus war sie so knapp bemessen, dass sie gerade eben zur Reproduktion der Arbeitskraft genügte. In den entwickelten Industrieländern hat sie sich im Lauf des 20. Jahrhunderts derart ausgeweitet, dass heute oft von einer Freizeitgesellschaft gesprochen wird. Leicht gerät darüber die problematische Situation jener in Vergessenheit, die theoretisch immer Freizeit haben, weil sie keine (bezahlte) Arbeit finden.

Im engeren Sinn ist Freizeit der von Notwendigkeiten entlastete Anteil der Lebenszeit. Theoretisch wird während dieser Zeit nichts getan, was nicht vom Einzelnen selbst bestimmt wäre. Das aber setzt seine Fähigkeit und seinen Willen zu aktiver Selbstbestimmung voraus. Praktisch ist deshalb heute ein großer Teil der Freizeit fremdbestimmt, vom sozialen Umfeld gesteuert.

Längst ist Freizeit zum „notwendigen Korrelat des Produktionsprozesses selbst" geworden, wie die Soziologin Helga Nowotny gezeigt hat: Die ökonomische Verwertung der Zeit zielt darauf ab, alle Zeit entweder zur Produktions- oder zur Konsumzeit zu machen. Produkte, welcher Art auch immer, müssen verbraucht werden, um wiederum Raum zu schaffen für erneute Produktion. Konsumieren erfordert Zeit, und in extremer Weise gilt das für die Erzeugnisse der sogenannten Freizeitindustrie. Deren Zweck besteht ja gerade darin, „freie", das heißt „ungenutzte" Zeit zu füllen, die angeblich so wertvolle Zeit zu vernichten. So widersinnig das erscheinen mag – dahinter verbirgt sich ökonomisches Kalkül. In den beiden einander ergänzenden Sphären von Produktion und Verbrauch spielt der Mensch die Rolle des Hamsters im Laufrad, der das ganze System unermüdlich antreibt.

Soziale Zeitgeber regeln unser aller Leben, indem sie Zeit strukturieren. Nur vordergründig sind es die einzelnen gesellschaftlichen Einrichtungen, von denen solche Regelungen ausgehen, seien es Ladenöffnungszeiten oder Fahrpläne, sei es die Festlegung der Schulpflicht oder der Beginn des Rentenalters. Dahinter steht ein engmaschiges Netz aus Synchronitäten, Regulations- und Koordinationsmechanismen, das dem Einzelnen erscheint, als wäre es zur selbstständigen Institution geworden. Prinzipiell steht soziale Zeit dem Einzelnen gegenüber wie eine selbstständige Macht. Um Macht jedoch, um Herrschaft, Dominanz und Hierarchien geht es letztendlich in den meisten sozialen Beziehungen. Dabei spielt Zeit als Ressource eine wichtige Rolle.

Das menschliche Zeiterleben ist vielschichtig. Die Philosophin Regine Kather konstatierte hinsichtlich der vom Individuum gelebten Zeit: „In ihr verbindet sich die seelische Dynamik des Individuums mit biologischen Rhythmen und kulturspezifischen Gewohnheiten." Aber in unserer Gesellschaft ist eine Trennung der Zeitlichkeiten von Natur und Kultur, Leib und Geist eingetreten, beklagt Kather. Das Einteilen der Zeit in eine ununterbrochene Folge von Daten blendet die Zusammenhänge zwischen den Ereignissen aus. Dabei geht das Gespür für den rechten Augenblick, für den Sinn einer Zeitspanne, verloren.

Zwischen den ursprünglichen Ereigniszeiten und der uns so selbstverständlich erscheinenden Uhrzeit liegen Tausende von Jahren menschlicher Entwicklungsgeschichte. Beide Formen besitzen nur wenig Gemeinsames. Im Zuge der kulturellen Globalisierung treffen nun beide Extreme aufeinander. Dabei projizieren wir voller Selbstverständlichkeit die Verfahrensweise der Industrienationen auf den „Rest der Welt" und rechtfertigen das mit unserem Glauben an den Fortschritt. Aber Zeitrechnung geht immer aus dem jeweiligen sozialen Bezug hervor, und die soziale Wirklichkeit unseres Planeten ist überaus widersprüchlich: In den materiell armen Gesellschaften scheint es Zeit „in Hülle und Fülle" zu geben, während in den Zentren der Entwicklung materieller Reichtum und Zeitarmut herrschen.

Seit Menschen Zeit bewusst ausnutzen, um durch höhere Produktivität ihre Lebensbedingungen zu verbessern, ersinnen sie immer schneller neue und bessere Produktionsmittel. Dieser Prozess erfasste mit der industriellen Revolution auch alle anderen Abläufe des gesellschaftlichen Lebens. Im Hintergrund dieses Geschehens entwickelte sich ein Prinzip der Gleichzeitigkeit. Seine Auswirkungen wurden erstmals 1847 deutlich, als erste öffentliche Telegrafen zur Verfügung standen. Bald darauf folgten Telefon und Radio. Seit den 1980er Jahren haben neue Technologien die Strukturen von Kommunikation und Information radikal umgestaltet. Damit erreichten individuelle und soziale, räumliche und zeitliche Mobilität völlig neue, qualitativ andere

Dimensionen. Menschen, die an verschiedenen Orten mit unterschiedlichen Tageszeiten leben, begegnen sich in einem virtuellen Raum, um dort gemeinsam und gleichzeitig zu arbeiten. Dabei wird für große Teile der über den Erdball verteilten Menschheit mit technischen Mitteln ein gemeinsamer Zeithorizont hergestellt.

Das hat Auswirkungen auf Zeiterleben, Zeitbewusstsein und Handlungsstrukturen der Menschen. Ein Hauptergebnis der industriellen Revolutionen besteht – abgesehen von der Beschleunigung eines zweifelhaften „Fortschritts" – in der Vernichtung von Arbeitsplätzen. Das führt zu massenhafter Arbeitslosigkeit, welche die Gesellschaft ökonomisch und sozial destabilisiert. Bei den noch Beschäftigten zeigen sich unterdessen die Folgen der veränderten Bedingungen. Zeitarbeitsfirmen entsenden ihre Angestellten für Wochen oder Monate in ein immer wieder neues soziales Umfeld, projektbezogene Jobs binden Menschen für längstens einige Jahre.

Aber der ständige Zwang zum Neuen deformiert die Persönlichkeit. Der Mensch hat ein Bedürfnis nach Stabilität, die durch den immer stärker beschleunigten Fortschritt verloren geht. Parallel zu den Entwicklungen in der Arbeitswelt hat die Institution Familie in den Industrieländern ihre seit Jahrtausenden bestehende Gestalt einschneidend verändert, umgreift nicht einmal mehr ein ganzes Menschenleben, geschweige denn mehrere Generationen. Die Vorstellung eines lebenslangen Sozialvertrages zwischen Familienmitgliedern wurde aufgegeben.

Neben solchen eher langfristigen Auswirkungen der veränderten Arbeitsbedingungen treten andere sehr schnell in Erscheinung. Der Rhythmus der Arbeitsabläufe entfernt sich immer weiter vom natürlichen Rhythmus des Menschen und führt zu vermehrtem Stress. So vergrößert zum Beispiel ein höheres Arbeitstempo die Ungeduld. Menschen, die gewohnt sind, vom Computer mittels Datenbankabfrage oder Internet-Suchmaschine schnelle und präzise Auskünfte zu erhalten, erwarten Entsprechendes auch von menschlichen Partnern. Kommt dann ein Mitarbeiter, Kunde oder auch Familienmitglied nicht schnell genug zur Sache, reagieren sie gereizt und ungeduldig.

Das Modell der Industriegesellschaft als Ganzes hat faktisch ausgedient. Längst leben wir im nachindustriellen oder Informationszeitalter, und schon wird vom „Postinformationszeitalter" gesprochen. Doch leider existieren außer immer neuen Schlagworten kaum Ansätze zum bewussten Gestalten der Zukunft. Das befürchtete „Ende der Arbeitsgesellschaft" hat bisher nichts daran geändert, dass die Zeit nach Gesichtspunkten der Industriegesellschaft strukturiert und bewertet wird. Die Mehrheit aller heute in den industrialisierten Ländern Lebenden betrachtet Zeit als eingeteilte, knapp bemessene Sache, und deshalb leidet unser aller Dasein unter realem oder eingebildetem Zeitmangel.

Eigentümliche (Selbst-)Zwänge binden das Individuum an die Zeit als soziale Institution. Zum einen trägt jeder Einzelne als Teil der Gesellschaft selbst mit zum Gestalten des Netzes der sozialen Zeitgeber bei, so gering sein Anteil auch sein mag. Eine andere solche Erscheinung hat der Philosoph und Medienwissenschaftler Mike Sandbothe skizziert: „Jede Zeit, die er durch geschicktes Zeitmanagement spart, drängt sich ihm sofort als leere, also erneut mit Arbeit auszufüllende Zeit auf. Es sind nicht mehr die konkreten Besorgungen und Bedürfnisse, die seinen Zeitplan bestimmen, sondern es ist die leere Zeit selbst, die neue Bedürfnisse erweckt und ihre eigene Kapitalisierung erzwingt."

Diese paradoxe Situation ist Ergebnis des Widerspruchs zwischen dem Empfinden individueller Zeit und einer „Weltzeit", die unser Handeln bestimmt. Sie hat zu höchst unterschiedlichen Interpretationen und teilweise kontroverser Diskussion geführt. Auf einer Seite ist davon die Rede, dass die zunehmende Menge der Innovationen pro Zeiteinheit ein „Schrumpfen der Gegenwart" herbeiführe. So spricht der konservative Philosoph Hermann Lübbe von einem „verkürzten Aufenthalt in der Gegenwart". Sein Argument: Wenn wir in Gedanken einige Jahre zurückblicken, schauen wir in eine in vielerlei Hinsicht veraltete Welt, in der wir die Strukturen der uns gegenwärtig vertrauten Lebenswelt nicht mehr wiedererkennen. Die Zahl der Jahre, nach denen dieser Effekt eintritt, nimmt ständig ab. Entsprechend verkürzt sich für die Zukunft der Zeitraum, für den wir eine gewisse Konstanz unserer Lebensverhältnisse annehmen dürfen. Weil nun aber die Beschleunigung weiter wirkt, tritt die zukünftige Verkürzung schneller ein.

Aus einem anderen Blickwinkel betrachtet der französische Philosoph und Medientheoretiker Paul Virilio die Angelegenheit. Für ihn scheint die ganze Welt zu implodieren, in einen Punkt und einen Augenblick zusammenzustürzen. Das hat ihn veranlasst, von einem „rasenden Stillstand" zu sprechen. Dabei bezieht er sich hauptsächlich auf die neuen Nachrichtenmedien, die alle Ereignisse praktisch gleichzeitig auf unseren Bildschirmen vereinen.

Auch Helga Nowotny widerspricht Lübbes These von der Zeitschrumpfung. Die Gegenwart verkürze sich nicht, sondern müsse sich ganz im Gegenteil auf Kosten der Zukunft ausdehnen. Dabei aber wird die Diskrepanz zwischen der Wahrnehmung der subjektiven Lebenszeit und der objektiven Weltzeit spürbar. Die ganze Welt ist „jetzt", aber wir begreifen unser Leben nicht als Gegenwart, sondern als Zukunft und Veränderung.

9. Zeitkompakter Globus und multitemporale Gesellschaft

Die soziale Zeit selbst entwickelt sich beschleunigt weiter. Nowotny hat die veränderten Zeitstrukturen der Gegenwart „Laborzeit" genannt und spricht von einem Übergang vom Maschinenzeitalter zum Laborzeitalter. „Was sie kennzeichnet, ist die kontinuierliche Präsenz der Objekte und ihre ständige zeitliche Verfügbarkeit […] Unter Laborbedingungen kann beschleunigt und verlangsamt werden; sowohl einmalige zeitliche Ereignisse wie variierte Wiederholungen sind möglich. Lineare Sequenzen sind abgelöst durch die weitaus komplexeren Zeitmuster der nicht-linearen Dynamik."

Diese „andere" Zeit hat längst die Welt des täglichen Lebens erobert, vor allem auf dem Wege über die elektronischen Medien. Ihre neuartigen Zeitmuster binden nicht nur Menschen an Maschinen, sie verändern auch die Beziehungen der Menschen zueinander. Die industrielle Revolution hat Zeit und Raum gleichsam verdichtet. Ob es nun „Schrumpfen der Gegenwart" genannt wird oder ob man sich ihre Ausdehnung auf Kosten der Zukunft vorstellt – in jedem als gegenwärtig empfundenen Zeitraum geschieht mehr und mehr, werden immer größere Räume erreichbar. Diese Verdichtung der Zeit in der Welt und die Gleichzeitigkeit bewirken auch, dass Kulturen und Völker mit ihren unterschiedlichen sozialen Identitäten enger aneinanderrücken. Solche Vorgänge bergen neues Konfliktpotenzial.

Ein Gefühl des „Bedarfs an Zeit" ist wohl zum ersten Mal in der Periode der Aufklärung spürbar geworden. Damals erzeugte der optimistische Glaube an den Fortschritt viel mehr an Wünschen und Hoffnungen, als sich in der Gegenwart verwirklichen ließ. Die Zukunft schien genügend weit entfernt, dies alles aufnehmen zu können; sie hatte einen offenen Horizont. Inzwischen rückt die Zukunft näher an die Gegenwart heran, sie muss in die Handlungen von heute einbezogen werden – egal, ob man nun annimmt, die Gegenwart verkürze sich, oder sie dehne sich auf Kosten der Zukunft aus. Der Zeitbedarf muss in einer erweiterten Gegenwart befriedigt werden.

Heute prägt eine multimediale Umgebung unser Zeitbewusstsein völlig neu. „Medienzeit" hat der Literatur- und Medienwissenschaftler Götz Großklaus die dadurch veränderte Art der Zeitwahrnehmung genannt. Sie versetzt uns zunehmend in eine aus abstandslosen Augenblicken künstlich zusammengesetzte neue Art von Gegenwart. Zunächst war das Fernsehen mit seinen regelmäßigen Programmzeiten lediglich einer von vielen sozialen Zeitgebern, die auf die Einteilung des häuslichen Alltags einwirkten. Im Verlauf von kaum mehr als einer Generation gewöhnten sich dann die Menschen an den Eindruck, als würde alles Geschehen gleichzeitig ablaufen. Großklaus hat diesen Effekt, die Beeinflussung unseres Zeitbewusstseins, besonders herausgestellt: „Die schnellen elektronischen Medien saugen alles Geschehen – so entfernt es zeitlich und räumlich auch sein mag – in das enge Sichtfenster des Momentanen und Aktuellen." Zugleich dehnt sich die Gegenwart in beliebig ferne Zeiträume aus – das heißt, die Zeit wird entgrenzt.

Bewegliche Bilder simulieren den Ablauf von Zeit. Behielt der Betrachter des klassischen Fotoalbums beim Blättern selbst die Kontrolle über den Ablauf, so büßt er als Zuschauer bei Film und Fernsehen seine Herrschaft über das Tempo gänzlich ein, er verliert seine Eigen-Zeit. Seit den Anfangsjahren des Films bieten die Bildmedien immer neue Möglichkeiten, unser Zeiterleben zu täuschen. Mit dem Zeitraffer-Verfahren lassen sich sehr langsam ablaufende Ereignisse beobachten. Zeitlupen-Aufnahmen erfolgen mit erhöhter Bildfrequenz, bei der Wiedergabe werden schnelle Bewegungen detailliert erkennbar.

Auch die Geschichts-Zeit des äußeren Geschehens wird zur Gegenwarts-Zeit zusammengezogen. Das begann mit dem Spielfilm, der aus Bruchstücken verschiedener Vergangenheiten und räumlich unterschiedlicher Gegenwart eine Pseudo-Gegenwart konstruiert. Dabei bestimmen die Intervalle das künstlerisch gewollte Zeitmaß, das sich in Rhythmus und Tempo des Films ausdrückt. Bald wurden die bedeutungstragenden Intervalle immer kürzer, und seit Live-Übertragungen des Fernsehens möglich sind, existieren sie praktisch überhaupt nicht mehr. Stattdessen werden Aufzeichnungen mit Live-Übertragungen gemischt. Nun überlappen sich verschiedene gegenwärtige Abläufe mit vergangenen Ereignissen im selben Zeitfenster. Wir haben uns an diese räumliche und zeitliche Verdichtung gewöhnt – nicht ungern, denn die Zeit der Medien erlaubt uns, simultan an unterschiedlichen und ursprünglich nicht gleichzeitigen Ereignissen teilzunehmen. Großklaus vergleicht deshalb die Medienzeit mit einem Interface, einer Schnittstelle, die uns den Zugang zu unterschiedlichen Zeiten vermittelt.

Noch einen Schritt weiter als Film und Fernsehen geht die Computersimulation. Ihre Rechenprogramme produzieren jede beliebige Zeit unter Einschluss verschiedener Zukünfte. Es handelt sich um virtuelle Zeiten, die in virtuellen Räumen ablaufen. Das Wort bedeutet „scheinbar" oder „potenziell", nicht real, doch als Möglichkeit vorhanden. Virtuelle Zeit wird durch Algorithmen erzeugt. Über ihr Zustandekommen und ihre Struktur entscheiden das Rechenprogramm, die Leistungsfähigkeit der Hardware und die gewählten Basisdaten. Solche Simulationen können erheblichen praktischen Nutzen haben, beim Fahr- und Flugtraining etwa oder beim Erproben von Prozessen, denen ein hohes Gefahrenpotenzial innewohnt. Im Gedächtnis des Nutzers entsteht dabei eine konkrete Erinnerung. Er sammelt ganz reale Erfahrungen, die in das „wirkliche Leben" übertragen werden können. Das setzt voraus, dass sich die Struktur der simulierten Zeit nicht von realen Bedingungen unterscheidet.

Aber die Möglichkeiten virtueller Zeit sind weit größer. Das hat sie für die Produzenten von Fantasiewelten so interessant gemacht. Schon sehr einfache Computerspiele erlaubten dem Akteur, die Geschwindigkeit der Abläufe zu verändern. Dann vergeht die virtuelle Zeit nicht nur beschleunigt oder langsamer, sie kann auch gänzlich angehalten werden. Darüber hinaus kann sich der Spieler in Zeitschleifen bewegen, bei einem Misserfolg zu einem früheren Zeitpunkt zurückkehren. Die ganze Welt des jeweiligen Spiels ist diesen Manipulationen unterworfen. Im simulierten Raum von Computeranimation, von Virtual Reality und Cyberspace gibt es nur noch solche virtuelle Zeit. Da spielt es keine Rolle mehr, ob vergangene, zu einer realen Gegenwart parallele oder zukünftig mögliche Zustände simuliert werden – es handelt sich in jedem Fall um eine gänzlich selbstständige Zeit ohne Bezug zur Zeit der realen Welt.

Seit den 1980er Jahren haben neue Technologien die Kommunikation und Information radikal umgestaltet. Neben die Warenströme des Welthandels sind die nichtmateriellen Ströme der Informationsgesellschaft getreten. Weltumspannende Netze verknüpfen Produktion, Transport und Dienstleistungen miteinander. Sie, die Informationsnetze, bilden die eigentliche Basis der fortschreitenden Globalisierung. Aber letztendlich bestimmt wird das Netz der Medien durch ein Wechselwirken zwischen Kommunikationsstrukturen und Machtpolitik. Das Internet, aus Bedürfnissen der Militärs in der Periode des Kalten Krieges entstanden, wird seit dessen Ende überwiegend von Interessen multinationaler Konzerne getragen.

Längst ist das Internet dabei, sich nach Sprache und Schrift als dritte Generation des Weltgedächtnisses zu etablieren. Das zwingt uns zunehmend, Zeit dort zuzubringen. Anfangs glaubte man, die neuen Kommunikationsmittel, die Möglichkeiten der Mikroelektronik würden den Menschen mehr Zeit geben, doch eingetreten ist das Gegenteil. Eile und hektische Betriebsamkeit beherrschen auch die Freizeit, und vorausdenkendes Planen im sozialen Tun wird immer seltener. Eine wesentliche Rolle dabei spielt die mobile Telefonie. Millionen Menschen verzichten ohne Notwendigkeit auf die doch so wertvollen Pausen in der sozialen Zeit. Schon wurde unser 21. Jahrhundert dasjenige „des Kampfes gegen die Zeit" genannt. Alles wird beschleunigt, und niemand denkt darüber nach, was eigentlich damit erreicht werden soll. Immer schnellere Autos stehen immer länger im Stau, immer schnellere Züge verkehren zwischen immer weniger Bahnhöfen und längst droht der allgemeine Verkehrsinfarkt am Boden und im Luftraum. Paradoxerweise leiden gerade in jenen Teilen der Welt, wo die schnellsten Verkehrsmittel und die besten Nachrichtennetze zur Verfügung stehen, die meisten Menschen unter Zeitmangel.

Es wird nicht bis in alle Ewigkeit so weitergehen. Bestimmte Vorgänge wie beispielsweise das Wachstum der Reisegeschwindigkeit oder der Bevölkerung stoßen an natürliche Grenzen. Und so rasch auch die Computer riesige Mengen von Daten aus Vergangenheit, Gegenwart und Zukunft zusammenführen und aufbereiten mögen, ihre schöpferisch-produktive Auswertung durch den Menschen kann nur so schnell erfolgen, wie es sein geistiges Aufnahmevermögen erlaubt.

Die modernen Kommunikationsmittel verdichten unsere soziale Gegenwart. Gleichzeitig aber weitet diese sich aus, wirkt in immer größer werdende Zeiträume hinein. Beide Aspekte bilden eine unauflösliche Einheit, eine neue integrative Stufe, die der amerikanische Philosoph Julius T. Fraser 1987 den „zeitkompakten Globus" genannt hat. Die Globalisierung der Zeitrechnung begann streng genommen im zweiten Jahrtausend v. Chr., als Priester im Vorderen Orient den Tag in zwölf Abschnitte teilten. Das Übergreifen dieses Systems auf andere Staaten war eine Folge von Handel und Machtpolitik. Es stützte sich auf eine herrschende Ideologie, die in zwölf bevorzugten Göttern ihre Verkörperung fand. Seit dem Ende des 19. Jahrhunderts umspannt die rechnerische Einteilung der Zeit die Erde mit einem Zonensystem, das die effiziente Organisation weltweit operierender Systeme, einzelner Staaten sowie kleiner Gemeinschaften ermöglicht. Auslöser auch für diese Entwicklung waren handfeste ökonomische und machtpolitische Interessen, in diesem Fall verkörpert durch die Eisenbahn.

Am Ende des 20. Jahrhunderts wird überall gleiche Weltzeit zur Systemzeit des „Global Village". Angeblich ermöglicht erst sie die ökonomische und kulturelle Globalisierung, Modernisierung des Lebensstils, Erhöhung der sozialen Mobilität et cetera. Doch zugleich werden damit immer mehr Menschen ihrem Diktat unterworfen. Immer stärker werden sie abhängig von zeitlichen und organisatorischen Systemerfordernissen, auf die sie keinen Einfluss haben. Solche Unterwerfung ist nicht neu, geändert haben sich ihre Formen. Bereits in der Renaissance entstand ein neues Zeitbewusstsein aus einem inneren Zwang zur Selbstregulierung, der persönliche Bedürfnisse hinter die Anforderungen des öffentlichen Lebens zurückstellte. Dann führte die beginnende Industrialisierung zu rigiden Zeitordnungen, die Verstöße mit direkten Sanktionen ahndeten.

Seit einigen Jahrzehnten sind nun Flexibilisierung und Deregulierung die Schlagworte der globalen Ökonomie. Unter Einfluss dieses Trends werden auch die Organisation der Zeit und deren Kontrolle tendenziell immer mehr dem Einzelnen überlassen. Entgegen oft vorgebrachten Behauptungen führt das zu verstärktem Zeitdruck, der nicht mehr äußerlich in Erscheinung tritt, sondern im Inneren jedes Einzelnen ausgetragen wird. Das trifft nicht nur Individuen, sondern ganze Gesellschaften, vor allem auch Menschen in den Städten der ökonomisch schwachen Länder.

Ausnutzen der Zeit bleibt oberstes Prinzip; wer Zeit verliert, wird bestraft. Personen oder Völker mit einem traditionell anderen Verständnis von sozialer Zeit sind aus der Sicht der westlichen Industrieländer nicht tauglich für die Marktwirtschaft und können an ihrer Produktivität nicht teilhaben.

Nach 30-jähriger Forschungsarbeit über alle erdenklichen Gesichtspunkte von Zeit zog 1987 Julius T. Fraser eine traurige Bilanz: Die globale Vernetzung der Gegenwart habe im letzten Menschenalter immer dichtere Gleichzeitigkeit erzwungen. Dabei wurde immer mehr von der Vielschichtigkeit vergangener Zeitordnungen vernichtet, der Spielraum geistiger und sozialer Entfaltung immer weiter eingeengt. Die zum puren Jetzt verdichtete Zeit lässt keinen Raum mehr für Erinnerung und Hoffnung. Diese für frühere Generationen überaus bedeutenden Bezüge verschwinden aus dem täglichen Leben.

Inzwischen sind neue Technologien und der Prozess der Globalisierung weiter vorangeschritten. Unaufhaltsam scheinen sie der Gesellschaft die kurzfristige Perspektive und die Logik der „Echtzeit" aufzuzwingen. Entscheidungen von Staaten sind nicht mehr wirklich auf die Zukunft orientiert, sondern politisch motiviert und überwiegend auf die jeweils nächsten Wahlen ausgerichtet. Früher strukturierte Arbeit die soziale Zeit. Heute wertet ihr Wandel den Augenblick, die Gegenwart, das Kurzfristige auf. Das zerreißt das soziale Band zwischen den Generationen, zerschlägt die Vorstellung von Zukunft und stellt den Sinn jeder langfristigen Unternehmung in Frage. Aus dieser Sicht zersetzt die Dringlichkeit die Zeit.

Jérôme Bindé, wichtigster Mitverfasser des Weltzukunftsberichts der UNESCO, resümierte 1999: „Weit davon entfernt, eine Übergangsmaßnahme zu sein, wird die Logik der Dringlichkeit zum Dauerzustand: Sie drückt der ganzen Gesellschaft ihren Stempel auf [...] Scheinbar hat der Augenblick die Zeit abgeschafft. Überall auf der Welt maßen sich die Menschen von heute Rechte über die Menschen von morgen an – bedrohen das Wohl, das Gleichgewicht und zum Teil auch das Leben der Menschen von morgen."

Es geht auch anders. Noch begegnen uns Kulturen, die auf andere Weise mit Zeit umgehen, in denen nicht die Uhr den Lebenstakt bestimmt. Der US-amerikanische Sozialpsychologe Robert Levine hat das Verhältnis der Menschen zur Zeit in zahlreichen Ländern analysiert. Gegenstand seiner Untersuchungen waren unter anderem die Geschwindigkeit von Fußgängern beim Weg durch die Stadt oder die für Begrüßungen aufgewendete Zeit. Die Ergebnisse machen deutlich, welch tiefgreifenden Einfluss das Zeitgefühl eines Kulturkreises auf die Lebensqualität hat. Die gravierendsten Unterschiede zeigen sich zwischen den „Uhrzeit-Menschen" und Angehörigen der alten „Ereigniszeit-Kulturen". Im Bereich der Industrienationen reicht die Skala des allgemeinen Lebenstempos von westeuropäischer Eile bis zur Trägheit tropischer Gegenden, von brasilianischer „Manhana-Mentalität" zur atemlosen Hast Japans. Jedes Lebenstempo hat seine Vor- und Nachteile.

Levine und andere namhafte Soziologen betrachten persönliche Flexibilität als Ausweg aus dem Dilemma einander widersprechender zeitlicher Anforderungen. Sie verstehen unter Multi-Temporalität die Fähigkeit, zwischen verschiedenen Tempi des Lebens wechseln zu können. Der für seine tiefgründige Untersuchung von Beziehungen zwischen Spiritualität und exakten Wissenschaften bekannte US-amerikanische Philosoph und Psychologe Ken Wilber hat das Problem bildhaft erklärt: „Die Frage ist nicht einfach, in welchem Stockwerk des Hauses man lebt, sondern zu wie vielen Stockwerken man Zugang hat, während man durchs Leben navigiert." Ganz neu sind diese Erkenntnis und das Beispiel freilich nicht. Der lebenskluge sächsische Schriftsteller Erich Kästner hat sie 1952 in seiner berühmten „Ansprache zum Schulbeginn" (in: *Die Kleine Freiheit*) so formuliert: „Aber müsste man nicht in seinem Leben wie in einem Hause treppauf und treppab gehen können? Was soll die schönste erste Etage ohne Keller mit den duftenden Obstborden und ohne das Erdgeschoss mit der knarrenden Haustür und der scheppernden Klingel? Nun – die meisten leben so! Sie stehen auf der obersten Stufe, ohne Treppe und ohne Haus, und machen sich wichtig. Früher waren sie Kinder, dann wurden sie Erwachsene, aber was sind sie nun? Nur wer erwachsen wird *und* Kind bleibt, ist ein Mensch!"

Nicht wenige Situationen unseres Alltags sind vom Tempo der Mitwelt geprägt. Der Einzelne meistert sie nur dann ohne Konflikte, wenn er sein Verhalten auf Schnelligkeit und Pünktlichkeit ausrichtet. In anderen Bereichen des Lebens ist es dagegen oft günstiger, die Dinge mit einer entspannten Einstellung zur Zeit anzugehen. Die Gestaltung sozialer Beziehungen oder das schöpferische Hervorbringen von Ideen werden so viel besser gelingen. „Jedes Ding hat seine Zeit", wussten die Alten, und „Jedes Ding braucht seine Zeit". „Eins nach dem anderen" war das daraus sich ergebende Ordnungsprinzip. Es ist der Gewohnheit gewichen, mehrere Dinge gleichzeitig zu tun.

Die soziale Zeit in ihrer heutigen Gestalt als Uhr-Zeit erzeugt bei vielen das unbehagliche Gefühl, von außen gesteuert zu werden, maschinengleich funktionieren zu müssen. Und wo ein verändertes Zeitregime den äußeren Druck durch eine Pseudo-Selbstständigkeit ersetzt hat, treibt das Gefühl des Zeitmangels von innen heraus zur Eile, erzwingt das Ausschalten der als „unproduktiv" geschmähten Pausen. So wird die Zeit als Gegner empfunden, gegen den man ankämpft.

Demgegenüber verbindet die ungleichmäßig ablaufende innere Zeit Phasen von Aktivität und Ruhe zu einem organischen Rhythmus, der eine eher gelassene Grundhaltung gegenüber den täglichen Pflichten erlaubt. Dadurch wird es relativ leicht, sich auf wechselnde Tempi und gelegentliche überdurchschnittliche Anforderungen einzustellen. Wer die Zeit so erlebt, kann sie den Dingen angemessen gebrauchen und dennoch seinen eigenen Bedürfnissen gerecht werden. Er wird öfter das Gefühl erleben, die Zeit arbeite *für* ihn.

Diese andere Zeitperspektive aber wird häufig ausgeblendet, ungeachtet dessen, dass wir alle auch ganz andere Zeit-Erfahrungen kennen. Im Urlaub beispielsweise können viele noch die Freuden der Langsamkeit auskosten, das Leben ohne Uhr und Kalender, das Sich-Verlieren in der Zeit. Dann genießen sie eine neue Lebensqualität. Wer solche Elemente in seinen Alltag hinüberretten kann, gelangt zu einer persönlichen Zeit-Kultur. Neu für die heute Lebenden ist der häufige und rasche Wechsel unterschiedlicher Anforderungen. Verlangt wird die Fähigkeit, das eigene zeitliche Verhalten schnell auf die jeweilige Situation einzustellen. „Druck machen" und „Dampf ablassen" sind die in der Dampfmaschinen-Ära entstandenen sprachlichen Bilder für entsprechendes Reagieren.

In verschiedenen Zeiten zu leben ist keine ungewöhnliche oder gar neue Forderung. Die alltägliche Anschauung zeigt, dass wir in unterschiedlichen Situationen völlig andere Phasen der Eigenzeit erleben. „Wer alles vergessend spazieren geht, wer versunken inmitten des Lärms eines öffentlichen Platzes vor einer leeren Kaffeetasse sitzt, vollends wer einen anderen umarmt, lebt nicht in der Zeit der operationalen Konstrukte", bemerkt der Soziologe Günter Dux.

Aber diese altbekannte Verschiedenartigkeit der Zeiten hat neue Dimensionen erreicht. Das hängt auch damit zusammen, dass die Welt der Menschen immer komplexer wird. Ihre Erscheinungen können nicht mehr isoliert wahrgenommen, müssen in immer größeren Zusammenhängen und aus wechselnden Perspektiven betrachtet werden. Multi-perspektivisches Sehen, Denken, Erfahren sind gefordert. Neben das multi-personelle Beziehungsgeflecht von „Patchwork-Familien" tritt die grenzenlos vernetzte Arbeitsumwelt multi-nationaler Konzerne und multilateraler Beziehungen zwischen Organisationen und Staaten. In ihrem Gefolge unterliegen wir multi-kulturellen Einflüssen. Das alles zu bewältigen setzt eine enorme Integrationsleistung voraus, die wohl nur in einer Pluralität von Zeiten erbracht werden kann. So scheint sich gesetzmäßig eine multi-temporale Gesellschaft zu entwickeln.

Schon diskutieren Zukunftsforscher im Verein mit Sozialwissenschaftlern eine „virtuelle Gesellschaft", in der Produktion, Distribution und Kommunikation weitgehend in virtuellen Räumen, im Cyberspace stattfinden, der langsam den realen Raum überlagert. Hier herrscht Cybertime, eine kontrollier- und beeinflussbare digitale Zeit. Nichtlinear und polychronisch ist sie eine gewissermaßen „elastische" Form der Zeit. Cybertime widerspricht allen bisher bekannten Vorstellungen von Zeit. Aus unterschiedlichen Rhythmen, die auf wechselnde Art miteinander verkoppelt sein können, entsteht ein Nebeneinander alternativer Zeiten, in dem die Bedeutung des Vorher und Nachher im herkömmlichen Sinn verschwindet. Damit verschwimmt der lineare Zeitbegriff. Das mag auf Dauer die Gestalt der noetischen Zeit verändern. Menschliches Leben indessen, unsere Existenz als Individuum wie als Gattung, bleibt eingebettet in die naturgegebenen Abläufe von Biozeitlichkeit.

IV. Gemessene Zeit

1. Tage und Nächte

Jede Vorstellung von Zeit war ursprünglich mit konkretem Geschehen verbunden. Zeitpunkte wurden durch den Eintritt bestimmter Ereignisse markiert, und alle Begriffe von Dauer waren durch einzelne soziale Tätigkeiten bestimmt. Solche Zeitordnungen, in denen noch niemand daran denkt, Zeit durch Vergleich mit allgemeinen, abstrakten Einheiten zu messen, sind im Abschnitt über Kalender beschrieben. Unser heutiger, von den konkreten Ereignissen abgelöster abstrakter Zeitbegriff versteht Zeit als einheitliches Ganzes. Der Übergang von der Ereigniszeit primitiver Gesellschaften zu einem System der gemessenen Weltzeit ist ein komplexes Phänomen sozialer Zeit. Hier, in diesem Kapiel, betrachten wir den Prozess aus vorwiegend „technischer" Sicht. Zunächst wird gezeigt, wie nach und nach die elementaren Voraussetzungen für das Messen von Zeit entstanden. Dem schließt sich eine Darstellung von Methoden und Instrumenten der Zeitmessung an.

Zu den sicherlich ältesten Begriffen von Zeit gehören der Tag und die Nacht. Aus ihrem ständigen Wechsel entstand einerseits eine Vorstellung von immer wiederkehrendem Erscheinen und Vergehen, andererseits reifte die Erkenntnis des nicht wiederholbaren Geschehens. Daraus bildete sich langsam die Auffassung von Zeit als stetem Fortschreiten.

Eine Schlüsselfunktion beim Messen der Zeit hat die Spanne zwischen zwei Sonnenauf- oder -untergängen. Als vielleicht ältester vom Menschen wahrgenommener zeitlicher Rhythmus wurde der Tag einerseits zur Basis jeglicher Kalender und andererseits Grundlage des Teilens der Zeit in kleinere Einheiten. Für Jahrtausende bildete er im menschlichen Leben eine natürliche Grenze zwischen „kurzen" und „langen" Zeitabschnitten. Heute ist diese Grenze verwischt, und es scheint, als hätte die Sekunde ihre Rolle übernommen.

Viele Generationen vor uns unterschied man im Lauf des Tages den Morgen, die Mittagszeit und den Abend, und es gab zunächst keinen Grund für eine weitergehende Unterteilung. Entsprechende Begriffe entwickelten sich sehr langsam. Aus heutiger Sicht waren gleichmäßige Einteilungen des Tages erst für das Leben in einer städtischen Zivilisation und für gemeinsame Arbeit in Werkstätten nützlich. Doch vielleicht erforderte der Kult der als Götter verehrten und gefürchteten Gestirne bereits viel früher eine geregelte Teilung des Tages.

Zu jener Zeit, als man noch die einheitliche Sprache der indogermanischen Völker benutzte, bildete sich *nok* als Begriff für einen von Abend zu Abend währenden Zeitraum (also unseren 24-stündigen Tag) heraus. Germanen sagten dazu später „Nacht". Bei ihnen – wie bei den meisten Völkern – regulierte zuerst der Mond die Zeitrechnung, und deshalb begann „Nacht" mit seinem Erscheinen, dann generell beim Anbruch der Dunkelheit. Darauf meinte ihr Wort nur noch die dunkle Zeit. Sie betonten das, was es zu überstehen galt: die dunklen und gefahrvollen Zeitabschnitte. Entsprechend zählten sie nicht Jahre, sondern Winter. Anders verfuhren die Ägypter: Ihr Jahr begann, wenn der Stern Sothis morgens zusammen mit der Sonne aufging, und logischerweise wurde der Sonnenaufgang zum Startpunkt für den Tag. Juden und Muslime blieben bis heute beim Mondkalender und damit auch beim Tagesanfang zur Zeit des Sonnenuntergangs.

Die hellenistische Kultur hatte, auf den bewährten Sonnenkalender der Ägypter zurückgreifend, 238 v. Chr. in Alexandria eine auf dem Sonnenjahr von 365¼ Tagen basierende Kalenderrechnung eingeführt. Als diese nach Rom gelangte, setzte Cäsar sie mit Beginn des Jahres 45 v. Chr. als „julianischen Kalender" in Kraft. Zusammen mit dieser Zeitrechnung kamen hoch entwickelte Sonnenuhren nach Rom. Als in den nächsten Jahrhunderten hier der Sonnenkult einen beträchtlichen Aufschwung erlebte, rückte das Sonnenlicht, der lichte Tag, in den Vordergrund. Man begann die Tage statt der Nächte zu zählen, und im Volk wurde es üblich, die Tageszählung mit dem Sonnenaufgang zu beginnen. Nach und nach meinte *dies*, das Wort der Römer für den lichten Tag, auch den ganzen, am Morgen beginnenden Tag. Später wurde der Begriff durch die Bezeichnung *dies naturalis* präzise unterschieden. Daneben entstand in Rom eine „amtliche" andere Zählweise. Wegen gewisser sakraler Handlungen, die man nach Einbruch der Nacht vornahm, wurde der offizielle Beginn des neuen Tages auf Mitternacht verschoben. Diese Zählweise ging später als *dies civilis* in das römische Recht ein und verbreitete sich als „bürgerlicher Tag" im gesamten Abendland. Doch erst nach Erfindung der Räderuhren setzte sich der mitternächtliche Beginn der Stundenzählung allgemein durch.

Morgen und Abend kennzeichnen die Grenzbereiche zwischen Tag und Nacht, und die Zeit des höchsten Sonnenstandes wurde als Mittag, Mitte des Tages, erkannt. Eine weitere Unterscheidung fand im Deutschen erst nach dem 16. Jahrhundert in den Begriffen Vormittag und Nachmittag Ausdruck. Wenn die Sonne schien, orientierte man sich an Länge und Richtung der Schatten. An geeigneten Orten benutzte man „Tagesmarken" in der Umgebung. Die Sonne, egal wie hoch sie jahreszeitlich steht, passiert einen feststehenden Punkt am Horizont immer wieder nach genau einer Erdumdrehung, also stets zur selben Tageszeit. Skandinavier teilten den „Sonnenring", also den ganzen Kreis des Horizonts, in acht gleiche Abschnitte. Anhand des Sonnenstandes über diesen Marken konnten sie die Tageszeit identifizieren und benennen.

Heute lernt fast jedes Kind die Zwölfteilung der Uhr als etwas Selbstverständliches kennen. Sie fußt auf einer mehr als vier Jahrtausende währenden Tradition. In den astronomischen Tafeln Babylons finden wir den Tag in sechs Abschnitte geteilt, die aus jeweils sechzig „Zeitgraden" bestehen. Jeder Zeitgrad dauerte vier unserer Minuten. Aber für das alltägliche Leben war eine andere Einteilung des Jahres besser geeignet. Die ungefähre Dauer der Mondmonate hatte eine Gliederung in zwölf Abschnitte nahegelegt. Das übertrugen die Babylonier auf den Tag und teilten ihn in zwölf gleichlange „Doppelstunden", *bīru* genannt. Eine andere Möglichkeit wählten die Ägypter, die seit 2776 v. Chr. einen amtlichen Sonnenkalender besaßen. Auch sie benutzten die Zwölf als Teiler der Jahre und der Tage, trennten aber Tageslicht und Dunkelheit separat in jeweils zwölf gleichlange Abschnitte. Die wirkliche Dauer dieser „Stunden" wechselte deshalb mit dem Gang der Jahreszeiten. Um die Teile genauer zu bestimmen, beobachtete man die Bewegung der Schatten. Babylonier nahmen einen senkrechten Stab und maßen Länge und Richtung seines Schattens. Erhaltene ägyptische Sonnenuhren aus der Zeit um 1500 v. Chr. basierten auf der Schattenlänge eines Blocks, der später in nördlichen Landesteilen auch nach der jahreszeitlich wechselnden Sonnenhöhe eingerichtet wurde.

Nachts aber gab es keine Schatten. Trotzdem ist die genaue Teilung der Nacht vermutlich älter, weil für Astronomen wichtiger als eine Teilung des lichten Tages. Man beobachtete den Aufgang der verschiedenen Sternbilder und ihre Bewegung im Lauf der Nacht. Die Astronomen Ägyptens konzentrierten ihre Aufmerksamkeit auf 36 helle Sterne, die sie in Gruppen zu zwölf ordneten. Die Sterne einer solchen Gruppe gingen nacheinander während der zwölf Nachtstunden auf und dienten seit etwa 2100 v. Chr. zur Zeitbestimmung bei Nacht. Außerdem verwendeten Ägypter wie Babylonier zur praktischen Zeitmessung während der Nacht Wasseruhren.

Der Tag der Perser wurde noch um 300 v. Chr. recht grob unterteilt, er begann mit dem Sonnenaufgang und umfasste im Sommer fünf, im Winter vier für den religiösen Kult wichtige Abschnitte. Dieses Wechseln kennzeichnet eine Übergangsphase zwischen konstanter Anzahl und konstanter Dauer der Tagesabschnitte, die wohl dem Widerstreit babylonischer und ägyptischer Einflüsse geschuldet ist. Die Griechen übernahmen die von der Jahreszeit abhängigen, ungleich langen Stunden der Ägypter. Bis dahin war *ora* ihr Zeitbegriff schlechthin gewesen. Er konnte den Frühling, den Nachmittag oder sonst irgendeine bestimmte Zeit meinen. Das Wort hängt mit dem Begriff der Horen zusammen, altgriechischen Göttinnen der Wachstumskräfte in den drei Jahreszeiten

(Frühling, Sommer und Winter). Später gebrauchte man *ora* im Sinne eines Zwölfteltages.

Die Römer teilten ebenfalls den Tag anfangs nur grob nach dem Stand der Sonne. Wegen der Gerichtsverhandlungen und anderer Amtshandlungen mussten die Amtsdiener der Konsuln den Beginn der Hauptabschnitte ausrufen. Das ist das älteste bekannte Beispiel einer „amtlich" verkündeten Tageszeit. Von den Griechen und Ägyptern lernten die Römer die Sonnenuhr kennen. Im dritten Jahrhundert v. Chr. übernahmen sie die Gliederung des lichten Tages in zwölf veränderliche Teile und den Ausdruck *hora* für solch einen Abschnitt. Diese antike Tageseinteilung verbreitete sich später im ganzen Abendland. Überall begann man, die Stunden des lichten Tages lateinisch abzuzählen. Prima hora, die erste Stunde, brach mit dem Sonnenaufgang an, und die zwölfte Stunde endete mit Sonnenuntergang. Später wurden diese ungleich langen Abschnitte zur Unterscheidung „Temporalstunden" genannt. Erst mit der Einführung der Räderuhren im 14. Jahrhundert wichen sie einer gleichmäßigen 24-Stunden-Teilung, den „Äquinoktialstunden".

Das Mittelalter übertrug die römische Tagesteilung auf den vollen, am Morgen beginnenden Tag. Das geschah in den Klöstern, denn die ungleichen, den Jahreszeiten angepassten Stunden entsprachen den Bedürfnissen des Klerus am besten. Die Zeit war in jenen Jahrhunderten keineswegs Gemeingut, sie wurde faktisch in den Klöstern verwaltet. Eine führende Rolle dabei fiel dem Orden der Benediktiner zu. Benedikt von Nursia hatte im sechsten Jahrhundert das Klosterleben nach strengen Regeln geordnet. Arbeit sollte von nun an das Leben der Mönche bestimmen, und zwar nach einem einheitlichen Zeitplan. Benedikt lehrte seine Schüler den Bau von Sonnen-, Kerzen- und Wasseruhren und wie mit ihnen umzugehen sei. Nach dem Vorbild des römischen Heeres wurde die Nacht in vier Vigilien geteilt und der lichte Tag entsprechend gegliedert. So entstanden acht Abschnitte, auf die sich die Pflichten des Tages verteilten. Damit jeder die Zeit kannte, wurden zu bestimmten Stunden vogeschriebene Gebete laut gelesen. Hora („die Stunde") war in jenen Jahren immer noch ein ganz allgemeiner Begriff, der nun die acht Gebetszeiten bezeichnete. Als später eine Unterscheidung nötig wurde, nannte man die Gebetszeiten kanonische Stunden. Ihre Namen waren, der Reihe nach, das Nokturn, die Matutine, die Prime, die Terz, die Sexte, die None, die Vesper und das abschließende Kompletorium.

Außerhalb der Klöster und der Städte und insbesondere bei den Germanen unterschied man allerdings noch lange nur die Hauptteile des lichten Tages. Der Rest war Schlafenszeit, man ging in der Tat „mit den Hühnern ins Bett". Ebenso war der „erste Hahnenschrei" keineswegs nur eine Redensart, sondern für die Landbevölkerung ganz reales Signal zum Aufstehen. Römische Heere sollen zu diesem Zweck Hähne in Käfigen mitgeführt haben.

Hand in Hand mit der Verbreitung der schlagenden Räderuhren im 14. Jahrhundert wurden die gleichlangen 24 Stunden in Europa bekannt. Aus Gewohnheit behielt man die Trennung in zweimal zwölf Stunden bei. Die Stundenzählung begann nach altem Brauch der Römer formal um Mitternacht, praktisch jedoch nun am Mittag noch einmal von vorn. Die dem entsprechende, uns geläufige „halbe Uhr" kam in der Rheingegend auf und verbreitete sich rasch.

In manchen Gegenden aber zählte man die Äquinoktialstunden ab dem *Sonnenuntergang*. Das waren die „italienischen Stunden". Hier pendelte der Anfang des neuen Tages n ach unserer Zeitrechnung zwischen 17 und 21 Uhr. Der Zahlenkreis der zugehörigen Uhr ist in 24 Stunden geteilt, weshalb sie auch „die ganze Uhr" genannt wird. Die Startposition ihres Zeigers wurde im Lauf des Jahres mehrfach dem sich verändernden Tageslicht angepasst. Diese Uhr erhielt sich bis zum Anfang des 19. Jahrhunderts: Neben anderen Reisenden hat Goethe sie verwundert beschrieben.

Eine andere Eigenart besaß die um Nürnberg und Regensburg verbreitete „große Uhr". Sie teilte zwar den Tag in 24 gleichlange Stunden, ihr Schlagwerk aber konnte verändert werden und berücksichtigte die wechselnde Dauer des lichten Tages. Diese Uhr schlug bei Sonnenauf- und Untergang „den Garaus", ein auffallendes besonderes Läuten, und zählte von hier ab eine variable Anzahl von Stunden. Beginnend zur Zeit der Frühlings-Tagund-nachtgleiche wurde der morgendliche Garaus mit zunehmender Länge des Tageslichts schrittweise vorverlegt und der Abendgaraus hinausgeschoben, bis zur Zeit der Sommersonnenwende eine Teilung in 16 zu 8 Stunden erreicht war. Danach verringerte man die Zahl der Tagesstunden wieder schrittweise. Im Winterhalbjahr kehrte sich das Verhältnis um.

Nach dem Erscheinen der mechanischen Uhren entwickelte sich ein Name dafür. Der sehr allgemeine lateinische Zeitbegriff *hora* war in altfranzösisch *ore, eure* und französisch *heure* übergegangen. Daraus wurde englisch *hour*, und das erschien im 14. Jahrhundert am Niederrhein als *ur[e]* („Stunde"). Erst noch später erhielt „Uhr" die Bedeutung „Stundenmesser, Zeitmesser". Das deutsche Wort „Stunde" benennt erst seit dem 15. Jahrhundert einen mehr oder weniger genau bemessenen Tagesabschnitt. Es entstand aus einem germanischen Begriff mit der Bedeutung „stehen", bezeichnete also ursprünglich das Stehenbleiben, den Aufenthalt, die Rast oder eine Pause.

Nur wenige Gelehrte des Mittelalters beschäftigten sich mit den verschiedenen Stundenbegriffen. Die in zwölf Temporalstunden zwischen Auf- und Untergang der Sonne geteilte Zeit konnten sie während des ganzen Jahres observieren, sobald die Sonne schien. Das andere Zeitmaß ließ sich nur zweimal im Jahr, während der Tag- und Nachtgleichen, direkt beobachten. Es teilt eine Umdrehung des Sternenhimmels in 24 Äquinoktialstunden, *hore equales* (im klassischen Latein: *horae aequales*), die „gleichen Stunden" der Römer. Andere gingen weiter und teilten auch die Stunden. Vor allem den Mondzyklus wollten christliche Zeitrechner (mit Blick auf die Bestimmung des Osterdatums) damit genauer bestimmen. Langsam keimte bei ihnen der Gedanke, dass das Vernachlässigen der Stundenbruchteile die Ursache der Fehler in den Kalendern sein könnte. Schon im zweiten Jahrhundert hatte der Grieche Claudius Ptolemäus in Alexandria das auf der 60 fußende Sexagesimalsystem der Babylonier hinsichtlich der

Bruchrechnung vervollkommnet. Ein Sechzigstel des Stunden-
abschnitts auf der Sonnenuhr, dieser winzige Schattenstrich, hieß
damals *lepton* („das fein Geteilte"). Seine Forschungen über die
Länge von Monat und Jahr veranlassten ihn, dieses Sechzigstel
der Stunde abermals zu teilen. Zur Unterscheidung nannte er es
deuterolepton („das zweifach Geteilte"). Die Begriffe wurden als
pars minuta prima und *pars minuta secunda* ins Latein übertragen.
Bequemlichkeit verkürzte die Begriffe zu *minuta* und *secunda*.
Praktische Bedeutung hatten die als Rechengröße eingeführten
Minuten und Sekunden zunächst nicht, erst Räderuhren erlaubten ihre Messung. Sie beziehen sich stets auf die gleichlangen
Stunden, die *hore equales*. Aber bald darauf erwählten die sich
schnell entwickelnden Naturwissenschaften die Sekunde als
einheitliche Bezugsgröße für Zeit.

Fromme Christen maßen unterdessen auch kürzere Zeiten
am Gebet. Dass diese Art der Zeitangabe im katholischen Polen noch gegen Ende des 19. Jahrhunderts gängige Praxis war,
belegt der Roman *Die Bauern* des Nobelpreisträgers Wladyslaw
Reymont in vielfältigen Variationen. Darunter finden sich auch
Vergleiche dieser eigentümlichen, auch für deutsche Lande in
mittelalterlichen Chroniken nachgewiesenen Zeiteinheiten: „Es
ging ein gutes Ave, es ging vielleicht selbst ein ganzes Paternoster vorüber" und „Das alles dauerte ein paar gute Paternoster
oder vielleicht auch so lange, wie man einen Rosenkranz betet".
Wir erkennen darin Relikte der Ereigniszeit primitiver Gesellschaften.

In den 1920er Jahren wurde die 24-Stunden-Zeitrechnung in
Deutschland offiziell eingeführt. Aber die mündliche Angabe der
Uhrzeit blieb bis in die Gegenwart an der zwölfstündigen „kleinen Uhr" orientiert. Umgangssprachlich wird weit häufiger „um
acht" als „zwanzig Uhr" gesagt. Lange blieben auch die Viertelstunden die gängige kleinere Einheit. Doch wenn man sich nicht
genau erinnert oder wenn ausdrücklich ein gewisser zeitlicher
Spielraum bei Verabredungen bewahrt werden soll, kommen die
alten Ausdrücke wie „am späten Vormittag", „gegen Abend" oder
„nach Feierabend" zu ihrem Recht.

Andere Völker kennen zahlreiche andere Arten, den Tag zu teilen. Die ländliche Bevölkerung Ostafrikas zählt noch heute die Stunden des Tages und der Nacht ab Sonnenauf- und Untergang von eins bis zwölf. Wegen der Nähe zum Äquator sind die jahreszeitlichen Unterschiede gering. Ähnlich verfährt man in Thailand. Allerdings wird hier traditionell der Tag außer durch Sonnenauf- und -untergang noch durch Mitternacht und Mittag in vier Hauptabschnitte gegliedert, deren sechs Stunden man separat abzählt.

Chinesen kannten ähnlich den Babyloniern eine Teilung des Tages in zwölf „Doppelstunden". Unter dem Namen Toki kamen sie nach Japan. Dort unterteilte man sie in je neun Einheiten und benannte sie nach dem Ergebnis einer Rechnung, und zwar zählte man die bis zu ihrem Ende insgesamt abgelaufenen Einheiten zusammen. Am Ende der ersten Toki ergibt sich einmal 9 gleich 9, dann zweimal 9 gleich 18, dann 27, 36, 45 und 54. Doch man notierte nur die jeweils letzte Ziffer des Ergebnisses. Durch diese abgekürzte Schreibweise entsteht der Eindruck, die Doppelstunden würden mit fortschreitender Zeit von neun bis vier fallen. Eigentlich wird dabei der Tag in 108 (neunmal 12 oder zweimal 54) Einheiten (zu durchschnittlich 13,3 unserer Minuten) geteilt. So wie das mittelalterliche Europa mit ungleich langen Tages- und Nachtstunden rechnete, waren auch die Toki der Japaner mit der Jahreszeit veränderlich. Japanische Kalender gaben deshalb an jedem 15. Tag die Dauer der Tages- und der Nacht-Toki an.

Ein Jahrtausend lang benutzten die Japaner Wasseruhren zur Darstellung der Toki. In größeren Städten machte man sie durch neun bis vier Schläge gegen einen Gong bekannt. Im 17. Jahrhundert ersetzten chinesische Uhrmacher bei importierten europäischen Uhren die Ziffern durch Zeichen des asiatischen „Tierkreises". Diesen waren die chinesischen Tschi und japanischen Toki traditionell zugeordnet. Die Zählung beginnt mit der Stunde der Ratte um Mitternacht. „Um Mitternacht beginnen" bedeutet nach japanischem Verständnis, dass ihre erste Hälfte von 23 bis 24 Uhr und die zweite von Null bis ein Uhr dauert. Später konstruierten Japaner eigene mechanische Uhren für ihre ungleich langen

Stunden. Ältere Modelle besitzen ein auswechselbares Zifferblatt, das sich an einem feststehenden Zeiger vorbei dreht. Morgens und abends wurde es ausgetauscht und nach jeweils 15 Tagen ein anderes Paar von Zifferblättern benutzt. Gegen 1800 wurde auch eine Uhr mit zwei voneinander unabhängigen Hemmungen konstruiert. Hier konnte zwischen Tag- und Nachtbetrieb bequem umgeschaltet werden, aber beide Systeme mussten im Abstand einiger Wochen reguliert werden. Eine interessante Bauform waren Wanduhren, bei denen man die Zeit an der Position ihrer Gewichte ablas. Neben den Toki gab es ein altes, in Asien weit verbreitetes System, das die Nacht in fünf Wachen einteilte. Als 1872 das Sonnenjahr den Mondkalender Japans ablöste, gingen die japanischen Systeme der Zeitrechnung schnell ihrem Ende entgegen.

Auch Indianer Mittelamerikas haben das zeitliche Verhältnis zwischen Tag und Nacht beobachtet. Handschriften aus den frühen Jahren der spanischen Kolonisierung erwähnen wiederholt die Unterscheidung von dreizehn Teilen des Tages und neun Teilen der Nacht.

Die eigentliche Heimat des „babylonisch" genannten Zahlensystems zur Basis 60 ist möglicherweise das nördliche Indien; so lassen neuere Forschungsergebnisse vermuten. Es verwundert deshalb nicht, dort eine altüberlieferte Teilung des Tages in 60 gleiche Abschnitte vorzufinden. Ein entsprechendes System war den Angehörigen der gebildeten Kasten bis gegen Ende des 19. Jahrhunderts geläufig. Nadi oder Ghati heißen diese etwa 24-minütigen Tagesabschnitte. Aber als Einheit für das Messen der Tageszeit diente die Länge des eigenen Körperschattens am Mittag. Anders als in den Ländern am Mittelmeer hat man sie nicht in Fuß, sondern in Fingerbreiten angegeben. Andere traditionelle Systeme im indischen Kulturraum teilten den Tag in acht *yamas* je drei Stunden oder parallel dazu in *30 muhurtas* je 48 Minuten. Die südindischen Tamilen bezeichneten mit muhurtham eine Einheit von 90 Minuten. Neben dieser Gliederung in 16 Abschnitte gibt es bei ihnen die Teilung des Tages in *60 naaligai* je 24 Minuten.

Den europäischen Minuten- und Sekunden-Begriff kennt man in Indien erst seit der Kolonialzeit.

Zum Bestimmen der Dauer von Tagen und Nächten verwendete man Wasseruhren und maß die ausfließende Wassermenge in Muhurtas. Demnach war die von den Jahreszeiten unabhängige Zeiteinheit ursprünglich eine bestimmte Wassermenge, und sie scheint ein vedisches, nicht ein babylonisches Konzept gewesen zu sein. Ein anderer Typ der Wasseruhr fand allgemeine Verbreitung in Indien und darüber hinaus in ganz Südasien: Ein kleines gelochtes Gefäß schwimmt in einem größeren, mit Wasser gefüllten und versinkt langsam darin. Das kann ein „standardisiertes" Tontöpfchen sein oder einfach die Hälfte einer Kokosnuss-Schale. Aber auch diese „Zeit der sinkenden Kokosnuss" von vielleicht drei oder fünf Minuten hat eigentlich noch nichts mit Zeitmessung zu tun, sie bleibt eng an eine bestimmte Handlung gebunden.

Juden teilen den Tag (jom) in 24 fortlaufend gezählte Stunden (sah) und die Stunde traditionell in 1080 chalakim. Die Zahl 1080 scheint als Produkt von 3 x 6 x 60 mit dem babylonischen Sexagesimalsystem zusammenzuhängen. Im bürgerlichen Leben zählt man heute die Stunden ab Mitternacht, wie es international üblich ist. Das Datum dagegen wechselt zum religiös bestimmten Tagesbeginn am Abend, der heute auf 18 Uhr festgesetzt ist. Eine neue Woche beginnt nach dem Sabbat, und ihre Tage haben keine Namen, sondern werden abgezählt.

Den Tag der Muslime strukturieren fünf Gebetszeiten, die vom Muezzin ausgerufen werden. Diese Gebetszeiten findet man in den Kalendern und Tageszeitungen, heute auch häufig auf mikroelektronisch gesteuerten Uhren. Sie orientieren sich wie auch der Alltag der Städte an der uns gewohnten Zeitordnung.

Kehren wir zurück nach Europa. Gänzlich abgelöst von religiösen Traditionen war hier der Kalender der Französischen Revolution entstanden. Als zwischen 1790 und 1805 die Sonntage entfielen, weil man die Wochen durch Dekaden ersetzt hatte, folgte auch die Teilung des Tages und der Stunde dem dezimalen Prinzip. Nun wurden in Paris die Zifferblätter der Uhren übermalt oder ausgetauscht und zeigten nur noch die Zahlen von Eins bis Fünf. Jede der neuen Dezimalstunden dauerte 144 der bisherigen Minuten.

Der in der revolutionären Kalenderkommission mitwirkende Astronom Lalande hatte sich zunächst als Gegner jeglicher Kalender- und Uhrenreform gezeigt. Nachdem allerdings der Beschluss einmal gefast war, vertrat er 1796 auf dem Gothaer Astronomen-Kongress die Meinung, dass das Dezimalsystem neben Raum- und Längenmaßen, Münzen und Gewichten auch die Zeitrechnung einschließen sollte. Der Vorschlag traf indessen auf taube Ohren, und auch in Frankreich verschwanden nach 1805 die ungewöhnliche Uhr und der neue Kalender sang- und klanglos.

2. Zeitmesser im Altertum

Ältester Zeitmesser ist die Sonne, deren Auf- und Untergang Tage von Nächten trennt. Mit ihrer Bewegung verändern sich Richtung und Länge der Schatten derart, dass sich an ihnen der Gang der Tage und der Jahre verfolgen lässt. Seit mindestens fünf Jahrtausenden nutzen Menschen diese Eigenschaft. Alle alten Hochkulturen von Babylon bis zu den Inka bestimmten aus der Länge der Schatten die Sonnenhöhe. Sie alle verwendeten als Hilfsmittel einen senkrecht stehenden Stab, den die Griechen Gnomon nannten. Mit einer entsprechenden Skala versehen, wird der Gnomon zur Horizontalsonnenuhr. Auf einem gleichmäßig radial geteilten Halbkreis zeigt die Richtung des Schattens Abschnitte des Tages an, die sich mit den Jahreszeiten nicht verändern. Nach babylonischem Vorbild stellte der griechische Philosoph Anaximandros von Milet um 530 v. Chr. die erste Sonnenuhr Griechenlands auf. Als die Römer im dritten Jahrhundert v. Chr. diese Uhr übernahmen, benötigten sie Stundentafeln, um ihre mit den Jahreszeiten veränderlichen Temporalstunden daran ablesen zu können. Später boten großflächige, Horologion oder Solarium genannte Sonnenuhren eine Alternative zum Umrechnen. Hier übertrug man die Angaben der Tafel auf ein ausgedehntes Liniennetz.

Nach dem Untergang der antiken Reiche vergingen viele Jahrhunderte, ehe man in Europa wieder Sonnenuhren errichtete.

In den Klöstern und Kirchen des Mittelalters sollten die gottesdienstlichen Verrichtungen möglichst gleichzeitig vorgenommen werden. Nur die Sonne konnte eine allgemeine Zeit dafür weisen. Waagerechte eiserne Stäbe an einer Südwand zeigten mit ihrem Schatten an den grob in Stein gemeißelten Zeitlinien die kanonischen Gebetsstunden an. Die älteste Uhr dieser Art in Deutschland entstand um 820 in Fulda. Erst im 13. Jahrhundert erkannte man, dass die gleichmäßige Teilung zu fehlerhaften Ergebnissen führt, und rückte nun die Linien für die Morgen- und Abendstunden enger zusammen. Dadurch wurden die im Jahresverlauf ungleich langen Temporalstunden angemessen abgebildet. Als sich gegen 1350 die gleichlangen Stunden der Räderuhr allmählich durchzusetzen begannen, mussten die Stundenlinien der Sonnenuhr morgens und abends gedehnt und gegen die Mittagslinie hin enger zusammengerückt werden. Seit es mechanische Turmuhren gibt, wurden diese mittags nach der Sonnenuhr an der Südwand gestellt. Das fand erst ein Ende, als mittlere Ortszeiten die von den Sonnenuhren gezeigten wahren Ortszeiten ablösten. Den Anfang machte Genf am 1. Januar 1780.

Eine von der Sonne unabhängige „absolute" Zeitmessung ist mit Verfahren möglich, die auf dem Durchfluss einer Substanz beruhen. Die Bewegung eines stofflichen Mediums lässt dabei die Zeit förmlich „greifbar" erscheinen. So ist die Zeit der frühen Wasseruhren noch ganz tätigkeitsbezogen. In Ägypten waren sie um 1440 v. Chr. geläufig. Im griechischen Kulturkreis erschien die Wasseruhr unter dem Namen Klepsydra, das bedeutet „Wasserdieb", und das Wort meinte ursprünglich eine Art Kelle, einen Wasserschöpfer. Mit der Entwicklung der Redekunst, etwa seit Aristophanes um 400 v. Chr., trat sie als Zeitmaß auf, und vor Gericht begrenzte sie die Redezeit. Im dritten Jahrhundert v. Chr. konstruierte Ktesibios in Alexandria eine sehr genaue Einlauf-Wasseruhr, welche die im Lauf des Jahres unterschiedlich langen Stunden anzeigen konnte. Zusätzlich gelang es ihm, Zeit linear abzubilden, eine über 24 Stunden andauernde gleichmäßige Zeigerbewegung zu erzielen. Noch viele nach Ktesibios verbanden

Wasseruhren mit mechanischen Vorrichtungen. Auch in China war die Wasseruhr seit ältester Zeit bekannt. Hier hat man sie zwischen dem 7. und 14. Jahrhundert zu höchster Perfektion fortentwickelt. In den Klöstern Europas im Mittelalter dienten einfache Wasseruhren gewöhnlich zur Bestimmung der Gebetszeiten während der Nacht.

Als man um 1250 in Venedig klares Glas herzustellen lernte, kamen Sanduhren in Gebrauch, wurden aber erst im 15. Jahrhundert allgemein bekannt. Als sich – mit dem Erscheinen der mechanischen Räderuhr – die jahreszeitlich gleichbleibenden Stunden langsam durchsetzten, stellte man Sanduhren mit dieser Laufzeit her, und die Bezeichnung Stundenglas kam auf. Einer anderen Gruppe von Zeitmessern liegt Feuer zugrunde: Eine bestimmte Menge einer Substanz verbrennt innerhalb definierter Zeit. Chinesen erfanden die langsam verglimmenden Räucherstäbchen, in den Klöstern Europas brannten mit Strichmarken versehene Kerzen.

3. Die mechanische Uhr

Das Rad, eine der bedeutendsten Erfindungen, war in Zusammenhang mit Transportaufgaben entstanden. Schon 3300 v. Chr. benutzten die Sumerer vierrädrige Wagen. Nur Völker, zu deren Alltag der Wagen gehörte, konnten sich einen Sonnenwagen am Himmel oder die Sonne als feuriges, über das Firmament rollendes Rad vorstellen. Sie fertigten Sonnenwagen als Kultobjekte und verknüpften den Gedanken an das Rad mit Ideen vom Ablauf der Zeit. Später erwuchs aus dem Handwerk die frühe Maschinenbaukunde und erweiterte das Rad zum Zahnrad. Seine erste bedeutende Anwendung waren von einem Göpel getriebene Schöpfwerke um 500 v. Chr. im Vorderen Orient. Parallel dazu, spätestens um 250 v. Chr. mit Ktesibios in Alexandria beginnend, konstruierte man kunstvolle Wasseruhren, deren austropfendes Wasser ein Räderwerk trieb. Nun verband sich das Rad konkret mit der Einteilung der Zeit.

Im Lauf des 13. Jahrhunderts entstand in Europa die mechanische Uhr, wobei technisches Wissen aus der islamischen Einflusssphäre eine Rolle gespielt haben dürfte. Astronomen und Handwerker bemühten sich um einen langdauernd und gleichmäßig arbeitenden Antrieb für astronomische Modelle und Weckvorrichtungen. Dabei fanden sie das Prinzip der mechanische Hemmung: Ein Gewicht setzt über eine aufgewickelte Schnur ein Räderwerk in Gang, die schwingende Waag bremst dessen Ablauf. Offenbar baute man zuerst selbstständig arbeitende Schlagwerke, und die eigentliche Uhr hat sich aus diesen oder parallel dazu entwickelt. Die vermutlich erste mechanische Turmuhr erschien 1284 an der Kathedrale von Exeter in Südengland. Schon gegen Ende des 14. Jahrhunderts verfügten alle größeren Städte über einen der neuartigen Zeitweiser; die öffentliche Uhr war zu einem Prestigeobjekt ersten Ranges avanciert. Mit ihr verbreiteten sich die gleichlangen Stunden in Europa.

Aber ins Bewusstsein der Menschen drang der Gedanke einer gleichmäßig geteilten Zeit nur langsam. Zu tief waren die bisher gebräuchlichen ungleichen Stunden darin verwurzelt. Sie genügten zwar den Ansprüchen des Klerus und der Landleute, doch nicht dem aufblühenden Gewerbe. Die Astronomen hatten seit dem Altertum die gleichlangen Stunden benutzt. Nun zeigte die neue Uhr sie an. Das enthob die Fachleute der Notwendigkeit, für jede Zeitbestimmung umständliche Messungen mit ihren Astrolabien oder Quadranten anzustellen. Sie erlaubte jedermann, sei es Tag oder Nacht, die Stunden einfach von einem Zifferblatt abzulesen. Ein „Zeiger" wies auf die abzulesende Zahl, und um diese Aufgabe recht deutlich zu machen, gab man ihm die Form einer Hand mit ausgestrecktem Zeigefinger. In England heißen Uhrzeiger deshalb bis heute „the hand". Dass sich der Zeiger bezogen auf das Zifferblatt rechtsherum dreht, erscheint uns heute als völlig selbstverständlich. Aber anfangs bestanden keineswegs einheitliche Auffassungen über den Drehsinn. Zu den wenigen aus dem 15. Jahrhundert erhaltenen „Linksläufern" gehört die große Uhr an der Innenwand über dem Haupteingang des Doms von Florenz. Ihr Zifferblatt präsentiert sich außerdem als typisch italienische „ganze Uhr" mit einer Teilung in 24 Stunden, deren Zählung unten beginnt: Sechs Uhr ist rechts, zwölf Uhr ist oben, 18 Uhr ist links.

Schon bald brauchten die städtischen Bürger nicht einmal ihr Haus zu verlassen, um die Zeit zu erfahren: 1336 schlug in Mailand zum ersten Mal eine Uhr die Stunde, 1389 die Ratsuhr von Rouen auch die Viertelstunden. Um 1510 konnte Peter Henlein in Nürnberg kleine tragbare Uhren herstellen. Hundert Jahre später war ihr Gebrauch allgemein verbreitet. Seit dieser Zeit gibt es im Deutschen das neue Wort „pünktlich". Es bezieht sich auf den Punkt, der am Zifferblatt die Viertelstunde markiert. 1656 konstruierte Christian Huygens die erste Penduluhr. Nun erst bekamen die Uhren einen Minutenzeiger.

Lange trug man die persönliche Uhr am Bande um den Hals oder steckte sie in einen Beutel. Da hieß sie für mindestens ein Jahrhundert Sackuhr. Erst als nach 1650 die bequemen Westen mit Taschen in Mode kamen, entstand die flache „Taschenuhr" mit einem Glasdeckel über dem Zifferblatt. Aber Schiffsoffizieren fiel es schwer, bei starkem Seegang auf Deck ihre Taschenuhren abzulesen. Um 1880 nähten Sattler ihnen Lederarmbänder mit einer Kapsel für die Taschenuhren, die während der Wachen an Bord benutzt wurden. So entstand die Armbanduhr, und so kam es, dass britische Seeleute das Wort *watch* („Wache") auf diese übertrugen.

Nach und nach wurden die Uhren immer weniger empfindlich. 1927 durchquerte eine Rolex am Arm einer Schwimmerin unbeschadet den Ärmelkanal. Heute können spezielle Taucheruhren in einer Wassertiefe bis zu mehreren Hundert Metern benutzt werden. Auch die Bedienung der Uhren wurde einfacher. 1842 ersetzte die „Krone", ein Knopf zum Aufziehen, den separaten Schlüssel der Taschenuhr. Schon viel eher wurde versucht, Vorrichtungen zum automatischen Aufzug herzustellen. 1751 baute Le Plat in Paris eine Uhr, die durch die Schwankungen des Luftdrucks aufgezogen wird. Der Schweizer Perrelet konstruierte um 1770 den „Hammeraufzug", der durch die Erschütterungen beim Tragen bewegt wird und die Uhrfeder der Taschenuhr spannt.

Auch Kalenderdaten wollte man von der Uhr ablesen. Tischuhren wurden ab dem 16. Jahrhundert häufig mit 29-teiligen Scheiben zur Anzeige des Mondalters ausgestattet. Taschenuhren mit Kalender baute Philipp Hahn um 1780. Moderne mechanische Uhren besitzen Kalenderschaltungen, deren Datumsscheiben sich präzise um Mitternacht bewegen. Ein rein mechanisches Kalenderwerk, das die Länge der Monate und die Schaltjahre berücksichtigt, blieb indessen den Luxusuhren vorbehalten.

4. Wege zur Weltzeit

Im Jahre 1519 machte sich der Portugiese Fernão de Magalhães (Magellan) auf die Suche nach einem westlichen Seeweg zu den Gewürzinseln. Nur eines seiner fünf Schiffe kehrte 1521 mit wenigen Überlebenden zurück. Sie hatten die Erde umrundet, ihre Kugelgestalt bewiesen – aber im Schiffstagebuch fehlte ein Tag. Zwar hatten sie die Sonnenaufgänge gewissenhaft gezählt, doch nicht bedacht, dass sich auf der Reise nach Westen jeder Tag ein wenig verlängert. Diese Frage war schnell geklärt. Ein anderes Problem der Seefahrer blieb weiter ungelöst: die Position eines Schiffes auf See zu bestimmen. Wie man die geografische Breite ermittelt, wussten schon die alten Griechen. Wie man den Längengrad bestimmen kann, wurde 1530 publik: durch Vergleich der am Himmel beobachteten Ortszeit mit einer Uhr, welche die Zeit des Heimathafens über viele Wochen genau bewahrt. Aber der Bau einer solchen Uhr wurde zum größten wissenschaftlich-technischen Problem der nächsten 240 Jahre. Erst 1761 gelang dem Engländer John Harrison, einem gelernten Zimmermann, der Durchbruch. Sein Chronometer H4, kaum größer als eine Taschenuhr, wich auf einer Reise von 156 Tagen Dauer auf hoher See nur um insgesamt 54 Sekunden ab.

Von nun an wurden die Schiffe mit Chronometern ausgerüstet, die man im Hafen mit einer „Normaluhr" verglich. Mancherorts waren das Kanonenschüsse zur Mittagsstunde, woanders ging ein „Zeitball" am Signalmast auf und nieder. So begann der öffentliche Zeitzeichendienst. Aber nach wie vor bewahrte jeder Hafen, jede Stadt ihre eigene Zeit. Solange man langsam und unabhängig von anderen reiste, spielte das noch keine Rolle.

Erst der einsetzende Linienverkehr über Land bewirkte eine Änderung. Anfangs brachte die Post die Zeit ihres Abgangsortes in entfernte Ortschaften. Dann vermittelte vorrangig die Eisenbahn eine ausgewählte Ortszeit. Postillone und Zugschaffner hatten Uhren bei sich, aber auf welche der Zeiten längs der Strecke sollte man sie stellen? Kurzerhand definierten die Engländer einen Standard für den internen Bahnbetrieb. Und man schrieb zwei Arten von Fahrplänen: die einen mit der neuen landesweiten Eisenbahnzeit und die anderen für das Publikum mit den örtlichen Zeiten. Weil die Unterschiede auf der Insel nur wenige Minuten betrugen, wurde die Bahnzeit schnell als allgemeiner Standard akzeptiert. Als „London Time" galt sie ab 1848 auf allen britischen Eisenbahn- und Telegrafenstationen. Die Bahnverwaltungen auf dem Kontinent folgten dem Beispiel. 1852 benutzten alle größeren Bahnhöfe in Preußen die genaue „Berliner Zeit". Jeden Morgen erhielten sie telegrafisch ein exaktes, von der Sternwarte kontrolliertes Zeitzeichen – damals ein weltweit einmaliger Dienst. Nun holten sich die Uhrmacher die genaue Zeit von den Bahnstationen.

Schnell breiteten sich die Bahnnetze aus, und wo sie einander berührten, trafen mehrere „Standardzeiten" aufeinander. Aber niemand kümmerte sich um die Uhrzeit der Konkurrenz. Allein auf den Strecken im Bodensee-Gebiet galten fünf verschiedene Eisenbahnzeiten. Und am Bahnhof von Pittsburgh (Pennsylvania) hingen sieben Uhren in einer Reihe; eine zeigte die Ortszeit, die anderen gehörten zu den verschiedenen Bahnlinien. 1878 endlich deutete sich eine Lösung des Problems an. Sandford Fleming, ein Eisenbahn-Ingenieur aus Kanada, schlug vor, die gesamte Erde in 24 Zeitzonen aufzuteilen, jede Zone zu 15 Grad geografischer Länge. An deren Grenzen springt die Uhrzeit unvermittelt eine volle Stunde vor oder zurück. Dieses Modell ist natürlich kein Abbild realer Verhältnisse, doch ein praktikabler Kompromiss. Nur so kann im Verkehr die unmerkliche Verschiebung der wirklichen Tageszeiten beherrscht werden.

Aber Fleming hatte die Rechnung ohne die Juristen und die Diplomaten in den internationalen Gremien gemacht. Mit spitzfindigen Argumenten verhinderten sie noch jahrelang eine Übereinkunft hinsichtlich der Zeitzonen. Schließlich machten die Eisenbahn-Verwaltungen Nordamerikas kurzen Prozess und führten 1883 die fünf Zonenzeiten ihres Territoriums ein. Zahlreiche Städte nahmen daraufhin die ihrer Lage entsprechende Zonenzeit an. Damit waren vollendete Tatsachen geschaffen. Die schon vorhandene Greenwich Mean Time wurde zum internationalen Maßstab.

Unmittelbar aus dem Zeitzonenprinzip ergibt sich die Notwendigkeit einer Datumsgrenze. Wer sie überschreitet, muss den Kalender korrigieren. Bei Reisen „mit der Sonne" von Ost nach West rücken Wochentag und Datum um einen Tag vor. In der Gegenrichtung wird einen Tag zurückgeblättert, „gestern" noch einmal gezählt. Auch bei jedem Übergang zur Sommerzeit und zurück werden Zeiteinheiten – gewöhnlich eine Stunde – entweder übersprungen oder zweimal gezählt.

5. Zeitmessung heute

Das 20. Jahrhundert ist durch eine zunehmende Beschleunigung des gesamten Lebens geprägt. Als Inbegriff des Fortschritts löste das Auto die Dampfmaschine ab. Nach dem Zweiten Weltkrieg war die Devise nicht mehr „in sieben Tagen mit dem Dampfschiff über den Atlantik", sondern „in sieben Sekunden von Null auf Hundert". 1956 löste dann die Sekunde offiziell den Tag als Einheit der Zeit ab, und seit 1967 ist sie nicht mehr astronomisch, sondern als Atomsekunde definiert. Dem schwingenden Pendel der mechanischen Uhr waren immer neue Arten von Schwingungserzeugern gefolgt, bis hin zum einzelnen Atom.

Als Alessandro Volta in Italien um 1800 seine erste Batterie montierte, war der Weg für elektrische Uhren bereitet. In Neuchâtel begann 1860 ihre industrielle Fertigung, initiiert durch einen der Pioniere des Elektrogerätebaus, Mathias Hipp. 1884 führte die Berliner Stadtbahn ein Hipp'sches Zentraluhrsystem ein. Bald darauf standen den Uhrmachern der Stadt Normaluhren zur Verfügung, die von der Sternwarte aus reguliert wurden. Nun konnte jedermann am Schaufenster seine Taschenuhr auf die denkbar genaueste Zeit einstellen.

Daneben hatte schon früh die Entwicklung von Präzisionsgeräten zur Zeitmessung begonnen. Seit 1701 verwendet man Rubine als verschleißfreie Lagersteine in Uhren. Immer bessere Hemmungssysteme wurden erfunden, und nach und nach konnte auch die dafür nötige Präzision bei der serienmäßigen Herstellung erreicht werden. Besonders genau gehende große Standuhren mit Pendel dienten zum Kontrollieren und Justieren anderer Uhren. Diese „Regulatoren" enthielten Kompensationspendel, deren Länge nicht mit der Temperatur schwankt. Damit wurde die Sekunde immer wichtiger; man zeigte sie nun auf einem besonderen Zifferblatt an. Weitere Verbesserungen im Präzisions-Uhrenbau gelangen, als man den Einfluss von Luftdruck und Erdmagnetismus auf den Gang einer Unruh berücksichtigte.

Die weitere Entwicklung führte über die Quarzuhr zu Uhrenschaltkreisen auf Halbleiterbasis. Die digitale Zeitanzeige kam in Mode. Gegen 1980 eroberten preisgünstige Quarz-Analoguhren den Weltmarkt. Wird ein solches Uhrwerk zusätzlich drahtlos durch Signale einer besonders genauen Hauptuhr synchronisiert, so spricht man von einer Funkuhr. Dann wurden Mikroprozessoren als komplexe Zeitgeber eingesetzt, die ganze Industrieanlagen steuern können. Andere stecken in Computern, Mobiltelefonen oder Herzschrittmachern.

Zahlreiche Zeitmesser wurden für spezielle Anwendungen entworfen. Seit etwa 1800 gab es Versuche mit Stoppuhren, doch erst 1862 konnte eine wirklich brauchbare Taschenuhr mit Stopp-Einrichtung hergestellt werden. Im Lauf ihrer weiteren Entwicklung musste die herkömmliche Unterteilung der Einheiten in Sechzigstel zugunsten einer dezimalen Teilung der Sekunde aufgegeben werden. Kürzere Zeiten als Zehntelsekunden konnten nicht sinnvoll mit mechanischen Antrieben dargestellt werden.

Für technische Kurzzeitmessungen erfand Charles Wheatstone 1840 das Chronoskop. Dessen mechanisches Uhrwerk läuft ständig mit hoher Geschwindigkeit, ohne dass sich ein Zeiger bewegt. Nur während des zu messenden Vorgangs wird seine

Zeigerachse elektromagnetisch eingekuppelt. Solche Geräte bewährten sich bis 1980 unter anderem bei Medizinern für die Messung von Reflex- und Reaktionszeiten mit einer Genauigkeit von einer Tausendstelsekunde. Kurzzeitmessungen wurden auch mit Hilfe einer Stimmgabel vorgenommen. Auf diese Weise bestimmte die preußische Artillerie gegen 1900 die Geschwindigkeit von Geschossen im Geschützrohr. Heute gibt es „elektrische" Spezialuhren für alle erdenklichen Zwecke. Als letztes Beispiel sei die Sport- Zeitmessung bis zu Tausendstelsekunden und das automatische Einblenden der Messwerte in das laufende Fernsehprogramm genannt.

Registrierende Zeitmesser sollen den Zeitpunkt eines Ereignisses dokumentieren. Sie gehen auf den Chronografen des Franzosen Rieussec von 1821 zurück. Bei diesem Gerät drehte sich das Zifferblatt unter dem mit einem Tintenbehälter versehenen Uhrzeiger, der sich auf Knopfdruck senkte und so Zeitmarken aufschrieb. Damit begann unter anderem die Entwicklung von Stechuhren zur Arbeitszeitkontrolle.

Gegen Ende des 19. Jahrhunderts verband man elektrische Uhren mit einem mechanischen Typendrucker. Dieser – noch wörtlich zu verstehende – Zeitstempel belegte in großen Telegrafenämtern die Bearbeitung eines auf Papier vorliegenden Telegramms. Heute betrifft das vor allem nichtmaterielle Dokumente wie beispielsweise signierte E-Mails. Aber nach wie vor wird auch „klassisch" gestempelt. Zum Beispiel bedrucken Entwerter in Tram und Bus die Tickets mit Datum und Zeit, geschaltet von der Mutteruhr des Fahrzeugs. Doch die einfachste Form eines „Zeitstempels" ist die eine Analoguhr nachbildende, von Hand gestellte Parkscheibe. Kontinuierlich schreibende Zeitmesser sind gewissermaßen „permanente Zeitstempel". Registriert man neben ihrer Zeitinformation zugleich die Bewegungen eines Fahrzeugs, so entsteht der (ursprünglich für Lokomotiven erdachte) Fahrtenschreiber.

Von alters her war die Sekunde als 1/86.400 eines Sonnentages erklärt, also von der Erdrotation abgeleitet. Diese Definition entstand, als man noch nichts von den unregelmäßigen Schwankungen der Erdbewegung wusste. Aber eine Maßeinheit, die sich ungleichförmig ändert, ist für moderne technische Anwendungen und für die meisten wissenschaftlichen Zwecke unbrauchbar. Seit 1967 ist deshalb die SI-Sekunde festgelegt als „die 9.192.631.770-fache Periodendauer der Strahlung, die am Übergang zwischen den Hyperfeinstrukturniveaus des Grundzustands von Cäsium 133 gemessen wird", das heißt, durch die Eigenfrequenz des Cäsiumatoms von rund 9,2 Gigahertz.

Eine *absolut* genaue Messung dieser Frequenz ist bisher nicht möglich, man kann sich dem wahren Wert nur annähern. Deshalb stellen weltweit mehrere Zeitinstitute mit Hilfe ihrer Atomuhren die SI-Sekunde dar. Satelliten verbinden sie miteinander, und so kann das Internationale Büro für Maß und Gewicht in Paris daraus einen Mittelwert bilden. Die ununterbrochene Folge solcher Sekunden-Mittelwerte ergibt die Internationale Atomzeit TAI. Das ist eine „absolut" gleichförmige Zeitskala. Aber für manche Zwecke benötigen Wissenschaftler auch weiterhin eine aus der Erdrotation abgeleitete Skala.

Eine für den modernen Alltag taugliche, die sogenannte bürgerliche Zeit, muss Eigenschaften beider Skalen vereinen. Einerseits soll sie sich wie gewohnt am Tag-Nacht-Wechsel orientieren. Andererseits wird ein streng gleichförmiges Zeitmaß benötigt. Auch in dieser Situation half, wie bei den 24 Zeitzonen, ein Kompromiss. 1972 entwickelte man eine künstlich zusammengesetzte, keine Realität abbildende Zeitskala, die Koordinierte Weltzeit UTC. Ihre Zeiteinheit ist stabil, die mit Atomuhren gemessene Sekunde. Ihre Zeitskala dagegen kann verändert werden. Damit sie sich nicht langfristig von der mittleren Sonnenzeit entfernt, fügt man Schaltsekunden darin ein. Diese Weltzeit UTC ist heute die international übliche Skala für Zeitangaben in der Luft- und Seefahrt, in E-Mails oder in den digitalen Tachografen der LKW.

Neben der UTC haben die besonderen Zeitsysteme der Navigationssatelliten weltweite Bedeutung. An erster Stelle ist hier GPS zu nennen, das Global Positioning System. Mittlerweile hat es eine Schlüsselposition beim Bestimmen und Verteilen der Koordinierten Weltzeit inne. Doch GPS ist ein militärisches System der USA. Es könnte in Krisensituationen eingeschränkt oder abgeschaltet werden. Nicht zuletzt deshalb verfolgt die EU seit 2003 das eigenständige Projekt Galileo. Aber dessen Inbetriebnahme verzögert sich wieder und wieder, zurzeit wird „frühestens 2014" angenommen.

Ungeachtet der Tatsache, dass UTC als Ergebnis internationaler Zusammenarbeit einer fortlaufenden Korrektur unterliegt, konkurrieren die beteiligten Institute um den Besitz der genauesten Atomuhr. Zahlreiche Industriestaaten lassen ihre UTC von nationalen Zeitinstituten verwalten. Deren Zeitskalen definieren die gesetzliche Zeit des jeweiligen Staates. In Deutschland ist die Physikalisch-Technische Bundesanstalt (PTB) damit beauftragt.

Eine gesetzliche, für alle öffentlichen Angelegenheiten verbindliche Zeit muss für die Allgemeinheit zugänglich sein. Dazu dienen öffentliche Zeitserver im Internet, von denen sie abgerufen werden kann. Diese Server liefern bei Aufruf einen Zeitstempel. Dessen „Abdruck" kann zum Beispiel bestätigen, dass eine signierte E-Mail zu der angegebenen Zeit vorgelegen hat. Oder der Zeitstempel wird im Moment seines Eintreffens mit der Systemuhr eines Computers verglichen, um diese gegebenenfalls korrigieren zu können.

Vorläufer der Verteilung von Zeitsignalen im Internet war die Ausstrahlung von Zeitzeichen mittels drahtloser Telegrafie. Ab 1904 sendete eine Funkstation der US-Navy zum ersten Mal drahtlose Zeitzeichen. Später übertrugen zahllose Rundfunksender zu bestimmten Terminen solche Signale. Seit 1928 gibt es automatische Zeitansagegeräte im Telefonnetz. Große Popularität gewann in den 1950er Jahren in Europa die Ausstrahlung der Fernsehuhr als Bild einer Analoguhr.

Vorwiegend für kommerzielle Zwecke waren um 1965 weltweit etwa 200 spezielle Zeitzeichensender in Betrieb. Der in Mitteleuropa bekannteste Zeitzeichen- und Normalfrequenzsender ist

DCF 77 in Mainflingen bei Frankfurt am Main. Die Genauigkeit der heutigen Zeitsignale ist enorm, die möglichen Abweichungen bewegen sich im Bereich von Nanosekunden. Um dies auch nutzen zu können, muss die Laufzeit der Funksignale vom Sender zum Empfänger berücksichtigt werden. Sie liegt bei etwa einer Millisekunde pro 300 Kilometer Entfernung.

V. Kalender der Welt

1. Über Kalender und Kalendarien

Zeitrechnung ist die Art und Weise, wie Menschen die „fließende" Zeit strukturieren. Zeit verläuft prinzipiell linear, und in ihren Ablauf sind Zyklen, wiederholbare Prozesse von unterschiedlicher Dauer, eingebettet. Nur diese machen Zeit „begreifbar". Man kann entsprechend zyklische von linearer Zeitrechnung unterscheiden. Linear ist das fortlaufende Zählen bestimmter gleich langer Zeitabschnitte wie Jahre. Aber auch das Messen kürzerer Zeitabschnitte mit Uhren geht auf das lineare Zählen lückenlos aneinandergereihter kleiner Zeiteinheiten zurück – vom Ablauf einer Sanduhr über die Dauer einer Pendelbewegung bis zur Schwingung eines Atoms. Uhrzeitrechnung dagegen hat zyklischen Charakter. Das wird deutlich an den endlos kreisenden Zeigern der mechanischen Uhr. Auch Kalenderrechnung basiert auf der fortlaufenden Wiederholung gleichartiger Zyklen.

Kalender sind ideelle, nicht real existierende Systeme zum Strukturieren der Zeit. Ihre Monate, Wochentagsnamen und Tagesbezeichnungen sind Symbole, die wiederholbare Muster innerhalb der nicht wiederholbaren Abfolge des Geschehens repräsentieren. Wir unterscheiden astronomische Kalender, die sich an tatsächlichen astronomischen Ereignissen orientieren, von arithmetischen Kalendern, denen rein rechnerische Schemata zugrunde liegen. Das Wort Kalender wurzelt in dem alten indogermanischen Wortstamm *kal* („zählen"), zu dem auch sanskrit *ka-la* („Zeit"), lateinisch *calculare* („zählen") und *calare* („den Anfang nennen, ausrufen") sowie das englische *to call* gehören.

Kalender werden im Rahmen eines bestimmten Kalendersystems berechnet, um ein Kalendarium zu erstellen. Im alten Rom war das *calendarium* das Schuldverzeichnis der Geldverleiher. Der

Name bezieht sich auf die *calendae*, die Monatsersten, an denen es üblich war, ausstehende Zahlungen zu begleichen. Heute bezeichnet der Ausdruck Kalendarium ganz allgemein ein (physisches) Objekt, das einen (ideellen) Kalender darstellt – geschrieben, gedruckt, als Baugruppe der mechanischen Uhr oder als Software im Computer realisiert. Umgangssprachlich werden auch diese Objekte gewöhnlich Kalender genannt. Als Kalendarium werden häufig Zusammenstellungen ausgewählter Kalenderdaten zu einem bestimmten Thema bezeichnet.

Die Wurzeln der Zeitrechnung reichen weit zurück, sie sind unlösbar mit den Ursprüngen jeglicher Kultur verwoben. Ihre unterschiedlichen Systeme manifestieren sich in den Kalendern der Völker. Dieser Abschnitt gibt einen kurzen Abriss der Geschichte ihres Entstehens. Darin wird zunächst dargelegt, wie sich *unser* Kalender in einem langen komplizierten Prozess aus Anfängen der Zeitrechnung in Vorderasien, Nordafrika und Europa entwickelt hat. Anschließend wird auf Zeitrechnungssysteme in anderen Teilen der Welt eingegangen, die parallel zu dieser Entwicklung entstanden sind – teils unabhängig davon, teils in losem Kontakt und auf gleiche Anfänge zurückgehend.

Zuvor aber einige Bemerkungen zu den unterschiedlichen Kalendertypen. Bereits in der Altsteinzeit beobachtete man den Wechsel von Tag und Nacht, die Mondphasen sowie die jahreszeitlichen Schwankungen des Klimas und das Wanderungsverhalten der Tiere. Die daraus gewonnenen Informationen über den Ablauf des Jahres entsprechen den Bedürfnissen von Jägern und Sammlern. Ihren Kalender – sofern der Begriff hier schon benutzt werden kann – bestimmte das freie Mondjahr von 354 Tagen. Es ergibt sich aus zwölf synodischen Monaten, die im Mittel 29,53 Tage dauern. Zwar wandert ein bestimmter Tag dieses einfachen Mondjahres nach und nach durch alle Jahreszeiten, doch für die Belange von Nomadenvölkern, vor allem in Gegenden ohne ausgeprägte Jahreszeiten, ist ein solcher Kalender völlig ausreichend. Muslimische Gemeinschaften benutzen ihn traditionell bis heute.

Verschiedenartige Mondkalender unterscheiden sich hauptsächlich dadurch, welche Phase als Monatsbeginn angenommen wird. Durch Beobachtung lässt sich nur der Halbmond ziemlich genau bestimmen, bei Vollmond ist es schwieriger, und der astronomische Neumond ist überhaupt unsichtbar. An seine Stelle trat meist das Neulicht, das erste Sichtbarwerden der schmalen Sichel. Das aber wird unregelmäßig am ersten, zweiten oder auch dritten Tag nach Neumond gesichtet, und bei anhaltend ungünstigem Wetter überhaupt nicht. Deshalb verwendete man später berechnete Mondkalender. Doch der Mond bewegt sich ziemlich unregelmäßig, und bevor es Computer gab, war seine genaue Bahnberechnung mit immensem Aufwand verbunden. Man begnügte sich deshalb mit Näherungslösungen und Durchschnittswerten, was ebenfalls Abweichungen von mehreren Tagen bedingte. Manche Mondkalender definieren Halbmonate. Einige beziehen sich auf Perioden des zu- oder abnehmenden Lichts, andere unterscheiden helle von dunklen Monatshälften.

Außer den auffälligen Phasen des synodischen Mondumlaufs wurde auch die Position des Mondes vor dem Hintergrund des Sternenhimmels beobachtet. Jeweils nach 27,32 Tagen, der siderischen Umlaufzeit des Mondes, wiederholt sie sich. Dem entsprechend kannten Inder und Chinesen 27 verschiedene Sterngruppen (Nakshatra), von denen jede den Aufgangsort des Mondes an einem bestimmten Monatstag markiert. Das System ist schon im *Yajurveda* (um 1000 v. Chr.) beschrieben. Araber haben es noch in vorislamischer Zeit übernommen und zum System der 28 Mondhäuser (Manazil al-Qamar) umgebildet. 13 solcher Monate ergeben ziemlich genau das siderische Mondjahr von 355 Tagen. Das war bereits in der Altsteinzeit bekannt, wird von Archäo-Astronomen angenommen. Man vermutet eine Gliederung seiner 27-tägigen Monate in drei Gruppen zu neun Tagen.

Mit dem Übergang zu Ackerbau und sesshafter Lebensweise änderte sich die Orientierung der Menschen in Raum und Zeit grundlegend. Um günstige Termine für Bodenbearbeitung, Aussaat und Ernte zu erkennen, mussten die Jahreszeiten unabhängig von kurzfristigen Wetteränderungen genauer bestimmt werden. Der ganzjährige Aufenthalt am gleichen Platz bot eine bequeme Möglichkeit dazu: das Beobachten der Orte von Sonnenauf- und untergängen mittels markanter Punkte am Horizont. Das führte zum Begriff des Sonnenjahres, das mit dem Zyklus der Jahreszeiten übereinstimmt.

Die Vorstellungen des Menschen der Jungsteinzeit vom Kalender fanden in beeindruckenden Bauwerken ihren Niederschlag. Während des fünften bis dritten Jahrtausends v. Chr. entstanden in Europa die Kreisgrabenanlagen. Auf diese folgten, bis hin zur Wikingerzeit, die Megalithbauten. Eine große Zahl solcher Anlagen war astronomisch exakt auf markante Punkte des Sonnenlaufs ausgerichtet; man nennt sie deshalb auch Kalenderbauten. Tore oder Steinsetzungen markierten hier die Richtungen, in denen zum Termin der vier Jahrpunkte – Sonnenwenden und Äquinoktien – der Auf- oder Untergang der Sonne direkt beobachtet werden konnte. Es bleibt unklar, ob diese Anlagen tatsächlich Kalenderzwecken dienten. In Anbetracht des ungeheuren Aufwands zu ihrer Realisierung dürfte eine kultische Bedeutung im Vordergrund gestanden haben. Das haben sie unter anderem mit den kunstvoll gestalteten, handgemalten Kalendarien aus dem späten Mittelalter gemeinsam. Und auch der Zweck extrem aufwendiger mechanischer Luxusuhren in unserer Zeit besteht nicht darin, den sich jährlich ändernden Ostertermin davon ablesen zu können.

Höher entwickelte *reine* Sonnenkalender definieren den Jahresbeginn astronomisch an einem bestimmten Punkt der Ekliptik. Wo man sich streng und durchgehend an der Sonne orientierte, beispielsweise im Iran, teilte man das Jahr in „Sonnenmonate". Deren Länge richtet sich nach dem Aufenthalt der Sonne im jeweiligen Tierkreiszeichen; ihre Dauer schwankt zwischen 29 und 32 Tagen. Meist aber wurde eine schon vorhandene Monatseinteilung vom älteren Mondkalender übernommen und rigoros schematisiert. Dann dienen Schalttage der genaueren Anpassung an die tatsächliche Jahreslänge.

Das Sonnenjahr lediglich zu beobachten genügte nicht den Erfordernissen der Zeitbestimmung, es musste durch über-

schaubare Teile strukturiert werden. Anfangs trat das Sonnenjahr lediglich ergänzend an die Seite des Mondkalenders. Aber
zwölf Mondmonate sind etliche Tage kürzer als ein Sonnenjahr,
und man fügte Ausgleichstage hinzu. Von da an lösten sich die
Monate von den Mondphasen, blieben aber abwechselnd 29
oder 30 Tage lang. Später wurde alle zwei oder drei Jahre ein
kompletter Mondmonat eingeschoben. Wann das zu geschehen
hatte, entschied man zunächst von Fall zu Fall durch Beobachtung der Natur. Später bildeten sich unterschiedliche Regeln
dafür heraus. Eine befriedigende Lösung ermöglichte erst der
19-jährige Mond-Sonnen-Zyklus, der zwölf gewöhnliche Jahre
mit zwölf Monaten und sieben Schaltjahre mit 13 Monaten
enthält. Er umfasst 6.939 Tage in 235 Mondmonaten und war
Indern, Babyloniern und Chinesen lange bekannt, bevor ihn
Meton in Athen 432 v. Chr. wiederentdeckte. Damit hatte der
Lunisolarkalender seine volle Ausprägung erhalten. Sein Jahresbegriff ist das (an die Sonne) „gebundene Mondjahr" von
354 Tagen. Lunisolar sind unter anderen der chinesische und
der jüdische Kalender.

Im Iran folgte dem 354-tägigen ein Jahr mit 360 Tagen. Vielleicht war das der erste Schritt des Übergangs vom Mond- zum
Sonnenjahr, auf halbem Wege zwischen 354 und 365 Tagen.
Manche Gelehrte nehmen an, dass es auch in Ägypten in prähis-
torischer Zeit dem 365-tägigen Rundjahr vorausging. In Babylon
war es als „Normaljahr" der Chaldäer in Gebrauch, dessen 360
künstliche „Tage" 360 Bogengraden auf der Ekliptik entsprachen.
Es lag nahe, den zwölf Abschnitten von 30 Grad je ein Sternbild
zuzuordnen. Damit wurden die Sternbilder zu Sternzeichen und
symbolisierten die „Monate" des Normaljahres.

Daneben benutzte Mesopotamien im Alltag gebundene
Mondjahre, die um die Zeit der Nachtgleichen im Frühling oder
Herbst begannen. Im Unterschied dazu fixierten in Ägypten die
Sonnenwenden das Jahr – im Norden war die „Geburt der Sonne"
das Hauptfest, im Süden wurde das Erscheinen des Sterns Sirius
beobachtet. Beide waren um etwa sechs Mondmonate gegeneinander verschoben.

Wahrscheinlich im Jahre 2776 v. Chr. führte Ägypten einen radikal vereinfachten, schematisierten Sonnenkalender als einheitlichen Staatskalender ein. Man blieb bei zwölf Monaten, gab aber jedem 30 Tage und hängte am Schluss eines jeden Jahres fünf Zusatztage an. Wie ihr griechischer Name *epagomene* („die Hinzugefügten") zeigt, gehören sie nicht eigentlich zum Jahr, sondern sind Zusatztage „zwischen den Jahren". Dieser 365-tägige altägyptische Staatskalender ist der Prototyp aller Sonnenkalender einschließlich unseres eigenen. Es existieren aber auch völlig andere Kalendertypen, die von den Zyklen des Mondes und der Sonne weitgehend unabhängig sind, zum Beispiel der Tzolkin und die „lange Zählung" der Maya.

Es scheint, als sei die Herausbildung der ältesten Kalender eng mit der Entwicklung von Schrift verbunden. Möglicherweise haben die Cromagnon-Menschen in der französischen Dordogne bereits vor 30.000 Jahren ihre Beobachtungen des Mondes aufgezeichnet. Die von ihnen in Stein gehauene „Venus von Laussel" zeigt ein sichelförmiges Gebilde mit 13 Markierungen, das als gekerbtes Büffelhorn angesehen wird. Seine Einschnitte könnten die 13 Nächte anzeigen, in denen der Mond vom ersten Aufscheinen der Mondsichel zum Vollmond wird. Andere Objekte stellen anscheinend den Lauf des Mondes über einen längeren Zeitraum dar. Ein Rentierknochen aus dem benachbarten Blanchard trägt 69 Markierungen, die augenscheinlich nicht in einem Zuge, sondern Nacht für Nacht mit wechselnden Werkzeugen angebracht wurden. Die Vertiefungen sind entsprechend der jeweiligen Form der Mondsichel gekerbt. Sie reihen sich wie ein gefaltetes Band so aneinander, dass die Vollmondnächte an den linken, die Neumonde an den rechten Wendepunkten der Figur liegen.

In verschiedenen paläolithischen Höhlen Frankreichs und Spaniens hat man rätselhafte Gegenstände aus gekerbten Knochen gefunden und sie als Kommandostäbe bezeichnet. Mindestens 12.000 Jahre alt ist ein solcher Knochen aus der spanischen Provinz Asturias. Alexander Marshack hat 1972 seine Einritzungen als Modell des Mondumlaufs interpretiert, das über acht Monate hinwegreicht. Bei derartigen Markierungen handelt es sich um Symboltechnik. Sie haben noch nichts mit Schreiben zu tun. Aber sie weisen auf spezielle Kenntnisse über Phänomene der Natur hin. Kann man sie deshalb schon „Kalendarium" nennen? Und wenn ja, wozu wurden sie benutzt?

Mit dem Aufzeichnen von Jahreslauf und Mondphasen hatte sich der geistige Horizont der Menschheit entscheidend erweitert. Mit solchen Kenntnissen konnte eine Sippe die Jagd im Mondlicht planen oder den Eintritt einer anderen Jahreszeit vorhersehen. Und der geduldige Beobachter, jener steinzeitliche Astronom, der den Knochen kerbte, gewann Ansehen in seiner Sippe – besaß er doch die geheimnisvolle Macht, das Verschwinden und Wiederauftauchen des Mondes vorherzusagen. Das waren bedeutende Ereignisse, so bedeutend, dass noch heute die Termine zahlreicher religiöser Zeremonien und selbst der Gang von Staatskalendern durch Beobachtung des Mondes bestimmt werden.

Schrift und Zahl sind von Anfang an mit dem Kalender und mit Magie verbunden. Wenn im Glauben der Menschen das Zeichnen eines Hirsches in der Fallgrube den Fang des Tieres ermöglichte, dann konnte auch das Zeichnen von vier Reihen mit sieben Mondsicheln die Wiedergeburt eines neuen Mondes veranlassen. Als man das Bild der sieben Monde durch die Zahl Sieben ersetzte, ging die magische Kraft vom Bild auf die Zahl über. Seither tritt die Sieben in nahezu allen Kulturen mal als heilige, mal als ominöse Zahl in Erscheinung. Die Beobachtung der sieben „Wandelsterne" am Himmel durch die Sumerer bekräftigte den Glauben an ihre besondere Bedeutung. Sie zieht sich von Anbeginn durch die Mythen und durch die Kalender, und wohl auch deshalb haben wir die siebentägige Woche.

Aber bäuerliche Arbeiten sind durch die Zyklen der Witterung bedingt, ihr Erfolg hängt weitgehend vom richtigen Zeitpunkt ab, und den bestimmt die Sonne, nicht der Mond. Im Tiefland an Euphrat und Tigris bemerkte man (wie auch am Unterlauf von Nil und Indus) einen steten Wechsel zwischen Überschwemmung, Wachstum der Pflanzen und Zeit von Hitze und Dürre. Daraus entstand der Begriff eines dreigeteilten Jahres. Um 3300 v. Chr.

wanderten die Sumerer in das fruchtbare Land ein. Ihre Priester hatten dafür zu sorgen, dass alljährlich geerntet werden konnte. Man gab der Erde einen Teil der Ernte zurück, opferte ihn den Fruchtbarkeitsgottheiten. Auf diese Weise war Aussaat zugleich rituelle Handlung, eine Einheit notwendigen Tuns, um eine neue Ernte zu ermöglichen. Aber die Götter schienen nur gnädig, wenn ihnen zum rechten Termin geopfert wurde. Dadurch wurden die religiösen Riten von den wiederkehrenden Ereignissen der Jahreszeiten abhängig. Das wiederum veranlasste die Priester, Kalenderdaten aufzuzeichnen. Das Wissen um solche wirtschaftlich bedeutenden Zusammenhänge verlieh ihnen Macht, und deshalb wurden Schrift wie Kalenderrechnung notwendig zu Geheimwissenschaften. Mit der „Kalendermacherei" als Aufgabe der Priester verband sich auch der Drang, soziale Ereignisse aufzuzeichnen. So entstanden Anfänge von Geschichtsschreibung und Chronologie. Die Überreste der Tempelkulturen von Mesopotamien, Ägypten und Mittelamerika belegen das gleichermaßen.

Heute nennen wir jedes System, mit dem man größere Zeiträume auf logische Weise in Einheiten wie Jahre oder Tage teilen kann, Kalender. Außerdem aber meint Kalender auch das Kalendarium, den Gebrauchsgegenstand zur Einteilung des täglichen Lebens, ein Verzeichnis der Zeitrechnung. Der in diesem Sinn älteste Kalender ist in den Ruinen des alten Babylon gefunden worden. Er ist wahrscheinlich 3700 Jahre alt und ein Steckkalender, ein aus Ton gebranntes Täfelchen mit Löchern für die Tage und Monate, in die man Hölzchen steckte. Griechen benutzten seit dem fünften Jahrhundert v. Chr. das Parapegma, einen steinernen Steckkalender, der den Zusammenhang zwischen „amtlichem" und Bauernkalender herstellte. Die Parapegmen trugen außerdem Angaben über die Stellung der Gestirne und jahreszeitlich bedingte Arbeiten. In Rom war es üblich, ausstehende Zahlungen am jeweils ersten Monatstag, zum Termin der *calendae*, zu leisten. Das darüber öffentlich geführte Verzeichnis hieß *calendarium*. Später kombinierte man dieses Instrument der Händler und Geldverleiher mit den Verzeichnissen der Gerichts- und Feiertage zu einem allgemeinen Weiser durch das Jahr, zum Kalender. Eigentlicher Ausgangspunkt dafür waren die Fasti, römische Gerichtstage, die für jeweils ein Jahr im Voraus bestimmt wurden.

Kalender des Altertums wurden in Stein gemeißelt, in Holz, Knochen oder Metall geritzt, auf Pergament und Papyrus geschrieben, auf Wände gemalt oder aus Mosaiksteinen zusammengesetzt. Dadurch entstand früh eine Verbindung zwischen Kalendern und bildender Kunst. Aus den Hochkulturen Ägyptens und Babyloniens kennen wir bildhafte Verkörperungen der Jahreszeiten und Tierkreiszeichen. Die älteste bekannte Darstellung eines Zyklus von zwölf Monatsbildern entstand im ersten vorchristlichen Jahrhundert in Athen. Die Klöster des Mittelalters bewahrten die Tradition der Monatsbilder in den liturgischen Handschriften. Dabei wurden die einzelnen Monate zunehmend in Form von Schilderungen ländlicher Arbeiten oder anderer jahreszeitlicher Tätigkeiten dargestellt. Seit dem 12. Jahrhundert erscheinen Monatsbilder dieses Charakters in Westeuropa als Bestandteil der Architektur von Kirchen. In den Gotteshäusern orthodoxer Christen findet man eine Bilderwand, deren wichtigster Teil die zwölf Hauptfeste des Kirchenjahres darstellt. Manchmal wird ihnen eine Reihe von Monats- oder Kalenderikonen angefügt. Im häuslichen Leben der Gläubigen besaßen kleinformatige Monatsikonen unmittelbar Kalenderfunktion.

Als Kalender noch mühsam von Hand geschrieben oder gar in Stein gemeißelt werden mussten, wurde ein einzelnes Exemplar viele Jahre benutzt; Einjahres-Kalender waren äußerst selten. Jahreskalender in Tabellenform stellen deshalb die Monate in zwölf ähnlich gegliederten Spalten dar, ohne die Wochentage direkt anzugeben und ohne die beweglichen Feste zu markieren. Doch „ewige Kalender" im engeren Sinn sind erst Systeme aus mehreren Tabellen, mit deren Hilfe sich für jedes beliebige vergangene oder zukünftige Jahr bestimmen lässt, auf welchen Wochentag ein Datum fällt.

Erst der Buchdruck ermöglichte die allgemeine Verbreitung von Kalendern. Jetzt erhielten viele Menschen Zugang zu ihnen. Selbst Analphabeten konnten sie benutzen, denn an ihren einfachen Zeichen konnte man die Tage abzählen. Feiertage erkannte man an den dazugehörigen Bildern. Solche pragmatische Gestaltung ist bis in die Gegenwart aktuell. Ein thailändischer Tages-Abreißkalender für 1999 bildet nicht nur gleichzeitig drei kalendarische Systeme ab (den gregorianischen, den chinesischen und den Thai-Mondkalender), sondern markiert aus gutem Grund deren sämtliche Festtage durch bildliche Darstellungen. Und weil es sich als bequem und übersichtlich erwiesen hat, zeigen die Kalender Europas auch heute noch häufig die Mondphasen oder die Tierkreiszeichen in Gestalt kleiner Symbole und heben die Sonntage farblich hervor.

Bald erschienen gedruckte Kalender auch in Buchform. Außer der Angabe von Fest- und Heiligentagen im eigentlichen Kalendarium enthielten sie zusätzlich Legenden von christlichen Heiligen. Damit wurden sie zu volkstümlichen „Lesebüchern". Ein ganzes Kalenderjahr umfassen auch die Almanache. Das arabische Wort *al-manah* bedeutet „Wetter". Es bezeichnete ursprünglich die Tafeln, auf denen man den jahreszeitlichen Verlauf der Witterung darstellte. Im Mittelalter meinte es kalenderartige astronomische Tafeln, die für die astrologische Praxis benötigt wurden und die sich in Deutschland ab dem 13. Jahrhundert verbreiteten. Im 16. Jahrhundert ging dann der Ausdruck auf regelmäßig erscheinende Jahrbücher über.

Handbücher für die verschiedensten Zwecke wurden und werden mit Kalendarien ausgestattet. Nach und nach wuchs die Zutat zur Hauptsache, und der Name Kalender ging auf das ganze Büchlein über. Wahrscheinlich ältester Vorläufer dieser Gattung ist ein Staatshandbuch der Stadt Rom, der *Chronograf* vom Jahre 354, das neben einer Liste der Konsuln, astronomischen Tabellen und mancherlei anderem auch ein Kalendarium enthält.

Aus den ersten gedruckten Einblattkalendern des ausgehenden 15. Jahrhunderts entstanden die sogenannten Bauernkalender, und diese führten zum Begriff des Volkskalenders. Bis gegen 1800 hatte man die kaum veränderte Druckerpresse Gutenbergs benutzt. Kalender in großen Auflagen konnten erst mit den von Friedrich Koenig ab dem Jahr 1812 produzierten eisernen

Schnellpressen hergestellt werden. So wurde das 19. Jahrhundert zur großen Zeit des Volkskalenders. Im Jahre 1859 zählte man in Frankreich 395 verschiedene Kalendertitel, in Deutschland mögen es noch mehr gewesen sein.

Der bekannteste aller Bauern- und Volkskalender ist zweifellos der *Hundertjährige Kalender*. Der gelehrte Abt Moritz Knauer war davon überzeugt, dass die Rhythmen der Gestirne das irdische Geschehen beeinflussen würden. Um den Bauern seiner Umgebung Hinweise für Saat und Ernte, aber auch für die Gesundheit von Mensch und Tier zu geben, führte er von 1652 bis 1658 ein präzises Wettertagebuch. Unter dem Titel eines immerwährenden praktischen Wirtschaftskalenders veröffentlichte er die Ergebnisse. 1701 verwandelte ein geschäftstüchtiger Verleger den „immerwährenden" in einen „hundertjährigen" Kalender. Diese Geschäftsidee wirkt bis in unsere Tage.

Altüberliefertes Wissen bestimmte eine Reihe sogenannter Lostage, von denen aus man Wetterprognosen abgeleitet hat. Solche Bauernregeln entstanden durch langjährige Beobachtung in bestimmen Gebieten, und dort haben sie einen gewissen Wahrheitswert. Seit Carl von Linné im 18. Jahrhundert beschäftigen sich Naturwissenschaftler unter der Bezeichnung Phänologie mit den jahreszeitlichen Lebensvorgängen der Pflanzen. Heute kennt der phänologische Kalender Mitteleuropas neun streng an den Standort gebundene Phasen, die man „die natürlichen Jahreszeiten" nennt.

Der Buchdruck ermöglichte den Jahreskalender als individuellen Zeitplaner prinzipiell für alle, die Schnellpresse machte gedruckte Verzeichnisse der Zeitrechnung zum alltäglichen Gebrauchsgegenstand. Seit der Mitte des 16. Jahrhunderts gibt es Schreibkalender mit freiem Platz für eigene Eintragungen neben den kalendarischen Daten. Aus ihnen entwickelten sich die heute üblichen Werkzeuge zum Zeit-Management. Vorher benutzte man Kalendertabellen, die viele Jahre hindurch Gültigkeit besaßen. Solche „ewigen" oder „immerwährenden" Kalender benötigt man auch weiterhin, wenn zum Beispiel der Wochentag für ein beliebiges Datum ermittelt werden soll. Prinzipiell können solche und ähnliche chronologische Aufgaben mit Tabellenwerken, mechanischen Hilfsmitteln oder mathematisch-analytischen Verfahren gelöst werden. Kalendertabellen gehen auf älteste astronomische Tafeln zurück. Die einfachste mögliche Form eines immerwährenden gregorianischen Kalenders ist indes ein Satz von 14 verschiedenen Jahreskalendern, auf denen die Jahre der Gültigkeit vermerkt sind. Sie unterscheiden sich durch den Wochentag am Jahresbeginn und dadurch, ob sie einen 29. Februar enthalten oder nicht. Sieben solcher Tabellenkalender genügen, wenn eine zusätzliche Hilfstabelle ihre jeweilige Geltungsdauer angibt. Bewegliche Feste fallen bei diesem System freilich unter den Tisch.

Auch die tönernen Steckkalender der Babylonier und die steinernen Parapegmen der Griechen waren „ewige Kalender". Gleichzeitig markieren sie den Übergang zu den mechanischen Kalendervorrichtungen. In strengem Sinn betrifft diese Bezeichnung erstmals jenen Mechanismus, der als „Himmelsuhr von Antikythera" bekannt wurde. Das um das Jahr 82 v. Chr. hergestellte Gerät besitzt ein metallenes Räderwerk, das mit einer Handkurbel angetrieben werden konnte und vermutlich als astronomisches Rechenwerk diente. Seine verschiedenen Skalen zeigen unter anderem Monatsnamen und Tierkreis-Sternbilder sowie Angaben zu Mondphasen und Planeten.

Viele Jahrhunderte hindurch nutzte man vielfältige einfache Möglichkeiten zur Anzeige des aktuellen Datums. Im Moskauer Historischen Museum sieht man hölzerne Kalender des 16. bis 18. Jahrhunderts. Diese Tabellen besitzen „Spalten" in ganz wörtlichem Sinn: Entlang ihrer Monatsreihen ist das Holz gekerbt, sodass man spitze Stäbchen zur Kennzeichnung des aktuellen Tages hineinstecken kann. Auch die Tabellenwerke der „ewigen Kalender" wurden mit der Zeit mechanisiert. Zunächst begann man, die Tabellen mit beweglichen Scheiben, Linealen usw. auszurüsten. Derartige Vorrichtungen sind zum Beispiel als „Mondanzeiger" aus dem 14. Jahrhundert bekannt.

1. Über Kalender und Kalendarien

Kalendarien sind Hilfsmittel zum Anzeigen der Zeit und insofern von Uhren nicht zu trennen. Wie uns die Uhr jede beliebige Stunde und Minute zeigt, so weist sie auch den Augenblick, in dem ein neues Jahr oder Jahrhundert beginnt. Und wie ein Tag einerseits die kleineren Zeiteinheiten zusammenfasst, ist er andererseits Basisgröße der Kalender. Sonnenuhren lassen am unmittelbarsten diese Einheit jeglicher Zeit, die Verbindung zwischen großen und kleinen Zeitabschnitten, erkennen. Spätestens die Griechen im sechsten Jahrhundert v. Chr., wahrscheinlich die Babylonier und Ägypter Jahrhunderte vor ihnen, benutzten den Gnomon, um aus der Länge seines Schattens sowohl die Mittagsstunde als auch die vier Jahrpunkte zu bestimmen. Eine der größten Sonnenuhr-Kalender-Anlagen wurde im 13. Jahrhundert in Italien errichtet. Der gesamte Innenhof des Castello de Monte ist mit seinen Umfassungsmauern so abgestimmt, dass die horizontale Schattengrenze zur Mittagsstunde präzise den Gang der Jahreszeiten angibt.

Auch die großen astronomischen Kunstuhren des 15. Jahrhunderts waren Uhr und komplexe Kalender zugleich. Zahlreiche Tischuhren des 16. bis 18. Jahrhunderts besaßen kalendarische Elemente. Manche enthalten eine 29-teilige Mondscheibe, die monatlich von Hand reguliert werden muss. Im 18. Jahrhundert kamen Datumsscheiben auf, deren arabische Ziffern in einem Fenster des Zifferblatts sichtbar sind. Später zeigte eine zweite Scheibe auch die Wochentagsnamen. Hochkomplizierte mechanische Taschenuhren besitzen ein Kalenderwerk mit einem Mechanismus für das Osterdatum. Zur Selbstverständlichkeit wurde die Integration eines „ewigen Kalenders", als die Mikroelektronik hochgenaue Quarzuhren für den täglichen Gebrauch ermöglichte und sich die digitale Anzeige verbreitete.

Seit 1970 kann jedermann in Deutschland die Zeittelegramme des Senders DCF 77 empfangen. Jede Minutenfolge enthält eine komplette Datum-Zeit-Information. Solche Kalender-Uhren werden durch mikroelektronische Schaltkreise realisiert, die jenen in den Computern gleichen. Ob als Großrechner eines Rechenzentrums, als Server im Netz, als PC auf dem Arbeitstisch, als Laptop „auf dem Schoß" oder als elektronisches „notebook" in der Tasche

– mindestens steckt eine „Systemuhr" mit integriertem Kalender darin. Spezielle Software greift auf diesen verborgenen zentralen Zeitgeber zurück und stellt dem Benutzer eine vielfältige Palette von Hilfsmitteln zur Zeitplanung bereit. Aus der Armbanduhr mit Datumsanzeige wurde ein Multifunktionsgerät mit integrierter Datenbank. Das ermöglicht zum Beispiel die Verwaltung und Anzeige von Tages- oder Wochen-Arbeitsplänen samt damit verbundener Terminerinnerung oder die parallele Anzeige eines zweiten anderen Kalendersystems.

In den letzten Jahrzehnten wurden praktisch alle wichtigen Bereiche der Gesellschaft unabhängig vom geschriebenen Wort organisiert. Die moderne Zivilisation wird durch digital gespeicherte und verarbeitete Informationen aufrechterhalten. Geeignete Computerprogramme zeigen wahlweise Tages-, Wochen-, Monats- oder Jahres-Kalendarien. Für sogenannte Organizer hat sich ein gleitender Sieben-Tage-Kalender zur Planung und Verwaltung der persönlichen Termine als günstig erwiesen. Jedes erdenkliche Beiwerk befriedigt die unterschiedlichsten Ansprüche, seien es spezielle Ferien- oder Urlaubskalender, Wochennummern, Zeitzonen oder Mondphasen. Die Zeiten des Auf- und Untergangs von Sonne und Mond werden selbstverständlich auf den Ort des Benutzers bezogen berechnet.

Kalender existieren in den Computern in der Regel nicht als feststehende, gespeicherte Tabellen, sondern ihre Daten werden bei Bedarf berechnet. Als Ausgangspunkt dafür dient teils ein systeminterner Fixpunkt, den man „time zero" nennt, und teils das von der geräteeigenen Uhr aktuell gehaltene Datum. Für diese Berechnungen wurden spezielle Algorithmen erdacht, die man als eine besondere Form „ewiger Kalender" auffassen kann. Viele Astronomen und Mathematiker, darunter auch qualifizierte Amateure, haben sich mit analytischen Lösungen der Kalenderberechnung beschäftigt. Der württembergische Lehrer Christian Zeller veröffentlichte 1882 einen Algorithmus zum Bestimmen des Wochentages für ein gegebenes Datum. Die „klassischen" Osterformeln für den gregorianischen Kalender hatte der Mathematiker, Astronom und Physiker Carl Friedrich Gauß im Jahre

1800 formuliert. Aber erst der Osteralgorithmus des Franzosen J.-M. Oudin aus dem Jahre 1940 kam ohne Ausnahmeregeln und Hilfszahlen aus.

2. Alte Kulturen im vorderen Orient

Im „Zwischenstromland" Mesopotamien blühten am Anfang des dritten Jahrtausends die theokratischen Stadtstaaten der Sumerer. Das Leben des Einzelnen wurde geprägt vom religiösen Dienst am Staatswesen, und dieser wurde durch den Kalender geordnet. Das öffentliche Jahr war ein Lunisolarjahr von 354 Tagen und bestand aus zwölf Mondmonaten von abwechselnd 29 und 30 Tagen. Durch gelegentlichen Einschub eines Schaltmonats wurde es mit dem Sonnenjahr von rund 365¼ Tagen in Einklang gebracht, um den Anforderungen des Ackerbaus zu entsprechen. Anfangs ließen die Sumerer ihr Jahr beginnen, wenn die Witterung frühlingshaft erschien. Später richteten sie sich nach der Frühlings-Tagundnachtgleiche.

Dem einfachen Volk genügte vorerst der Mond als Zeitweiser, und wenn es an der Zeit war, den Göttern zu danken oder sie um neue Wohltaten zu bitten, sagten es ihnen die Chaldäer genannten Priester. Diese abgesonderte Bevölkerungsgruppe beschäftigte sich besonders mit dem Geschehen am Himmel und wusste bereits um 2500 v. Chr., dass Sonne, Mond und Planeten auf geschlossenen Bahnen durch die Tierkreisbilder ziehen. Die vier Jahrpunkte konnten sie sowohl mit dem Gnomon als auch aus der Stellung der Gestirne bestimmen.

Weil der Fixsternhimmel von der Erde aus betrachtet rascher rotiert als die Sonne, zeigen sich im Jahreslauf immer neue Sternbilder kurz vor Sonnenaufgang am Osthimmel. Die Chaldäer und nach ihnen Ägypter und Griechen bestimmten die wechselnden Positionen von Sonne und Fixsternen zueinander anhand dieses „heliakischen Aufgangs", indem sie beobachteten, welche Sterne an welchen Tagen unmittelbar vor Sonnenaufgang am Horizont auftauchten. Bereits um das Jahr 2340 v. Chr. wurden in Mesopotamien die Morgenerstaufgänge von 34 Fixsternen im

Keilschrift-Dokument *MUL.APIN* verzeichnet. Deshalb gab es hier neben dem „bürgerlichen" Lunisolarjahr von 354 Tagen mit gelegentlicher Schaltung den oben erwähnten astronomischen Normalkalender zu 360 „Tagen", die 360 Bogengraden auf der Ekliptik entsprechen. Und die chaldäischen Astronomen stellten eine Beziehung zwischen beiden her. In den *MUL.APIN*-Tafeln fand der Wissenschaftshistoriker Werner Papke die älteste bekannte Schaltregel der Kalendergeschichte. Sie koppelt den Neujahrstag des bürgerlichen Jahres an den Beginn des astronomischen Normaljahres und lautet: „Wenn am 1. Nisannu [Name des ersten Monats] das Siebengestirn [Plejaden] und der Mond in Konjunktion stehen, ist das Jahr normal. Wenn dieses Ereignis erst am 3. Nisannu beobachtet wird, so ist dieses Jahr ein Schaltjahr."

Auch die unterschiedliche Dauer der astronomischen Jahreszeiten war den Chaldäern genau bekannt, denn mit dem Gnomon lassen sich die vier Hauptpunkte des Jahres bis auf einen Tag genau bestimmen. In *MUL.APIN* werden die vier Jahrpunkte zusätzlich durch die Angabe von „Wachen" charakterisiert, die MA.NA. Das sind Gewichtseinheiten, die während einer Wache aus einem standardisierten Wasserbehälter ausfließen. Damit ist zugleich die frühe Verwendung der Wasseruhr bezeugt. Auf die Tagundnachtgleichen fallen je drei MA.NA Tag- und Nachtwachen, während die Sonnenwendtermine durch vier beziehungsweise zwei MA.NA Tag- und Nachtwachen bestimmt wurden. Die Unterteilung der Wachen in Viertel war Ausgangspunkt für den seit dem siebenten Jahrhundert v. Chr. bezeugten 24-Stunden-Tag.

Seehandel mit dem Indusgebiet brachte kulturellen Austausch. Nomadenvölker aus den umliegenden Steppen drangen – immer wieder und wie in aller Welt – gegen die sesshaft gewordenen Hochkulturen vor. So überlagern und verbreiten sich Kulturen, und langsam löste eine semitische Kultur die sumerische ab. Von etwa 2350 bis 1950 v. Chr. herrschten in Mesopotamien die Akkader. Sie übernahmen die Bilderschrift der Sumerer und wandelten sie zur Keilschrift um. Dann wurde das Reich in Assyrien und Babylonien geteilt.

Die babylonische Kultur vermittelte die ersten Ansätze grundlegender Wissenschaften an die nachfolgenden Generationen. Dabei spielten Astronomie und Astrologie, damals noch eine untrennbare Einheit, eine entscheidende Rolle. Aus ihnen erwuchs Zahlensymbolik, und die „heiligen Zeichen" führten zum Zahlensystem. Seine Anfänge stammen bereits aus dem dritten vorchristlichen Jahrtausend. Das heute „babylonisch" genannte Zahlensystem Mesopotamiens ist wie unser dezimales ein echtes Positionssystem. Nur ist seine Basis die Sechzig anstelle der uns vertrauten Zehn, und deshalb heißt es lateinisch Sexagesimalsystem. Vor der Erfindung des indisch-arabischen war es das am besten entwickelte Zahlensystem und wurde noch von den antiken Astronomen Griechenlands und Roms für komplizierte Berechnungen benutzt. Dadurch gelangten seine Spuren in unsere Zeitmessung: Wir teilen die Stunde in 60 Minuten und die Minute in 60 Sekunden.

Die kultische Verehrung der Mondgötter in Babylonien, Phönizien und auf der arabischen Halbinsel hatte dazu geführt, dass man den jeweils 7., 14., 21. und 28. Tag eines Monats besonders beachtete. Ungeklärt ist, weshalb sie als „böse Tage" galten. Wahrscheinlich wurden zu diesen Terminen besondere Rituale ausgeführt, vielleicht solche, die Unterwerfung unter die Gottheit ausdrücken sollten. Wenn sich Gläubige bei dieser Gelegenheit an Vollmondtagen geißelten, hieß das auf babylonisch *schapattu*, „büßen". Als Juden der Oberschicht im sechsten Jahrhundert v. Chr. in Babylonien im Exil lebten, könnte dieser Brauch zum Ausgangspunkt für den jüdischen Sabbat geworden sein, für seinen Charakter als Buß- und Bettag wie auch für das Wort. Im Lauf der weiteren Entwicklung führte das zur siebentägigen Woche. Allerdings ist der Begriff einer Woche in unserem Sinne, die ohne Bezug auf den Monat durch das Jahr läuft, in Babylonien noch nicht nachweisbar.

Nach und nach wurde der „bürgerliche" Kalender Babyloniens immer strenger geordnet. Er beruhte auf dem Mondjahr zu 354 Tagen, das man in zwölf Monate mit abwechselnd 29 und 30 Tagen teilte. Diese Monate begannen mit dem Neulicht und wurden durch Beobachtung „amtlich" bestätigt. Als die Chaldäer analog zum Jahr auch den Tierkreis in zwölf Abschnitte gliederten, gelangten dessen zwölf Sternbilder in eine feste Beziehung zu den Monaten des Sonnenjahres. Im weiteren Verlauf kam die Sitte auf, zwölf der überall zahlreichen Götter besonders hervorzuheben. Die Vermutung liegt nahe, dass die Wahl ausgerechnet dieser Zahl von vornherein mit der Anzahl der Monate zusammenhing. Dadurch wurde eine Beziehung zwischen Göttern, Tierkreisbildern und Monaten hergestellt. Nun standen den zwölf Monaten bestimmte Götter vor. Bei den Ägyptern und Persern entwickelte sich daraus die Gepflogenheit, die Monate nach ihnen zu benennen. Die „Zwölfgötter" konkurrierten mit den sieben „Planetengöttern".

Aus der Zwölfteilung des Jahres hatte sich ergeben, dass einige der Astronomen Babylons auch den Tag in zwölf gleich lange Abschnitte, die „Doppelstunden" *bīru* teilten. Andere betrachteten dagegen Tag und Nacht als voneinander unabhängige Phänomene und wandten die Zwölfteilung auf jedes von beiden an, sodass sich 24 Stunden des Tages ergaben. Den 24 Tagesstunden ordneten nun die Astrologen die sieben Planetengötter zu. Um 700 v. Chr. eroberten diese auch die Tage. Deshalb bestimmen sie bis heute unsere Namen der Wochentage. Möglicherweise hatte sich bereits damit die siebentägige Woche konsolidiert. Aber im Geschäftsleben Babylons benutzte man damals lückenlos aufeinander folgende fünftägige „Wochen" als Rechnungseinheit.

Um 5000 v. Chr. begannen Menschen im fruchtbaren Tal des Nils mit dem Ackerbau und erfuhren die Unzulänglichkeit des Mondkalenders für diesen Zweck. Es wurde nötig, Zeitrechnung auf die Jahreszeiten zu beziehen. Anders als an Euphrat und Tigris war der dreigeteilte Jahresrhythmus des Nil deutlich ausgeprägt und zuverlässig. Seine Flut überzog die Felder mit fruchtbarem Schlamm, danach wuchsen die Pflanzen, und anschließend wurde geerntet. Der Fluss bestimmte jegliches Leben, und er verband die Menschen als bequemer Transportweg für Waren und Ideen. Vor fünf Jahrtausenden wurde Ober- mit Unterägypten vereinigt.

Im ganzen Reich durchdrang eine einheitliche Religion alle Bereiche des Lebens und ein absolutes Gottkönigtum herrschte in 31 Dynastien von 3000 bis 332 v. Chr.

Bevor es aber dazu kam, hatten sich unterschiedliche religiöse Vorstellungen ausgebildet. Bei den Bewohnern des nördlichen Deltas bestimmte die Sonne unmittelbar das religiöse Jahr, während im südlichen Niltal Sterne im Mittelpunkt des Interesses standen. Entsprechend unterschieden sich die Mondkalender beider Gegenden. Hauptfest und Jahresbeginn fielen – um etwa sechs Mondmonate gegeneinander verschoben – in die Nähe der Sonnenwenden. Eigentümlich und nur aus Ägypten bekannt ist die Festlegung des Monatsanfangs. Während andere Kulturen den Vollmond oder das Sichtbarwerden der neuen Mondsichel nach Sonnenuntergang im Westen wählten, bezog man sich hier auf den ersten Tag, an dem der alte Mond kurz vor Sonnenaufgang im Osten nicht mehr gesehen werden konnte. Logisch damit verbunden ist der Beginn des Tages bei Sonnenaufgang.

Man verehrte Naturerscheinungen, Tiere und die Ahnen. Vereint zu einer vielfältigen Götterwelt, verbanden sie diesseitiges Leben mit andauernder Existenz als Toter. Ein Wort für die begrenzte Lebenszeit, *ahau*, entwickelte sich zu einem allgemeinen Oberbegriff für abgemessene Zeitspannen. Innerhalb dieser gab es *at*, die Zeit „von etwas" – all jene Momente, in denen sich ein Phänomen zeigt, in denen etwas geschieht. Davon unterschied man *ter*, den rechten Augenblick „für etwas", was auch das Wort für „Jahreszeit" ist. Als Teile der abgemessenen Zeit kannte man die sich wiederholenden Stunden, Tage, Dekaden, Monate und Jahreszeiten sowie das Jahr. Das Wort der Ägypter für Stunde bedeutet „die vergehende" – sie weicht der folgenden. Wenn aber ein Jahr abgelaufen ist, weicht es nicht dem nächsten. Ihm folgt kein neuer Abschnitt von Zeit, sondern die Zeit selbst beginnt von Neuem. Das Jahr heißt deshalb „das sich verjüngende". Diese Namen bringen zwei entgegengesetzte Aspekte von Zeit zum Ausdruck. Ägypter unterschieden nicht zwischen Vergangenheit, Gegenwart und Zukunft im Sinne unseres linearen Zeitverständnisses. Das führte auch zu einer anderen Struktur der Sprache.

Auch bei den anderen semitisch-hamitischen Sprachen kennt man nicht drei Zeitformen, sondern eine Zweiteilung in vollendete und unvollendete Aspekte.

Auch die Götterwelt der Ägypter reflektiert dieses Zeitverständnis. Der Sonnengott Re (Ra) erschien dem Sonnenlauf entsprechend in unterschiedlicher Gestalt. Am Morgen war er Chepre, „der Werdende" und abends Atum, „der Vollendete", Repräsentanten der unterschiedlichen Aspekte der Zeit. Re, ihr verborgener Oberbegriff, wurde an jedem Tag neu geboren, reiste über den Himmel, verbrachte in jeder seiner zwölf Provinzen eine Stunde, alterte und starb am Abend. Im ägyptischen *Pfortenbuch* im Grab Ramses' IV. aus dem 14. Jahrhundert v. Chr. gibt es den Mythos von der Zeit-Schlange, die die Stunden gebiert und verschlingt.

Seit 2600 v. Chr. hatte Ägypten Handel mit Phönizien. Sei es, dass hierdurch die Kunde von der babylonischen Zeitrechnung vermittelt wurde, sei es, dass man selbstständig die Analogie zu den zwölf Monden des Jahres fand – Tag und Nacht wurden in je zwölf Stunden geteilt, deren Länge sich mit den Jahreszeiten änderte. Jede Stunde ist mit Kulthandlungen der Priester in den ägyptischen Sonnenheiligtümern verbunden. Zeit war keine selbstverständliche Gegebenheit, und es wurde davon ausgegangen, dass dieses Handeln den Gang der Sonne aufrechterhält.

Es dürfte im vierten Jahrtausend v. Chr. gewesen sein, als aus praktischen Belangen der Wunsch entstand, den Eintritt der Nilflut genauer vorherzusagen. Das gab Anlass, die Tage des Jahres zu zählen. Man kerbte dazu die Rippe eines Palmblattes; so verrät es uns das Hieroglyphenzeichen für „Jahr". Schon nach wenigen Jahren konnte man ziemlich genau den ungefähren Durchschnittswert von 365 Tagen gefunden haben. Als dann ein Mehrprodukt an Nahrungsmitteln erzielt wurde, mussten Arbeitstage, Arbeitskräfte und Erzeugnisse gezählt, gemessen und berechnet werden. Deshalb gehören Zählen, Messen und Rechnen zu den frühesten geistigen Tätigkeiten des Menschen. In Ägypten benutzte man dafür von Anfang an ein Dezimalsystem. Die Zehn taugte auch für die Kalenderrechnung – nach ungefähr dreimal zehn Tagen gab es einen neuen Mond. Wichtige Ereignisse hielt man in einer Bilderschrift fest. Aber während man in Sumer die Schrift zu praktischen Zwecken der Tempelverwaltung nutzte, diente sie in Ägypten als Zeremonialschrift der Verherrlichung der Gottkönige. Seit 2500 v. Chr. zeichnete man regelmäßig Ereignisse des Jahres auf. Diese Anfänge von Geschichtsschreibung ermöglichten später eine Zählung der Jahre. Schreiber waren Beamte und organisierten die Verwaltung des Reiches. Sie hatten auch die Termine für Aussaat und Ernte, die für Opfer und Beschwörungen geeigneten Tage festzusetzen. So entstand der auf Jahrhunderte genauer Beobachtung zurückgehende Kalender als Einheit naturwissenschaftlicher Daten und religiöser Termine. Zugleich bildete sich eine besondere Kaste von Oberpriestern. Mit ihrem Bemühen, sich selbst und ihre Machtposition in der altgefügten Ordnung der Dinge zu bewahren, wurde sie zwangsläufig zum Hüter und Bewahrer dieses Kalenders.

Nachdem sich um 2900 v. Chr. Ägypten als einheitlicher Staat konsolidiert hatte, wurde der Kalender radikal vereinfacht, schematisiert und wahrscheinlich im Jahre 2776 v. Chr. als einheitlicher Staatskalender eingeführt. In Anlehnung an den Mondkalender blieb man bei zwölf Monaten, gab aber jedem 30 Tage und fügte am Schluss eines jeden Jahres fünf Tage, die Epagomenen, hinzu. Dieser altägyptische Staatskalender ist der Prototyp aller Sonnenkalender einschließlich unseres eigenen.

Doch weder für die religiösen Angelegenheiten noch für das tägliche Leben war der amtliche Sonnenkalender brauchbar. Sein vereinfachtes Jahr war um einen Vierteltag zu kurz, und sein Neujahrstag wanderte deshalb durch alle Jahreszeiten. Der Mondkalender dagegen war stellar synchronisiert. Das ging wohl auf Hirten zurück, die den Nachthimmel besonders oft und lange betrachteten. Sie erkannten ihren Kollegen Orion am Himmel und den ihn begleitenden „großen Hund". Einer seiner Sterne erhielt den Namen Hundsstern (Canis Majoris). Wir kennen ihn als Sirius, die Griechen nannten ihn Sothis, und diese Namensform hat sich in der Kalender-Literatur eingebürgert. Bis zu drei Monaten im Jahr ist der Stern nicht sichtbar. Wenn er dann in der Morgendämmerung unmittelbar vor der Sonne wieder aufblitzte, nahte in der Gegend des heutigen Kairo die Nilüberschwemmung. Mit dem Beginn der Flut verjüngte sich das Jahr, begann eine neue Abfolge der Monate. Für Zwecke der Landwirtschaft blieb es bei diesem gebundenen Mondjahr. Aber die an die Mondphasen geknüpften religiösen Verrichtungen sollten mit dem amtlichen Zivilkalender verbunden werden. Dazu wurde ein zusätzlicher Mondkalender entworfen und durch das Ziviljahr synchronisiert. Um den amtlichen Neujahrstag pendelnd bewegte sich auch dieser Jahresbeginn nach und nach durch alle Jahreszeiten. Jahrtausende hindurch wurden die drei verschiedenen Kalender nebeneinander für die unterschiedlichen Zwecke benutzt.

Nicht Sonne, Mond und Sothis allein bestimmten die Zeitrechnung Ägyptens. Ausgehend von zwölf Stunden der Nacht und von ihrem Dezimalsystem beobachteten die Astronomen 36 helle Sterne südlich des Tierkreises, die sie in Gruppen zu Zwölf ordneten. Die Sterne einer Gruppe gingen nacheinander während der zwölf Nachtstunden auf. Nach zehn Tagen hatten sich die Aufgangszeiten so weit verschoben, dass die nächste Zwölfergruppe von Sternen an der Reihe war. So entstand ein durch das Jahr laufender zehntägiger Zyklus. Dekade nannten die Griechen später den Zeitraum von zehn Tagen, und der erste Stern jeder Gruppe, mit dessen Aufgang eine neue Dekade begann, hieß „der Dekan".

Im Jahre 332 v. Chr. dehnte Alexander der Große sein Weltreich über Ägypten aus. Das zu seinem Ruhme gegründete Alexandria wurde für drei Jahrhunderte zum Mittelpunkt des hellenistischen Geisteslebens. Hier erließ Ptolemäus III. 238 v. Chr. das *Dekret von Kanopus*. Es legte das Jahr zu 365¼ Tagen fest und bestimmte das Anhängen eines sechsten Epagomenentages in jedem vierten Jahr. Aber das Beibehalten des Wandeljahres lag im Interesse der mächtigen Priester, sicherte ihre Vormachtstellung. So wurde die neue Regel bereits unter seinem Nachfolger wieder abgeschafft. Doch die Idee des Sonnenjahres zu 365¼ Tagen nahm im Jahre 46 v. Chr. den Weg aus Alexandria nach Rom.

640 eroberte der Araber Amr Ibn el As Ägypten, gründete Fustat, das spätere Kairo, und brachte den islamischen Mondkalender mit. Aber in der Form der alexandrinischen Zeitrechnung behielten die Kopten (die christlichen Nachkommen der alten Ägypter) den ägyptischen Kalender auch unter römischer, byzantinischer und der Araberherrschaft bei, denn nur er war zur Planung landwirtschaftlicher Arbeiten tauglich. Sie benutzen ihn noch heute.

Im dritten und zweiten Jahrtausend v. Chr. verbreiteten sich von Indien bis zum westlichen Rand Europas Völker, die in einem allgemeinen kulturellen Zusammenhang stehen. Wesentliches Merkmal sind ihre sprachlichen Gemeinsamkeiten, die wir „indogermanisch' nennen. Einige ihrer Stämme, die Meder und die Perser, wanderten in das Hochland zwischen Schwarzem und Kaspischem Meer ein. Ihr späteres Großreich umschloss etwa den heutigen Iran, Afghanistan und Turkmenien. Dort gründete Achämenes um 700 v. Chr. ein Königreich der Iraner. Der Kalender der Achämeniden in der Frühzeit ihrer Herrschaft war das alt-persische Jahr. In ein Rundjahr von 360 Tagen wurden zusätzliche Tage – zunächst nach Bedarf – geschaltet. Es entsprach völlig dem der Babylonier mit Ausnahme der Monatsnamen und des Jahresbeginns im Herbst.

Die Volksreligion der Meder verehrte den Tag und die Nacht als Zwillingssöhne eines Berggottes Zervan. Unter Einfluss der Assyrer, die sich ihre Götter nicht körperhaft vorstellten, formten die Magier daraus ihren Schöpfergott Zurvan. Ihnen war er der Vater von Tag und Nacht – die Zeit. Sie vereinigten vorderasiatische und altiranische Vorstellungen und schufen den Zurvanismus – die Religion der Zeit. In ihrem Mittelpunkt stand Zervan Akarana („die ewig während Zeit"), aus der alles hervorging und die alles in sich aufnahm.

Andere Bergstämme verehrten den Sonnen- und Himmelsgott Assara Mazas als oberste Gottheit. In Zusammenhang mit dem Wirken des Religionsreformators Zarathustra entstand aus ihren Vorstellungen die Mazda-Religion. Sie stellte der Vielfalt der Stammesgötter eine hierarchische, einheitlich-zentralisierte Götterwelt entgegen. Ahura Mazda verkörperte das Gute in der Welt. Von ihm geschaffene Schutzgötter, die Amesha Spentas, herrschten über die Teile des Jahres. Der Kalender der Zoroastrier gruppierte sie um Ahura Mazda in dessen Mitte. Altüberlieferte Legenden und Kulttexte wurden nach und nach durch die Ideen der Mazda-Religion erweitert. Ab dem siebenten Jahrhundert v. Chr. erfolgten erste Niederschriften; sie wurden das *Avesta* („die Sammlung") genannt. Die Zeitrechnung der Aryaner ist begrifflich damit verbunden.

Im Nordosten des Iran entstand der alt-avestische Kalender. Anfangs bestimmten zwei Ereignisse sein Jahr. Es begann mit *maidyoshahem* im Sommer und wurde durch *maidyarem* („Jahresmitte") geteilt. Der Spätsommer hatte im Iran seit jeher einen natürlichen Wendepunkt des Lebens markiert, Regen löste eine monatelange Hitzeperiode ab. Um diese Zeit konnte der heliakische Aufgang des Sterns Sirius beobachtet werden. Hier nannte man ihn Tishtrya, die regenbringende Gottheit. Etwa um 1500 v. Chr. fielen Siriusaufgang und Jahresbeginn zusammen. Um diese Zeit dürfte der alt-avestische Kalender frühestens definiert worden sein. Um 500 v. Chr. änderte sich die Definition von maidyoshahem: Es löste sich von Tishtrya ab und wurde in Beziehung zur Sonnenwende gesetzt. Um diese Zeit erlebte der Iran einschneidende Kalenderreformen.

Wohl alle Völker sind in ihren ersten Ansätzen einer Zeitrechnung vom Mond ausgegangen. Dann brachte man Monate mit Göttern in Verbindung. Zwölferreihen von Göttern erschienen im 14. Jahrhundert v. Chr. in Oberägypten, im 13. Jahrhundert bei den Hethitern, im 12. Jahrhundert in Mesopotamien. Sie standen den Monaten als Patrone vor. Nicht viel später wird diese Entwicklung den Iran erreicht und die Ausprägung des alt-avestischen Kalenders beeinflusst haben.

Das alt-avestische Jahr war anfänglich noch das gebundene Mondjahr mit 354 Tagen und gelegentlichen Schaltmonaten. Ihm folgte ein Jahr mit 360 Tagen. In Babylon diente es als „Normaljahr". Es entspricht auch dem alten vedischen Jahr Indiens und hatte wie dieses zwei Teile zu je 180 Tagen. Diese gleichmäßige Zweiteilung wich einer Verteilung auf 210 Sommer- und 150 Wintertage. Später entstand durch Definition von Sommer- und Wintermitte eine Vierteilung. Schließlich bildete sich ein Landwirtschaftsjahr mit sechs Teilen unterschiedlicher Länge aus. Die sechs Jahresfeste als Gerüst der Zeitrechnung betonend, wurde der alt-avestische Kalender bis zu seiner Reform um 510 v. Chr. in den Gemeinschaften der Zoroastrier als Religionskalender benutzt. Parallel dazu gab es den altpersischen Kalender als offizielles staatliches Zeitrechnungssystem, das auch die Nicht-Zoroastrier im Lande verwendeten.

Als die Iraner 525 v. Chr. Nordägypten eroberten, führte das zur Übernahme des ägyptischen Zeitrechnungswesens durch die Zoroastrier. In einer „ersten Reform" um 510 v. Chr. ersetzten sie ihren alt-avestischen Kalender durch eine genaue Kopie des ägyptischen Systems, die man den neu-avestischen Kalender nennt. Mit geringen Veränderungen erhielten sich dessen Monatsnamen bis heute im kultischen Jahr der Zoroastrier. Aber im zu kurzen ägyptischen Wandeljahr fehlt dem Kalender alle vier Jahre ein Tag. Infolgedessen rückten die jahreszeitlich gebundenen religiösen Feste auf immer frühere Termine. Als man nach einigen Jahrzehnten die Abweichungen bemerkte, schufen die Priester ein für ihre Zwecke stabilisiertes religiöses Jahr. Ungefähr aller 120 Jahre sollte künftig ein dreizehnter Monat eingeschaltet werden.

Neben diesem stabilisierten Jahr diente das alt-persische Rundjahr (babylonischen Ursprungs) von durchschnittlich 365 Tagen weiterhin als Ziviljahr für die nicht religiösen Zwecke. Damit die Tagesbezeichnungen zwischen beiden Kalendern nicht voneinander abwichen, begann man beim Rundjahr die Epagomenen zu verschieben. Sie wanderten nun bei jeder Schaltung einen Monat weiter. Dadurch blieben sie im Vergleich zum Sonnenjahr immer in dem Zeitraum kurz vor Frühlingsanfang. Das Schalten des Kalenders geschah mit religiösem Pomp und wurde als wichtiges staatliches Fest begangen.

Für das Alltagsleben des Volkes war indessen die Existenz von Kalendern nahezu bedeutungslos. War es ausnahmsweise nötig,

Tage zu zählen, so wurden im Umgang mit der analphabetischen Bevölkerung pragmatische Lösungen gefunden. Herodot berichtet, König Dareios habe auf einem Feldzug einer Abteilung Krieger einen geknoteten Riemen übergeben mit dem Befehl, jeden Tag einen Knoten zu lösen und nach Ablauf dieser Tage einen bestimmten Auftrag zu erfüllen.

Die Kalender des Iran kannten keine Ruhetage außer den Jahreszeitenfesten. Im langen arbeitsreichen Sommer benötigten die Ackerbauern zweifellos mehr Pausen, und man schob zwei weitere Jahreszeitenfeste ein: das Fest des „hohen Frühlings" 60 Tage vor und das herbstliche Fest des „Heimkommens" (was die Wanderung der Herden meint) 75 Tage nach maidyoshahem. So bekam das Jahr sechs Teile ungleicher Länge. Sie hatten keine Beziehung zu den Monaten der jeweils benutzten Kalender. Aber es fällt auf, dass die Zahl der Tage in allen sechs Abschnitten durch 15 teilbar ist. Das Jahr scheint also aus 24 gleichen Teilen konstruiert, was die Vermutung nahelegt, dass es sich bei den 15-tägigen Einheiten um den Überrest einer früheren primitiven Zeitrechnung nach „Halbmonaten", also nach Mondphasen handelt. So organisierte Kalender sind aus Indien und Südostasien bekannt, und auch Völker Nordeuropas verwendeten 14-tägige Einheiten.

Mit einer „zweiten Reform" des Kalenders 441 v. Chr. wurde der Jahresbeginn weg vom ägyptischen hin zum babylonischen Neujahrstag, in die Nähe der Frühlings-Tagundnachtgleiche verlegt. Außerdem wurden das Frawardigan- und das Mithra-Fest in den neu-avestischen Kalender aufgenommen. Die „zweite Reform" kann als Fusion des (babylonisch basierten) alt-persischen mit dem neu-avestischen Kalender verstanden werden.

Es gab im Iran einen festgesetzten Termin für die Erhebung der Steuern, der nach Ernteabschluss liegen, also mit den natürlichen Jahreszeiten synchronisiert sein musste. Deshalb verwendete die staatliche Verwaltung neben dem offiziellen ein genaueres Jahr. Aber sie benutzte nicht das religiöse geschaltete Jahr, sondern bevorzugte eine eigene Rechnung mit gerundeten Werten. Wie beim späteren julianischen Jahr der Römer nahm man die Jahreslänge mit 365¼ Tagen an und schaltete nach jeweils 120 Rundjahren. Dieses Nebeneinander eines Rundjahres mit mehreren unterschiedlich geschalteten Kalendern im Iran ist gut durch historische Quellen belegt. Etliche Nachbarvölker übernahmen das iranische Zeitrechnungssystem ganz oder teilweise in verschiedenen Etappen seiner Entwicklung. Zu ihnen gehörten unter anderen die Sogdier in Mittelasien, mit deren Sprache sich Elemente persischer Religion und Zeitrechnung über die Seidenstraße bis China verbreiteten.

Als das neue Weltreich Alexanders des Großen Mesopotamien, Persien und Medien verschlang, endete 331 v. Chr. die Zeit der Achämeniden. Nach Alexanders Tod teilten seine Feldherren das Reich unter sich auf. 312 v. Chr. nahm einer von ihnen, Seleucus I. Nicator, Besitz von Babylon und herrschte von hier aus über Iran und Syrien. Mit ihm beginnt die Seleukiden-Ära. Eine darauf bezogene Jahreszählung wurde von den Juden bis ins elfte Jahrhundert benutzt, und einige im Libanon abgesondert lebende Christen rechnen noch heute nach ihr. Im siebenten Jahrhundert beendete der Ansturm der islamischen Araber die Unabhängigkeit des Irans einschließlich seiner Kalender. Doch in Gestalt von drei verschiedenen religiösen Kalendern der damals emigrierten Zoroastrier blieb die avestische Zeitrechnung bis zur Gegenwart ununterbrochen in Gebrauch.

1040 unterwarfen türkische Seldschuken den Iran. Ihr Großsultan Dschelal ed-Din Malik Schah reformierte die Jahreszählung, und am 15. März 1079 begann die Ära Dschelaleddin. Das geschah in einer Blütezeit der islamischen Naturwissenschaften, und auf den Rat führender Mathematiker und Astronomen legte man den Jahresbeginn auf den Tag des astronomischen Frühlingsbeginns. Dazu wurden einmalig 18 Tage eingeschaltet und bestimmt, dass immer dann, wenn am Jahresende eine Abweichung vom Frühlingsäquinoktium droht, ein sechster Epagomenentag anzuhängen sei. Das entspricht im Prinzip jenem Vorgehen, zu dem sich Europa erst 1582 bei Gregors Reform des julianischen Kalenders entschließen konnte.

Seit der Zeit Dschelal ed-Dins waren neben dem offiziellen Kalender auch die sogenannten Sonnenmonate in Gebrauch,

denen je ein Abschnitt der Ekliptik von 30 Grad Länge zugeordnet ist. Weil die Bahngeschwindigkeit der Erde nicht konstant
ist, schwankt ihre Dauer zwischen 29 und 32 Tagen. Trotzdem
erlebten sie im Jahre 1911 im Iran ihre offizielle Einführung im
Rahmen eines Borji genannten „Sonnenkalenders". 1925 setzte
die Pahlewi-Dynastie den Borji außer Kraft und führte den neui-
ranischen Kalender ein. Dabei wurde ein Kompromiss zwischen
Sonnen- und gregorianischem Kalender gefunden. Die Monate
sind dem Lauf der Sonne weitgehend angepasst, und ihre Namen
gehen auf die Tradition des neu-avestischen Kalenders aus dem
sechsten Jahrhundert v. Chr. zurück. Die Jahreszählung beginnt
zwar in muslimischer Tradition mit dem Jahr der Hidschra,
stimmt aber trotzdem nicht mit der sonst in der arabischen Welt
gebräuchlichen, am 15. Juli 622 n.Chr. beginnenden Hidschra-Ära
überein, denn sie benutzt Sonnen- statt der kürzeren Mondjahre.

Vorderasien ist seit Jahrtausenden Schmelztiegel der ältesten
Kulturen und zugleich Schauplatz nicht endender Auseinander-
setzungen. Die dort ablaufenden Veränderungen erfassten auch
und vor allem die religiösen Vorstellungen der Völker. Um 1200 v.
Chr. waren in Ägypten und im Iran die ersten monotheistischen
Ideen aufgetaucht. Sie erreichten auch jene semitischen Völker,
die seit Ende des vierten Jahrtausends in Mesopotamien siedelten
und aus denen sich später das Volk der Israeliten bildete. Im Land
am Jordan entstanden nach und nach seine Staaten Israel und
Juda. 587 v. Chr. eroberten Babylonier Judas Hauptstadt Jerusa-
lem. Die jüdische Oberschicht wurde nach Babylonien deportiert,
konnte aber ihre religiöse und ethnische Eigenart bewahren. Nur
fünfzig Jahre später fiel Babylon in die Hand der Perser, und
dadurch erhielt der Monotheismus neuen Auftrieb. Fünf Jahrhunderte darauf formte sich in der Tradition des Judentums die
christliche Lehre und verbreitete sich in der Welt. Nach weiteren
sechshundert Jahren verkündete Muhammad eine neue, auf jüdischen und christlichen Elementen basierende Religion: Der Islam
trat seinen Siegeszug an. Jede dieser großen Religionen brachte
eigene dauerhafte Kalendersysteme hervor.

In vor-mosaischer Zeit lebten im Lande Kanaan Ackerbau trei-
bende Völker und teilten das Jahr in den trockenen „Sommer" und
den regenreichen „Winter". Am Ende des Bauernjahres feierten
sie ein Herbst-Erntefest. Hirtenvölker dagegen waren Nomaden
und feierten ein Frühjahrs-Reinigungsfest mit dem Opfer eines
jungen männlichen Tieres. Weil es auf alte Mondkulte zurückgeht,
fiel es gewöhnlich auf die Zeit des Frühlingsvollmonds. Zwischen
Frühjahrs- und Herbstfest schob sich ein drittes, den Schluss
der etwa siebenwöchigen Frühjahrs-Erntezeit markierend, das
„Wochenfest". Die bisher halbnomadischen Israeliten übernahmen nach ihrer Einwanderung diese drei Feste. Nach und nach
wurde eine genauer unterscheidende Zeitrechnung erforderlich,
und das freie Mondjahr bürgerte sich ein. Dann fixierte man die
drei jahreszeitlichen Feste auf Monate und bemerkte bald, wie sie
sich gegen die Jahreszeiten verschoben. Von Jahr zu Jahr wurde
jetzt eingeschätzt, ob im neu beginnenden Monat eine Ernte zu
erwarten sei, und das Begehen des Frühjahrsfestes entsprechend
festgelegt. War es noch nicht so weit, wurde ein weiterer Mond
abgewartet, ein Monat im Kalender eingeschaltet.

Das Zählen der Monate erfordert einen geregelten Jahresbeginn. Die Bauern betrachteten den Herbst, den Abschluss
landwirtschaftlicher Arbeiten vor einer längeren Ruhepause, als
Jahresende. Dementsprechend begann das jüdische Jahr – und
im religiös-kultischen Bereich gilt das bis heute – ebenfalls im
Herbst. Später, vielleicht unter babylonischem Einfluss, wurde der
offizielle Beginn des bürgerlichen Jahres auf den Frühling verlegt.

Das Ausrichten der Monate auf den Mondlauf brachte es mit
sich, dass man am Abend beobachtete, ob sich ein neuer Mond
zeige. Deshalb wurde die Zeit des Sonnenuntergangs als Beginn
eines neuen Tages betrachtet. Auch alle Monate und demzufolge
das Jahr beginnen mit Neumond. Nach dem Exil kamen die Monatsnamen der Babylonier bei den Juden in Gebrauch. Die Monate
waren 29 oder 30 Tage lang, und ihren Beginn bestimmte einzig
die Beobachtung. Ein religiöses Gericht befand nicht nur darüber,
wann ein neuer Monat begonnen hatte, sondern gegebenenfalls
auch über die Frage, welcher Monat es sei.

Mit der weiteren Ausgestaltung des sozialen und ökonomischen Lebens entstand ein Bedürfnis, die Zeiteinheit des Monats zu untergliedern und überschaubare Zeiträume zu schaffen. In der Geschichte der meisten Völker haben sich durch Übereinkunft und Überlieferung Zyklen mit einer Dauer zwischen drei und zehn Tagen herausgebildet. Innerhalb derselben wurde ein Tag besonders ausgezeichnet und hervorgehoben, teils durch seine ökonomische (Markttage), teils durch religiöse Bedeutung. Ein siebentägiger Zyklus taucht erstmals im achten Jahrhundert v. Chr. in Mesopotamien auf. Dort galt jeweils der 7., 14., 21. und 28. Tag eines Monats als arbeitsfreier Ruhetag. Aber dieser Rhythmus war an den tatsächlichen Mondumlauf gebunden und wurde deshalb immer wieder unterbrochen. Im sechsten Jahrhundert v. Chr. lernten die Juden im babylonischen Exil diesen Brauch kennen. Wir wissen nicht, was sie bewog, den Zyklus vom Umlauf des Mondes zu lösen. Vielleicht war es ihre Abneigung gegen die Verehrung der Gestirne, vielleicht war es ihr Drang, sich von den ungeliebten Babyloniern abzugrenzen. Jedenfalls führten sie die von Monat und Jahr unabhängige, durchgehende Zählung der sieben Tage ein und schrieben die entsprechenden Regelungen in der *Tora*, ihrem „Gesetz", fest: „Sechs Tage sollst du deine Arbeit tun; aber am siebenten Tag sollst du feiern, auf dass dein Rind und dein Esel ruhen und deiner Sklavin Sohn und der Fremdling sich erquicken" (Ex 23,12). Für den Ruhetag kam die Bezeichnung Sabbat auf. Die Herkunft des hebräischen Wortes wird aus dem mesopotamischen *schapattu* erklärt, das den Vollmondtag bezeichnet haben soll, aber auch die allgemeine Bedeutung „fertig sein" besaß.

Durch die Verbindung des siebenten Tages mit ihrem neuen, einzigen Gott Jahwe entstand der Begriff einer Woche, die ununterbrochen durch das Jahr läuft. Abgelöst von den Rhythmen der Natur und von Menschen geschaffen, war sie auf menschliche Bedürfnisse zugeschnitten und damit Ausdruck einer geistigen Revolution.

Sabbat war fortan Bezeichnung für den letzten Tag der Woche, der – nach unserer Rechnung – am Freitagabend begann.

Die anderen Wochentage hatten keine Namen, sie wurden, am Samstagabend beginnend, von eins bis sechs nummeriert. Als Juden in Kontakt mit Völkern traten, bei denen der Tag morgens begann, entstand die Gewohnheit, auch die Abende vor dem Sabbat und vor anderen Festen besonders zu bezeichnen. Aus diesem „Vorabend"-Begriff entwickelte sich später unser Wort „Sonnabend".

In allen frühen Hochkulturen dominierte anfänglich die zyklische Zeiterfahrung. Sie orientierte sich vor allem an den Lebensvorgängen in der Natur, am Lauf der Gestirne und der Jahreszeiten. Auch im frühen Israel war der Rhythmus der großen Feste zunächst am Ablauf des Naturjahres orientiert. Dann aber entstanden erstmalig Ansätze einer geschichtlichen Zeiterfahrung und Zeitdeutung. Die Feste wurden auf – tatsächliche oder behauptete – Ereignisse in der Geschichte des Volkes bezogen, Geschichte in den Kalender verwoben.

Später drängten fortschrittliche Kräfte auf eine Reform des jüdischen Kalenders. Man bringt sie gewöhnlich mit dem Patriarchen Rabbi Hillel II. in Verbindung und datiert sie auf das Jahr 358. Ihr endgültiger Abschluss scheint erst im zehnten Jahrhundert erreicht worden zu sein. Dieser Kalender wird bis heute nahezu unverändert benutzt. Grundsätzlich besteht jedes Jahr aus zwölf Monaten, die abwechselnd 29 und 30 Tage lang sind. Da dieses Mondjahr nur 354 Tage umfasst, wird in einem 19-jährigen Zyklus siebenmal ein ganzer Monat zugeschaltet, um Einklang mit dem Jahreszeitenwechsel zu schaffen. Von dieser grundsätzlichen Zählweise entstehen aufgrund der komplizierten jüdischen Festtagsregelung gravierende Abweichungen. Sie führen unter anderem zur Existenz von sechs verschiedenen Jahreslängen. Seit 338 n. Chr. wird der Monatsbeginn nicht mehr beobachtet, sondern minutengenau errechnet. Moled (hebräisch: „Geburt") heißt diese komplexe Datum-Zeit-Angabe.

Auch begann man, die Jahre durchgehend zu zählen. Rabbi Hillel II. nahm im vierten Jahrhundert den 7. Oktober 3761 v. Chr. als Datum der Erschaffung Adams an. Erst im elften Jahrhundert setzte sich dieses Datum als Epoche der jüdischen Kalenderära

„nach Erschaffung der Welt" endgültig durch und ist in Israel sowie in den Synagogen der Diaspora bis heute verbindlich. Heute leben weltweit 17 bis 18 Millionen Juden, die ihr religiöses Brauchtum und ihren eng damit verbundenen Kalender über Jahrtausende bewahrt haben. Im 1948 ausgerufenen Staat Israel bestimmt er die offizielle Zeitrechnung.

Allerdings war der traditionelle Kalender nicht immer der einzige von Juden benutzte. In den letzten zwei bis drei vorchristlichen Jahrhunderten operierten die Essener, eine sektenartig abgesonderte Bevölkerungsgruppe, mit einer Jahreslänge von 364 Tagen. Das entspricht 52 vollen Wochen, weshalb die Feste stets auf den gleichen Wochentag und nie auf einen Sabbat fallen. Dadurch werden die komplizierten Festtagsregeln und durch sie bedingte wechselnde Jahreslängen vermieden. Für die Stabilität des Kalenders im Sonnenjahr sorgen von Zeit zu Zeit eingefügte Schaltwochen.

Auf der Halbinsel Arabien beobachtet man drei Haupt-Jahreszeiten: Regen-, Dürre- und heiße Zeit sowie drei Zwischenzeiten. Hieraus entstanden sechs „Doppelmonate". Zur Orientierung über den Lauf des Jahres diente der Mond. Ein neuer Monat begann zwei bis drei Tage nach Neumond, wenn das „Neulicht" sichtbar wurde. Tag, Monat und Jahr fingen also mit einem Abend an. Bereits seit sehr alter Zeit pilgerten hier alljährlich Tausende zu einem heiligen schwarzen Stein in Mekka. Die in dauernder Fehde miteinander liegenden Stämme vereinbarten jährlich mehrere Monate der Waffenruhe, um allen ihren Angehörigen den Besuch des Steins zu ermöglichen. Diese als heilig betrachteten Zeiten wanderten mit den Monaten nach und nach durch alle Jahreszeiten. Doch ursprünglich waren sie jahreszeitlich geprägt und es bestand wohl der Wunsch, Pilger- wie Handelszüge zu klimatisch dafür günstigen Zeiten zu unternehmen. Das erreichte man durch gelegentliches Einfügen eines Schaltmonats. Bis zum Jahre Hidschra 9 bestand das Amt des Kalammas, der darüber zu befinden hatte. Arabische Astronomen führten schon früh eine zyklische Rechnung ein, um das Mondjahr zu ordnen. Dabei entstanden auch Formen einer regelmäßigen Schaltung.

Dann erklärte um das Jahr 610 in der Wüstenstadt Mekka ein Händler, der Engel Gabriel habe ihn beauftragt, die religiösen Traditionen der Juden und der Christen zu vervollkommnen. 622 trat er die später berühmte Hidschra („Reise") nach Medina an und gründete dort die Umma, die „Gemeinde der Gläubigen". Unter seinem Beinamen Muhammad bekannt geworden, gewann er Ansehen und Macht und konnte bald große Teile der arabischen Halbinsel unter seiner Führung einen. Der von ihm verkündete Islam basiert auf der Einheit von weltlichem und religiösem Leben. Grundlage jeglichen muslimischen Rechts – und damit auch des Kalenderwesens – ist der *Koran*. Den Text habe Muhammad durch göttliche Offenbarung empfangen, heißt es.

Als die Araber, von religiösem Eifer getrieben, eine Vielzahl von Völkern unterwarfen, wurden zahllose Kunstwerke und Bibliotheken vernichtet. Andererseits nahmen sie Teile der fremden Kulturen auf, bewahrten und verbreiteten sie. Im Gegensatz zum Christentum ließ das Weltbild des Islam Platz für ein Streben nach der Erkenntnis der Welt. In Bagdad erlebten Astronomie und Mathematik vom neunten Jahrhundert an eine neue Blüte. Zahlreiche Wissenschaftler beschäftigten sich mit der Bestimmung der Zeit, entwickelten äußerst genaue Messinstrumente und Methoden, mit denen sich die Gebetszeiten exakt feststellen ließen. Später spielten arabische Schriften eine entscheidende Rolle bei der Übertragung antiken und orientalischen Wissens an das Europa der Renaissance.

Für die Zeitrechnung der betroffenen Völker hatte das Aufkommen des Islam einschneidende Konsequenzen. Gewisse Stellen des Koran werden gewöhnlich als Verbot der Einschiebung eines Schaltmonats in den islamischen Mondkalender gedeutet. Es ist denkbar, dass damit sowohl Einflüsse fremder Zeitrechnungen als auch Elemente einer Sonnenverehrung unterbunden werden sollten. Dementsprechend ging man zu einem reinen Mondkalender über. Weil das freie Mondjahr nur 354 Tage hat, schieben sich die Monate und die Feiertage der Muslime gegenüber dem

Sonnenlauf jedes Jahr um durchschnittlich rund elf Tage vor und kehren nach annähernd 33 Sonnenjahren auf den Ausgangspunkt zurück.

Bis heute bestehen die geistlichen Führer in den meisten islamischen Ländern darauf, den Beginn der Monate durch Beobachtung des Mondes zu ermitteln. In der Praxis berechnen aber inzwischen nahezu alle islamischen Staaten ihren Kalender. Im Jahr 638 begründete Kalif Omar die Zählung der Jahre ab der Hidschra, der Auswanderung des Propheten aus Mekka. Der Überlieferung zufolge begann diese Reise am 13. Rabi 1, das ist am 24. oder 25. September des Jahres 622 n. Chr. Weil das islamische Jahr mit dem sichtbaren Neulicht des Muharram beginnt, trifft demnach der Anfang des Jahres 1 der neuen Zeitrechnung auf Donnerstag, den 15. Juli julianischer Zählung. Dies ist der heute allgemein benutzte Stichtag für den Beginn der Ära „nach der Hidschra".

Zur Zeit Muhammads hatte sich bereits die siebentägige Woche von Vorderasien her in Arabien verbreitet und verdrängte langsam die traditionellen Drei-Nächte-Einheiten. Al-Jum'ah, der Freitag, ist für Muslime der herausgehobene Wochentag, wie der jüdische Sabbat oder der christliche Sonntag. Aber im Unterschied zu diesen handelt es sich nicht um einen Tag allgemeiner Arbeitsruhe. Jum'ah beginnt mit dem Sonnenuntergang am Donnerstag und endet am Freitagabend. Das Freitagsgebet in der Moschee gehört zu den grundlegenden Pflichten eines Muslims.

Die abendländische Definition des Tages teilt die Erde in zwei Gebiete mit unterschiedlichen Wochentagen. Deren Grenzen sind zum einen jene Linie, an der es gerade Null Uhr ist, und zum anderen der 180. Längengrad als Datumsgrenze. Aber weil die Tage nach den islamischen Vorschriften mit Sonnenuntergang beginnen, können Längengrade nicht als Grenze zwischen den Tagen dienen. Das liegt daran, dass der Terminator, die Grenzlinie zwischen Tag und Nacht auf der Erdkugel, seine Form mit dem Wechsel der Jahreszeiten ändert. Streng nach den islamischen Kalenderregeln muss es deshalb auf der Erde gleichzeitig *drei* verschiedene Datierungen und damit auch drei verschiedene Wochentage geben. Heute befinden sich die muslimischen Führer in dem Dilemma, entweder mit mehreren Datierungen nebeneinander zu leben oder aber, bei Einführung einheitlicher Kalender für größere Regionen, Abweichungen von den bisherigen religiösen Vorschriften zu akzeptieren. Konsequenzen hat das vor allem für die Festzeiten.

Als 1453 Mehmed II. Konstantinopel einnahm, war der Untergang des Byzantinischen Reichs besiegelt, und das islamische Osmanenreich stieg zur Großmacht auf. Bereits vor dem islamischen Kalender galt in großen Teilen der Türkei ein reines Mondjahr mit 354 Tagen. Mond-Schalttage fügte man im jeweils 2., 5. und 7. Jahr eines achtjährigen Zyklus ein, sodass nach dessen Ablauf die Neumonde wieder auf den gleichen Wochentag fielen. Die Türken besaßen einen darauf aufgebauten „immerwährenden Kalender", den *rus-name* („Tagebuch") mit Tafeln zum Berechnen von Kalenderdaten und Tabellen mit den Gebetszeiten. *Sal-names* waren Jahrbücher, deren Kalenderteil stets die islamische Datierung enthielt und oft auch zusätzlich den Kalender der christlichen Minderheit.

Weil der Ackerbau von den natürlichen Jahreszeiten abhängt, benutzten große Teile der Bevölkerung verschiedene am Sonnenjahr orientierte Zeitrechnungen. Auch wurden die Steuern gewöhnlich nach der Ernte erhoben, und daraus ergab sich ein besonderes Steuerjahr. Seit 980 ist in Anatolien der für diesen Zweck geschaffene *Maliye-Kalender* belegt. Dann führte ihn das Osmanische Reich als amtlichen Steuerkalender ein, und er blieb bis zum 20. Jahrhundert in Gebrauch. Als Atatürk die moderne Türkei gestaltete, wurde 1926 die abendländisch-christliche Jahreszählung eingeführt, man hat sie hier als *internationalen Kalender* bezeichnet.

An den Handelsplätzen der nordafrikanischen Küste hatte der Kalender Europas frühzeitig an Einfluss gewonnen. Nach dem Entstehen arabischer Nationalstaaten führten diese mehrheitlich den gregorianischen Kalender ein und legten neue Feiertage auf seiner Basis fest. Daneben aber bestimmen weiterhin der Ramadan und die islamischen Hauptfeste das öffentliche Leben. In Ägypten hatte die britische Protektoratsverwaltung nach dem Ersten Weltkrieg den gregorianischen Kalender in Kraft gesetzt, den auch König Faruk beibehielt. Dann führte die Republik Ägypten 1953 wieder die Zeitrechnung „nach der Hidschra" ein. Libyen dagegen benutzte eine Jahreszählung, die zunächst von der Geburt des Propheten im Jahre 570 n. Chr. ausging. Im Januar 2001 wurde die Epoche des libyschen Kalenders erneut verändert. Nun zählt man ab dem Tode Muhammads (632) nach Mondjahren.

Aus muslimischen Sekten entstand 1863 die Religionsgemeinschaft der Bahai. Ihre Lehre basiert auf islamischer Tradition, bezieht aber Elemente aller Weltreligionen ein. Sie führten einen neuen Kalender ein, den sie Badi („den Wundervollen") nennen. Der Badi-Kalender beruht auf dem Sonnenjahr, das in neunzehn Monate zu je neunzehn Tagen eingeteilt wird. Dadurch ergeben sich 361 Tage, die durch vier Zusatztage ergänzt werden. Die Anpassung ans Sonnenjahr erreicht man durch einen Schalttag alle vier Jahre und eine bedarfsweise „Neueinstellung" des Jahresanfangs. Die neunzehn Tage tragen die gleichen Namen wie die neunzehn Monate; sie sind von den wichtigsten der Attribute Gottes abgeleitet. Als Feiertag gilt den Bahai jeder Monatserste. Ähnlich wie bei den Juden am Sabbat kreisen Gemeinschaftsleben und Religionsausübung um diesen Tag. Der Monat Alá wird als Fastenzeit begangen. Im Unterschied zum islamischen Ramadan fällt er stets in die Jahreszeit gemäßigten Klimas (März). Die Bahai und ihr Kalender haben in Nordamerika eine gewisse Verbreitung gefunden.

3. Das vorchristliche Europa

In Griechenland hatte sich im zweiten Jahrtausend v. Chr. die Bevölkerung schnell vergrößert und in der zergliederten Landschaft verstreut ausgebreitet. Stadtstaaten entstanden, und in ihnen bildete sich eine Vielfalt von Dialekten, Göttern, Kulten und Maßsystemen heraus. Nahezu jede Stadt besaß ihren eigenen Kalender, wobei sich gutnachbarliche Beziehungen in kalendarischen Ähnlichkeiten widerspiegeln. Am Ende des zweiten Jahrtausends gab es drei größere Volksgruppen mit drei verschiedenen eigentümlichen Systemen religiöser Feste. Diese spiegeln sich später in drei relativ einheitlichen Kalender-Gruppen wider: den ionischen, den westgriechischen und den thessalisch-böotischen Kalendern.

Es herrschte ein primitives Zeitverständnis. So war „Zeit" für Homer noch gänzlich an konkretes Handeln gebunden und kein abstrakter Begriff. Daraus folgt sein Unvermögen, das in den Epen geschilderte Geschehen als parallelen Ablauf mehrerer Handlungsstränge koordiniert darzustellen. Eine derartige Aufgabe lässt sich erst mit einem von den Geschehnissen abstrahierten Zeitbegriff bewältigen. Zur Zeit des Hesiod um 700 v. Chr. hatten sich die Verhältnisse in Griechenland gewandelt. In seinem Lehrgedicht „Werke und Tage" wird die Entwicklung in Zeitaltern angenommen, die vom goldenen (einer glückseligen, schuld- und kummerlosen Urzeit) über silbernes, ehernes, heroisches zum jetzigen eisernen immer schlechter werden.

Die Griechen kannten Chronos als Gott der Zeit. In seinem Namen wurzeln zahlreiche Begriffe unserer Gegenwartssprache wie chronisch, Chronik oder Chronometer. Später erwuchsen aus den Mythen der vielgestaltigen „auferstehenden" Götter besondere Kulte, die Mysterien. Eines davon, die Orphik, sieht in Chronos den Urheber alles Existierenden und setzt ihn mit der selbst nicht alternden, alles umschließenden und alles verschlingenden Zeit gleich. Einen gegensätzlichen Zeitbegriff personifizierten sie in Kairos, dem Gott des „günstigen Augenblicks".

Die Zeitrechnung der Griechen war seit ältester Zeit auf den Mond bezogen. Im Ergebnis der Feldzüge Alexanders des Großen erhielten sie genauere Kenntnis von der babylonischen Astronomie und Mathematik. Jetzt gelang es ihnen, den Mondkalender mit den Mondphasen zu synchronisieren. Im siebenten Jahrhundert v. Chr. kamen sie zur lunisolaren Oktaeteris: Acht Sonnenjahre eines Zyklus wurden durch fünf Mondjahre zu 354 und drei Schaltjahre zu 384 Tagen dargestellt. Dieses gebundene Mondjahr schien zunächst ziemlich gut mit den Sonnenjahren übereinzustimmen, doch bereits nach 80 Jahren erschien der

Vollmond am Neumondtermin. Die Kalender Griechenlands blieben noch lange unbrauchbar für die Planung landwirtschaftlicher Arbeiten. Im fünften Jahrhundert v. Chr. kam deshalb die Verwendung des Parapegmas auf, einer Art Steckkalender, mit dem man den Zusammenhang zwischen dem jeweiligen „amtlichen" Kalender und dem natürlichen Sonnenjahr herstellen konnte. Schließlich fand der in Athen lebende Astronom und Mathematiker Meton 432 v. Chr. eine befriedigende Lösung des Problems. Eine Periode des nach ihm benannten „Meton'schen Zyklus" umfasst 6939 Tage in neunzehn Sonnenjahren. Diese Tage wurden 235 Mondmonaten zugeordnet. Indessen war der 19-jährige Mond-Sonnen-Zyklus bei Indern und Babyloniern lange vor Meton bekannt. Später tauchten Zwölfgötterkalender auf, vielleicht dem Vorbild der ägyptischen Monatsgötter folgend. Als Erster in Griechenland hatte wohl Platon um 330 v. Chr. im Zusammenhang mit seinem Idealstaat die Idee geäußert, die zwölf Monde des Jahres nach Göttern zu benennen. Die dafür ausgewählten Gottheiten wechselten im Lauf der Zeit. Für eine fortlaufende Zählung von Jahren bestand zunächst kein Bedarf. Die einzelnen Städte führten gesondert Listen ihrer Könige, Priester, Oberbeamten oder Wettkampfsieger. Erst die überregionale Bedeutung verschiedener panhellenischer Feste veranlasste eine übergreifende Zählung der Jahre.

Aus der Verschmelzung griechischen, orientalischen und jüdischen Gedankenguts entstand die hellenistische Weltkultur. Aber ungeachtet ihrer kulturellen Gemeinsamkeiten kämpften die hellenistischen Staaten so lange gegeneinander, bis sie zu keiner Verteidigung gegen fremde Eroberer mehr fähig waren und Griechenland zur römischen Provinz wurde. Alexandrias letzter großer Astronom war der in Griechenland geborene Claudius Ptolemäus. Etwa 150 n. Chr. schuf er mit dem *Almagest* eine umfassende Enzyklopädie der Astronomie. Während seine Lehre das geozentrische Weltbild zementierte, bildeten seine Forschungen über die Länge von Monat und Jahr für mehrere Jahrhunderte die Grundlage aller weiteren einschlägigen Versuche.

Wie Griechenland wurde die von der Natur begünstigte Apenninenhalbinsel sehr früh besiedelt. Zehn Monate hatte das ursprüngliche Römerjahr. Latiner, Sabiner und andere Stämme der ältesten Zeit teilten vielleicht ein rohes Naturjahr in zehn ungleich lange Abschnitte, wie die Feldarbeiten sie erfordern. Das Jahr begann regelmäßig im März mit dem wieder erwachenden Kreislauf der Natur, doch die Länge der einzelnen Monate folgte keinen erkennbaren Regeln. Als man später die gewohnten zehn Abschnitte an zehn Monde band, blieb ein „Rest des Jahres", nämlich diejenige Zeit des Winters, in der es keine Feldarbeit gab. Aber die meist an die Jahreszeit gebundenen Feste sollten pünktlich begangen, die Äcker mussten rechtzeitig bestellt werden. Um 700 v. Chr. führte man deshalb ein reguläres Mondjahr ein. Die Urheberschaft wird dem König Numa Pompilius zugeschrieben. Von ihm berichtet die Sage, dass er gute Gesetze unter Beratung der Nymphe Egeria gab; es mag etruskischer Einfluss gewesen sein. Zwölf Monate von 29 und 30 Tagen wechselten nun einander ab; so kam man auf 354 Tage. Die eingefügten neuen Monate nannte man Ianuarius und Februarius. Schon nach Ablauf weniger Jahre konnte man auch mit dem neuen Zwölf-Monats-Kalender die Termine für Saat und Ernte nicht mehr bestimmen. Deshalb wurde ihm von Zeit zu Zeit eine gewisse Zahl von Tagen eingefügt.

Der Jahresanfang blieb noch über sechs Jahrhunderte beim März. Allerdings gab es trotzdem keinen einheitlichen Jahresbeginn, denn während bei den Latinern die Monate mit Neumond begannen, zählten die Sabiner ab dem Vollmondtermin. Als das schnell wachsende Rom Teile ihrer Kulturen integrierte, flossen auch Elemente der unterschiedlichen Kalendersysteme zusammen. Bevor im siebenten Jahrhundert v. Chr. die Latiner begannen, sich über Italien auszubreiten, blühte im Süden der Halbinsel die Hochkultur einer griechischen Kolonie und im Norden jene der Etrusker. Beide beeinflussten nachhaltig den kulturellen Werdegang des künftigen Römerreichs. Zu dieser Zeit wuchs aus Siedlungen der Latiner und Sabiner die Stadt Rom zusammen. Um 510 v. Chr. vertrieben die Römer den letzten etruskischen König und begründeten ihre Republik.

Um die sakralen Aufgaben der Könige weiterzuführen, bestimmte das Kollegium der Pontifices einen „Opferkönig". Viele Städte Latiums wie Griechenlands hatten damals einen solchen Titularkönig mit Priesterpflichten. Wenn die Zeit nahte, zu der man den neuen Mond vermutete, hielt der Pontifex minor am Abend Ausschau nach der schmalen Sichel und meldete ihr Erscheinen dem „König". Am folgenden Tage wurde das Ereignis durch die Priester ausgerufen. Vom lateinischen *calo* („ich rufe") erhielt der Tag des neuen Lichts seinen Namen Kalendae. Das lateinische Wort für den ganzen Monat ist *mensis*. Es verweist auf den Mond und seinen alten griechischen Namen *men*. Den Tag des Vollmonds nannte man den Idus, abgeleitet von *eidos* („Gestalt, Bild"). Die Römer setzten den Vollmond in die Mitte des Monats und konnten demzufolge ihren Monatsbeginn, den nicht sichtbaren Neumond, stets nur schätzen.

Kalendae und Idus teilten den Monat in zwei natürliche Hauptabschnitte. Wollte man diese weiter untergliedern, so wäre die Bildung vier gleicher Teile naheliegend. Wir wissen nicht, was die Menschen der damaligen Zeit veranlasste, sich auf drei ungleiche Abschnitte zu beschränken. Jedenfalls nahm das Ausrufen des neuen Mondes an den Kalendae auf einen dritten Höhepunkt des Monats Bezug: Der Priester kündigte an, wie viele Tage noch bis zum Viertelmond zu zählen seien. Zu diesem Termin versammelte sich erneut das Volk, und der rex sacrorum verkündete den Tag des Idus, an dem der volle Mond erscheinen würde, und ordnete die Feste des Monats an. Schrittweise kam man zu dem Schluss, dass es vom Viertel- bis zum Vollmond regelmäßig noch acht Tage dauere. Weil man den Ausgangstag mitzählte, kam man auf neun und nannte diesen dritten Haupttag Nonae.

Spätestens im vierten vorchristlichen Jahrhundert besaß dann Rom einen verbindlichen Kalender. Seine Tage werden, jedes Mal nach einem der drei Haupttage neu beginnend, unter Bezug auf den folgenden abgezählt. Dieses „Herunterzählen" – wir nennen es heute count-down – wurde sinngemäß in den julianischen Kalender übernommen und hielt sich bis ins Mittelalter. So kompliziert uns dieses Verfahren erscheint – es war für die Menschen der damaligen Zeit recht praktisch, ohne Rechnung sogleich zu wissen, wie viele Tage noch bis zur Fälligkeit von Steuern, Schulden oder Zinsen blieben.

Mit der Expansion des Reichs und der Verschmelzung mit fremden Völkern drangen zahlreiche neue Götter nach Rom ein. Entsprechend groß war die Zahl der ihnen gewidmeten Feste. Das prägte das öffentliche Leben der Stadt. So beruht denn auch ihr Kalender auf dem *fas*, der religiösen Grundordnung, und heißt deshalb Fasti. *Dies fasti* waren jene Tage, an denen offizielle Angelegenheiten vor Gericht erledigt werden konnten. Sie wurden jeweils für ein Jahr im Voraus bestimmt und später auch auf steinernen Tafeln öffentlich bekanntgemacht. Der Begriff ging von der religiösen Ordnung auf die Tage und von diesen auf die Listen und die Tafeln über. Die steinernen Fasti zeigen die Tage des Jahres, und außer den Gerichtstagen sind die Kalendae, Nonae und Idus, die Feste und die Spiele besonders markiert. Es waren also komplette Kalender, die den Umgang der Bürger mit den Göttern, mit der weltlichen Obrigkeit und miteinander regelten.

Erst die Könige, dann die Patrizier kontrollierten die Liste der *dies fasti*. Im Bunde mit den Priestern bestimmten sie die Gestaltung des Kalenders. Aber die Priester hielten die Information über Monate und Tage zurück; der Kalender war als Instrument politischer Macht nicht öffentlich. Erst im Jahre 304 v. Chr. machte Flavius, Schreiber eines Gerichtsbeamten, den ersten Kalender öffentlich bekannt. Trotzdem war der Kalender, weil über die Fasti jährlich neu entschieden wurde, nicht vor willkürlichen Änderungen sicher. Einerseits erprobte man unterschiedliche Verfahren der Schaltung, andererseits verfälschten die Priester aus politischem oder wirtschaftlichem Interesse den Ablauf des Schaltverfahrens.

Neben diesen Instrumenten der Herrschaft existierte ein Bauernkalender, naturbezogen geordnet wie seit Jahrhunderten. Außerdem gliederte eine alte Gewohnheit die Zeit der Menschen in und um Rom ganz unmittelbar. Die Landleute der Umgebung trafen sich in gewissen Zeitabständen an einem zentral gelegenen Platz, um Waren und Neuigkeiten auszutauschen. Ein Zeitraum von acht Tagen, das *nundinum*, pendelte sich dafür ein. Die Nundinen und ihr Zyklus wurden indessen nie offiziell anerkannt, galten als plebejisch. Später führten abergäubische Ideen zu Versuchen, den Kalender mit dem Nundinenzyklus zu koordinieren. Dadurch wurde seine Handhabung immer verworrener, und er entfernte sich immer mehr von den natürlichen Jahreszeiten.

Unterdessen hatte das Zeitalter des Hellenismus, auf den Sonnenkalender der Ägypter zurückgreifend, eine Kalenderrechnung hervorgebracht, die das Jahr mit 365¼ Tagen bestimmte. Gajus Julius Cäsar, später Alleinherrscher in Rom, begegnete als Heerführer in Ägypten dieser Idee. Er beauftragte die Einführung eines einheitlichen neuen Kalenders im Römischen Reich. Man legte das Normaljahr zu 365 Tagen fest und bestimmte jedes vierte zum Schaltjahr mit 366 Tagen. Mit dem 1. Januar 45 v. Chr. trat der neue Kalender in Kraft, und man nannte ihn den julianischen Kalender. Leider war er von vornherein mit einem vermeidbaren Fehler behaftet: Das julianische ist gegenüber dem tropischen Jahr um 11 Minuten 14 Sekunden zu kurz. So gering diese Differenz erscheint, summiert sie sich doch auf einen vollen Tag in jeweils 128 Jahren. Um die gleiche Zeit wie der Sonnenkalender kamen hoch entwickelte Sonnen- und Wasseruhren nach Rom.

Beginnend im ersten Jahrhundert n. Chr. erlebte die Verehrung der Sonne in Rom mit dem Mithraskult einen bedeutenden Aufschwung, was einen orientalisch geprägten Trend zum Monotheismus einleitete. 313 stellte ein Toleranzedikt die Gleichberechtigung der verschiedenen Religionen her. Aber schon 380 wurde das Christentum zur alleinigen Staatsreligion des inzwischen geteilten Römerreiches erklärt. Die daraus resultierende Vereinigung von Kirche und Staat veränderte alle Bereiche des Lebens in Europa von Grund auf. Christliche Feiertage erschienen jetzt offiziell im römischen Sonnenkalender, allen voran das auf Jesu Tod und Auferstehung bezogene Osterfest samt seinen komplizierten Berechnungsregeln, die auf dem jüdischen Mondkalender basieren.

Als zwei Jahrhunderte zuvor Juden im südlichen Italien siedelten, hatten sie die durchgehend gezählte Siebentagewoche mitgebracht. Andere Einwanderer aus dem Vorderen Orient vermittelten den Brauch, die sieben Tage nach den mit bloßem Auge sichtbaren „Planeten" zu benennen. Deren Reihenfolge Saturn – Sonne – Mond – Mars – Merkur – Jupiter – Venus blieb bis heute unverändert in den Namen der Wochentage bewahrt. Die Gestirne repräsentierten Götter, und als sich die neuen Ideen mit den religiösen Vorstellungen der Einheimischen vermischten, gab man ihnen die Namen bedeutender Gottheiten der Römer. Die achttägigen Nundinen verschwanden, als 321 das Verlegen der Markttage auf den Sonntag gestattet und der Gewerbebetrieb sowie Gerichtssitzungen an diesem Tage verboten wurden.

Im Gegensatz zu den mediterranen Kulturzentren hatte man sich Mittel- und Westeuropa lange Zeit als von Barbaren bewohnten Urwald vorgestellt. Aber schon lange vor der griechisch-römischen Antike blühten Hochkulturen zwischen Balkan, Atlantik und Skandinavien. Markante Zeugen der frühen Kultur des Nordens sind aufrecht stehende Langsteine (Menhire) und von Steinblöcken gebildete Kreise (Cromlechs). Das mächtigste erhaltene Cromlech ist Stonehenge in Südengland. Etwa 3000 v. Chr. schaufelten hier die ältesten Bewohner Englands einen ringförmigen Erdwall. Vor seiner Eingangsöffnung richteten sie Menhire auf, in denen man Beobachtungssteine für die Sonnenwenden vermutet. Nachfolgende Kulturen errichteten drei Steinkreise im Innern des Walls und bauten sie mehrfach um. Heute kaum noch bestritten ist die Annahme, die Anlage bilde einen Sonnenkalender, mit dessen Hilfe man die Zeiten für Kulthandlungen und Feste bestimmen kann. Auch zahlreiche andere Bauwerke erfüllten Aufgaben eines Observatoriums und Kalenders. Das zunehmende Interesse an der Archäo-Astronomie und neue technische Möglichkeiten brachten in den letzten Jahrzehnten weitere und zum Teil noch ältere „Kalender-Anlagen" zum Vorschein. Eine davon gehört zu der zwischen 4800 und 4600 v. Chr. errichteten jungsteinzeitlichen Siedlung Meisternthal in Bayern.

Auch die Bronzezeit Mitteleuropas erscheint heute in neuem Licht. Einer breiten Öffentlichkeit bekannt wurde die

„Himmelsscheibe" von Nebra, deren Alter man mit modernen Datierungsmethoden auf 3600 Jahre bestimmt hat. Ihr Bezug zu astronomisch-kalendarischen Beobachtungen wird kaum noch bezweifelt. Es scheint, als hätte es auch in Europa eine abgesonderte Gruppe sternkundiger Priester gegeben. Darauf deuten unter anderem vier mysteriöse Kegel aus papierdünn getriebenem Goldblech, die zwischen 1300 und 1000 v. Chr. hergestellt wurden. Wilfried Menghin interpretierte die in das Material getriebenen Zeichen, die lange als bloßer Zierrat angesehen wurden, als eine Art „astronomisches Codesystem", mit dessen Hilfe kalendarisches Wissen gespeichert wurde. Abgegrenzte Zeichenreihen verweisen auf synchrone solare und lunare Zyklen.

Die kulturelle Entwicklung der Menschen nördlich von Kaukasus, Karpaten und Alpen unterlag ungleich härteren Bedingungen als im mediterranen Klima. Das Überleben ihrer Sippen hing unmittelbar von der wärmenden Sonne und der Fruchtbarkeit von Mensch und Tier ab. Folgerichtig standen Verehrung der Sonne und Heiligung der Zeugungskraft am Anfang ihrer Religionen. Auf diesem Stand der Entwicklung, kaum der Urgemeinschaft entwachsen, begegneten die Menschen des Nordens der Kultur des Römerreichs. Das stimulierte einerseits den Fortschritt ihrer kulturellen Entwicklung und führte andererseits zum Untergang bestehender gesellschaftlicher Einrichtungen.

Das vierte bis sechste Jahrhundert Europas ist durch die Völkerwanderung geprägt. Die Bewegung germanischer und anderer Völker nach dem Westen und Süden Europas führte 476 den Untergang des Weströmischen Reichs herbei. Daneben aber bewirkten die Züge der Völker den Transport kultureller Elemente. So breitete sich als eine Ausstrahlung des Etruskischen in Mitteleuropa die Runenschrift aus. Die Namen einiger gemeingermanischer Runen haben Bezug zu kalendarischen Begriffen: d bedeutet dagaz („Tag"), r steht für jera („Jahr") und ng symbolisiert ingwaz, den „Gott des fruchtbaren Jahres". Mit eingekerbten Runen beschrifteten die Skandinavier ihre hölzernen Kalenderstäbe.

Die kulturelle Erschließung Osteuropas durch nördliche indogermanische Völker begann im ersten Jahrhundert v. Chr. von Südschweden aus. In einer zweiten Welle erschienen die Wikinger. Sie gründeten im neunten Jahrhundert Kiew und Nowgorod. Von hier aus führten ihre Fahrten bis Konstantinopel. Von dort kommende christliche Missionare sorgten um dieselbe Zeit für die byzantinische Prägung der Kirchen Osteuropas. Das spiegelt sich noch heute in den Kalendern Russlands.

Die Kelten, eine große Gruppe indogermanischer Völker, beherrschten im Altertum weite Teile Europas von Irland bis Rumänien. Von Cäsar wissen wir, dass sie Nächte, nicht die Tage zählten. Entsprechend zählte man die Winter, nicht Jahre. Auch die Germanen maßen Lebensalter und große Zeiträume, wenn überhaupt, an den vergangenen Wintern. Nur für einen einzigen keltischen Kalender gibt es greifbare Beweise: die Reste einer Bronzetafel aus dem letzten vorchristlichen Jahrhundert mit lateinischen Schriftzeichen, die bei Coligny in Frankreich ausgegraben wurden.

Wir finden hier zwischen den astronomisch fixierten Eckpunkten des Sonnenjahres vier religiöse Hauptfeste der Kelten eingeschoben. Auf den ersten November des römischen Kalenders fiel Samhain. Dann begann mit dem neuen Winter ein neues Jahr, und der Stamm versammelte sich, um seine Kräfte zu erneuern und die Fruchtbarkeit seiner Felder und Herden zu sichern. Ein Gegengewicht dazu bildet das große Fest Beltaine, Anfang Mai am Ende des Winterhalbjahres zu Ehren des Lichtgottes Bel. Zu diesen beiden Festen wurden alle Herdfeuer gelöscht, neue heilige Feuer rituell entzündet und die Flamme in die Häuser getragen. Als eigentliches Winterende aber wurde Imbolc betrachtet, ein häusliches Fest mit Zeremonien am Herdfeuer. Lughnasad Anfang August wird ursprünglich das „Fest der ersten Früchte" zu Ehren der alten Muttergottheiten gewesen sein.

Bei der Tafel von Coligny handelt es sich um einen lunisolaren Kalender, der das Sonnenjahr relativ genau abbildet. Er basiert auf einer Periode von fünf Mondjahren, deren 60 Monate durch zwei Schaltmonate ergänzt wurden. Die 62 Monate sind abwechselnd

29 und 30 Nächte lang. Es ist nicht auszuschließen, dass Menschen im späteren Siedlungsgebiet der Kelten schon in der Jungsteinzeit entsprechende Beobachtungen machten. Hinweise darauf geben sowohl in Felsblöcke geritzte Grafiken in den Ganggräbern von Knowth im irischen Boyne-Tal als auch die Ausrichtung der Anlagen selbst. Martin Brennan hat die Darstellung auf dem Objekt SW22 als grafische Darstellung eines Mondkalenders bezeichnet, der auf gleichen Prinzipien wie der Coligny-Kalender beruht. Die Anlagen von Knowth werden als ältestes bekanntes astronomisches Observatorium beschrieben.

Das östliche Europa ist von Balten und Slawen besiedelt. Ihre Kulturen einschließlich der Kalender haben zahlreiche Gemeinsamkeiten, zeigen aber auch deutliche Unterschiede. Sie fußen auf der Existenz verschiedener vor-indogermanischer Kulturen in ihrem heutigen Siedlungsgebiet, deren Spuren sich bei den erst im 15. Jahrhundert christianisierten Balten besonders gut erhalten haben. Als hier auf der Basis von Ackerbau das Matriarchat entstand, entwickelten sich die Kulte der weiblichen Gottheiten, die Sonne, Mond, Erde, Wasser und Fruchtbarkeit repräsentieren. Man glaubte sie für die Geburt, das Leben und den Tod von Menschen, Tieren und Pflanzen verantwortlich. Solche Denkmodelle implizieren eine Vorstellung von zyklischer Zeit. Die Slawen verehren „Mutter Erde" von alters her als universelle Quelle des Lebens. Archäologische Funde belegen den Kult einer Fruchtbarkeitsgöttin in Osteuropa bereits vor 30.000 Jahren. Bis ins 19. Jahrhundert kannte der Volksglaube im Baltikum eine Erdgöttin, deren wichtigstes Fest zur Erntezeit Mitte August gefeiert wurde. Die Christianisierung hat den Termin mit einem Marienfest überdeckt.

Auch die Sonnengottheit wird, wo man den Acker bebaute, ursprünglich weiblich gewesen sein – sie bringt das Leben hervor. Der Mond war dann ihre natürliche männliche Ergänzung. Erst als sich die Gesellschaft nach patriarchalischen Grundsätzen formte, wurde Sonne männlich und führend. Im gleichen Moment wechselte auch das Geschlecht des Mondes. Bei Griechen und Römern erschienen Selene und Luna, und in den indoeuropäischen Mythen wird der Mond gewöhnlich durch weibliche Gottheiten repräsentiert. Der baltische Mondgott Meness blieb währenddessen männlich und ist deshalb untypisch für Europa. Er dürfte ein Beleg dafür sein, wie lange sich Elemente matriarchalischer Kultur bei den Balten erhielten.

In der Periode der patriarchalischen Klassengesellschaft entwickelte sich das Bild eines obersten Gottes als Schöpfer und Herr des Universums und allen Lebens. Bei den Slawen übernahm der Sonnengott Dazbog diese Rolle. Das slawische Wort *bog* meint heute „Gott" schlechthin. Jeden Morgen neu geboren, fährt Dazbog über den Himmel, bis er abends als alter Mann stirbt. Zwölf Pferde ziehen seinen Wagen durch seine zwölf Königreiche, die Sternbilder oder Stunden. Seine Gefährtin ist die schöne Mondgöttin Myesyats. Dieser Name ist das slawische Wort für „Monat".

Eine Reihe bedeutender Feste bestimmte die Kalender der Slawen und Balten. Als markante Punkte im Jahr wurden zuerst die beiden Sonnenwenden erkannt. Mit der Wintersonnenwende verbunden ist Koliada. Der Name scheint von *kolo* abgeleitet, was „Kreis" bedeutet und die Sonne meint. Damit wäre es als Hauptfest der Sonne identifiziert, für das man sich zwei Wochen Zeit ließ – das Landwirtschaftsjahr ruhte. Später ging der Festtermin auf die christlichen Weihnachtsfeiern über. Kupalo ist der Name des Mittsommerfestes in Polen, und Kupala ist die „Wassermutter" der Pflanzen. Die Sommersonnenwende wird bei allen indogermanischen Völkern gefeiert. Hauptbestandteil all dieser Feste ist ein das Leben symbolisierendes Feuer. Das Christentum vereinnahmte den verbreiteten Festtermin als „Johannistag", und unter Einfluss der Orthodoxie wurde er in slawischen Ländern zum „Tag des heiligen Ivan Kupala".

Verschiedene Feste sind dem Erwachen der Natur aus dem Schlaf des Winters gewidmet. Lada, die ursprüngliche „Große Mutter", ist in den Mythen der Russen und der Balten Gemahlin des obersten Gottes. Im Russischen erscheint ihr Name als Leto („Sommer"), polnisch bedeutet *lato* „Sommer" und *lata* sind „Jahre". Lada lebt im Jenseits, bis sie im Frühling zur Erde zurückkehrt. Mit Dazbog mythisch verbunden, ist sie identisch mit den „auferstehenden" Gottheiten der Völker Vorderasiens.

Noch im 14. Jahrhundert benutzten die Litauer einen eigenen Lunisolarkalender. Das sogenannte Gediminas-Zepter, ein geschnitztes Rundholz, belegt die Verwendung einer neuntägigen Woche. Die Monatsnamen werden durch Symbole ausgedrückt, welche landwirtschaftliche Arbeiten und Naturphänomene symbolisieren.

Um das Jahr 98 schrieb Tacitus in Rom nieder, was er aus zweiter Hand von den Bewohnern des Nordens gehört hatte. Er beschreibt Tyr als obersten, mit Mars vergleichbaren Himmels- und Kriegsgott. Bei den Angelsachsen hieß er Tiw; daher kommt der spätere Tagesname Tuesday. Als Südgermanen die römische Siebentagewoche übernahmen, benannten sie den Tag des römischen Jupiter nach seinem einheimischen Pendant, dem Donnergott Donar, und den Tag der Venus nach ihrer Fruchtbarkeitsgöttin Freya.

Aus den religiösen Festen der nordischen Völker entwickelten sich die festen Eckpunkte ihrer Kalender. Drei große allgemeine Opferfeste standen sicher in engem Zusammenhang mit den Höhepunkten des bäuerlichen Jahres. Islands Sagas berichten von einem *disablot* im Herbst, dem *vetrarblot* zu Winteranfang, dem *jolablot* zu Mittwinter und dem *sigrblot* zum Frühlingsanfang. In den kurzen dunklen Tagen um die Wintersonnenwende ruht die Natur; es ist die Zeit des Sterbens, in der man der Toten gedenkt und die Ahnen verehrt. Diese Zeit bezeichnet das nordische Wort *jól*, von dem das Julfest seinen Namen hat. Im Lauf der Zeit verband es sich mit einem Sonnenkult und wurde auf die Wintersonnenwende fixiert. Als der römische Jahresbegriff in das Leben germanischer Völker eindrang, wurde die Diskrepanz zwischen Mond- und Sonnenjahr deutlich. Man bemerkte bald, dass man beide annähernd miteinander harmonisieren konnte, wenn man den zwölf Mondmonaten weitere zwölf Tage hinzuzählte. Daher kommt der Name Zwölfnächte für die Julzeit, und das ist der Ursprung des Volksglaubens, dass es sich dabei um eine besondere Zeit „zwischen den Jahren" handle.

Der nächste große Eckpunkt des Jahres ist der Termin der Frühlings-Tagundnachtgleiche. Mit ihm verknüpfte die christliche Kirche ihr Hauptfest Ostern. Auch hier wird der Sieg eines Sonnengottes (Jesus) über die Dunkelheit (den Tod) gefeiert. Aber der Termin dafür war in jüdischer Tradition auf andere Weise bestimmt, an den Frühlingsvollmond gebunden. Sehr bald hat die Kirche diesen Zusammenhang zu lösen versucht und das Fest auf den darauf folgenden Sonntag verschoben. Doch selbst der Name „Ostern" führt uns zurück zum alten Sinngehalt: Eine freudvolle Frühlingsfeier, das Fest des zunehmenden Lichts, war der germanischen Lichtgöttin Ostara gewidmet.

Alle indogermanischen Völker feiern die Sommersonnenwende und Hauptbestandteil dieser Feiern ist überall ein Feuer, von dem gesagt wird, es symbolisiere das Leben. Aber zu diesem Termin überschreitet die Sonne ihren höchsten Stand, von jetzt an nehmen die Lebenskräfte ab – es ist der Zeitpunkt, an dem Balder stirbt. Der Tod des Gottes entspricht den kürzer werdenden Tagen. Einen ganz anderen Charakter hat der Feuerbrauch beim Beltaine der Kelten, dem großen Fest am Ende des Winterhalbjahres, das sie dem siegreichen Sonnengott Bel widmeten. Auch Germanen feierten zu Ehren Sunnas, der personifizierten Sonne, und zwar dann, wenn sie ihre größte Kraft entfaltet, eben zur Mittsommerzeit. Nach Einführung des Christentums überdeckte das Fest Johannes' des Täufers die alten Bräuche. Man legte es auf den 24. Juni und entzündete nun „Johannisfeuer".

Mit dem Herbstpunkt des Jahres, der Nachtgleiche am 21. September, scheint keines der alten Feste unmittelbar verbunden. Der Termin wird von zwei benachbarten Ereignissen überdeckt: der Ernte im Spätsommer und dem Beginn des Winters. Die Kelten zelebrierten Anfang August Lammas, das später dem Lugh geweihte und Lughnassadh genannte Fest der ersten Ernte, zu Ehren ihrer Muttergottheit. Auch germanische Nachbarstämme haben um diese Zeit für Odin und Frigg geopfert. Beda teilt uns aus dem achten Jahrhundert das Wort hálaegmónath als den englischen Namen für September mit, und wir dürfen annehmen, dass er deshalb „heilig" hieß, weil in diesem Monat das Ernteopfer stattfand.

Bevor mit den Römern die Idee der siebentägigen Woche in Mittel- und Nordeuropa eindrang, beobachtete man die Aufeinanderfolge des zu- und abnehmenden Mondes im Abstand von jeweils 14 Nächten, und man zählte die Nächte, nicht Tage. Das Konzept überlebt in der englischen Bezeichnung *fortnights* („vierzehn Nächte"), die zwei Wochen meint. In Urkunden des mittelalterlichen Deutschlands findet sich die Formulierung „bi veirtein nachten".

Nicht nur die Siebentagewoche breitete sich schnell aus. Sehr bald wurden auch die sieben lateinischen Tagesnamen in andere europäische Sprachen übersetzt oder aufgrund von Ähnlichkeiten nachgebildet. Im germanischen Gebiet tauschte man die in den Tagesbezeichnungen enthaltenen Götternamen in der Regel gegen die Namen vergleichbarer einheimischer Gottheiten aus. Das Verfahren war ein erprobter Bestandteil imperialer römischer Politik. Es schonte die religiösen Gefühle der unterworfenen Völker, und man erreichte eine bessere Akzeptanz des römischen Kalenders. Das wieder trug zur Integration der eroberten Gebiete in das riesige Reich bei. Im Ergebnis flossen antikes, germanisch-heidnisches und christliches Gedankengut im Kalender zusammen.

Die so entstandene Namensreihe ist bei allen Völkern Nord- und Mitteleuropas sehr ähnlich, was ihre schnelle Verbreitung durch lebhafte Kommunikation bezeugt. In den Sprachen Skandinaviens erhielt sich die altnordische Namensreihe nach Sonne, Mond, Tyr, Odin, Thor, Frey/Freya und Loki. Daneben bildete sich bei den Angelsachsen eine parallele Reihe, in welcher an Stelle von Tyr und Odin die südgermanischen Formen Tiw und Wotan stehen. Das führte zu den englischen Namen Tuesday und Wednesday. Weil sich der ursprüngliche Himmelsgott Tyr zum Kriegsgott wandelte, wurde er Mars gleichgesetzt, und deshalb konnte „Tyrs Tag" den römischen „Marstag" ersetzen. Außerdem war am Niederrhein Mars Thingsus als Beiname des Mars entstanden. Daraus bildete sich im frühen Mittelalter Dingesdach als Vorstufe zum niederländischen Dinsdag und unserem Dienstag. Saturn wurde gegen die Gottheit Saetere ausgetauscht. Der sich daraus ergebende saeteres-daeg scheint der wirkliche Ursprung des englischen Saturday wie des holländischen Zaterdag zu sein.

Im Kirchenlatein hatte man, um die Erinnerung an heidnische Götter auszulöschen, *media hebdomasie* („Mitte der Woche") als neutrale Benennung eingeführt. Während sich die entsprechenden Lehnübersetzungen bei den Skandinaviern nicht halten konnten, blieb es in Deutschland beim „Mittwoch". Auch die Slawen verwenden seitdem Formen, die auf *sseredina nedeli* („Mitte der Woche") zurückgehen.

In Island gab es lange Zeit eine besondere Form der Zeitrechnung, die gänzlich auf Wochen basiert. Als die Insel im neunten Jahrhundert von Norwegen aus kolonisiert wurde, kannten Norweger ein Jahr von 364 Tagen und die siebentägige Woche. Sechs Winter- und sechs Sommermonate hatten je 30 Tage, und um auf volle Wochen zu kommen, fügte man jährlich im Sommer vier Ergänzungstage ein. Ab dem Jahre 955 wurde eine ganze Woche in jedem siebenten Jahr eingefügt. Später schaltete man fünfmal in 28 Jahren. Da das alt-isländische Jahr stets aus vollen Wochen besteht, treffen die Anfänge der Monate immer auf die gleichen Wochentage. Noch am Anfang des 20. Jahrhunderts rechneten die Isländer vorzugsweise nach Wochen und Wintern; die Bezeichnung nach Monaten und Jahren war ihnen nebensächlich. Die Datierung erfolgte durch Halbjahr, Woche und Wochentag, zum Beispiel sagte man „der Freitag, an dem die vierte Sommerwoche vorüber war". Das Alter eines Menschen wurde in Wintern gemessen; das ist beim Vieh noch jetzt gebräuchlich.

Die jahreszeitliche Bindung der Feste brachte die Definition bestimmter Mondmonate hervor. Beispielsweise besaß der Mond, der auf die Wintersonnenwende folgte, eine herausgehobene Bedeutung. Das führte in Norwegen und Schweden zu einer primitiven Jahrform, die nicht strikt zwischen Jahreszeiten und Monatsnamen unterschied. Mit der Konsolidierung des Christentums in den germanischen Gebieten verbreiteten sich die römischen Monatsnamen und ersetzten nach und nach die alten Bezeichnungen. Zugleich löste sich der Monatsbegriff vom Mond und wurde zunehmend auf die kalendarische Einheit bezogen. Nur das Wort erinnert noch an den alten Zusammenhang.

4. Christentum und Kalender

Nach der Teilung des Römischen Reichs in Ost- und Westrom paktierte Kaiser Konstantin I. im Streben nach Alleinherrschaft wechselnd mit Christen und Anhängern des Mithras sowie heidnischer Kulte. Sein Mailänder Toleranzedikt von 313 erklärte die verschiedenen Religionen als gleichberechtigt. Nun konnten christliche Priester zur Sicherung ihrer eigenen Machtansprüche eine einheitliche hierarchische Organisation, die christliche Gesamtkirche errichten. Als dann Gratian und Theodosius 380 das Christentum zur alleinigen Staatsreligion erklärten, war die Basis für dessen unaufhaltsamen Siegeszug geschaffen.

Die frühen Christen fanden ihr Zeitverständnis noch im Horizont alttestamentarischer Überlieferungen. Dann entstand der darüber hinausweisende Gedanke der Herrschaft Christi über Raum und Zeit. Augustinus, Bischof von Hippo, erklärte die Bildung eines Gottesstaates zum Ziel allen Daseins und Geschichte als einmaligen, darauf gerichteten Prozess. Damit war zugleich ein linearer Zeitbegriff formuliert, der das Denken Europas nachhaltig beeinflusste.

Währenddessen hatte sich die siebentägige Woche in Rom etabliert. Als „Planetenwoche" wurden ihre Tage nach Göttern der Römer benannt. Sie begann mit dem Tag des jüdischen Sabbat, dem späteren Sonnabend, der nun *dies saturni* hieß. Ihm folgte *dies solis*, der Tag der Sonne. Die Mitglieder der christlichen Urkirche waren an die jüdische Ordnung der Woche gewöhnt. Sie nummerierten die Wochentage von eins bis sechs und gaben ausschließlich dem Sabbat als siebentem einen Namen. Aber es war überliefert, dass Jesus Christus an einem Tage nach Sabbat auferstanden sei. Deshalb feierten sie diesen als „Tag der Auferstehung des Herrn" und bevorzugten ihn für ihre gottesdienstlichen Versammlungen. Er wurde zum Zentrum des christlichen Kalenders. Dann aber wurde aus der populären Planetenwoche die Bezeichnung „Tag der Sonne" übernommen.

4. Christentum und Kalender

Als erste Etappe auf dem Weg zur christlichen Staatsreligion untersagte Kaiser Konstantin I. im Jahr 321 die Gerichtssitzungen und den Gewerbebetrieb in Städten am Sonntag. Nun wurden Funktionen des Sabbats in den Sonntag integriert. Bald veränderte der Kontakt zu keltischen und germanischen Völkern die Namen der Wochentage. In der Folge bekämpfte die Kirche ihre Benennung nach den nordischen und den Planetengöttern heftig, aber letztlich erfolglos. Nur in Portugal und Brasilien, bei Griechen und ansatzweise in slawischen Sprachen werden heute die Wochentage auf „christliche" Weise gezählt.

Ursprünglich gründen Feste wohl in Erscheinungen eines Wechsels in der Natur, von Jahreszeiten, Sonne und Mond. Aus den sich daran knüpfenden Riten erwuchs sakrales Geschehen und aus diesem Zusammenhang entstand der Begriff „heilige Zeit" in den Religionen. Später wurden Feste auch an geschichtliche Ereignisse gebunden. Noch heute vermitteln sie, wenn auch eingeschränkt, Sitten und Bräuche den nachfolgenden Generationen. Feste bilden hervorgehobene Abschnitte innerhalb des kontinuierlichen Laufs der alltäglichen Zeit. Dadurch erfuhren die Kalender der verschiedenen Glaubensgemeinschaften eine spezifische Prägung. Sie werden auf besondere Weise zyklisch innerhalb eines Jahres gegliedert.

Herausgehobene Feste der Christen sind jene, die in besonderer Weise mit der Person Christi verbunden sind. Weil Gott in der lutherischen Bibel ausschließlich „der Herr" genannt wird, ergab sich daraus die Bezeichnung Herrenfeste. Zu ihnen gehören Weihnachten, Karfreitag, Ostern, Himmelfahrt und Pfingsten, in zweiter Linie Epiphanias und Fronleichnam, vor allem aber der Sonntag als „Herrentag". Die christlichen Hauptfeste bilden Fixpunkte im Kalender, von denen ausgehend Tage gezählt, Jahresanfänge bestimmt, Monate benannt und weitere Feste terminiert wurden. Betrachtungen darüber, wie sie sich herausgebildet haben und warum sie so bestimmend für die Kalenderrechnung wurden, führen weit zurück in die Geschichte der Kulte und Religionen Europas und Vorderasiens.

In der Mitte des zweiten Jahrhunderts war im Römischen Reich der Kult des Attis verbreitet. Man feierte offiziell den Tod des Attis am 24. und seine Auferstehung am 25. März, dem Tag, den man seit Einführung des julianischen Kalenders als Termin der Tagundnachtgleiche annahm. Auf die Feier des jahreszeitlichen Sterbens und Wiederauferstehens der vorderasiatischen Vegetationsgottheit ging jetzt die Vorstellung vom Tod und der Auferstehung Jesu über. Im Jahr 325 fixierte das erste große christliche Konzil in Nikaia (Nizäa) den Termin des Osterfestes. Es wird am ersten Sonntag nach *dem* Vollmond begangen, der auf den 21. März folgt. Daraus ergeben sich als äußerste Daten für Ostern der 22. März und der 25. April. Es gibt also 35 mögliche Tage für das Osterfest, und man hat dementsprechend 35 Kalender aufgestellt. Für jedes beliebige Jahr kann man daraus den passenden entnehmen. Am Ostersonntag feiern Christen die Auferstehung, Karfreitag wird als Todestag Jesu angesehen und als Trauertag begangen.

Zum Anfang des fünften Jahrhunderts kam die 40-tägige Vorbereitungszeit vor Ostern auf. Verbreitet wird sie „Fastenzeit" genannt; im evangelischen Bereich sagt man überwiegend Passionszeit, das auf lateinisch *passio* („Leiden, Erdulden") zurückgeht. Die 40 Tage begannen in Rom mit dem sechsten Sonntag vor Ostern und endeten am Gründonnerstag. Sie bildeten einen eigenständigen Zeitraum der Buße. Diese Unabhängigkeit von Ostern deutet auf ihren Zusammenhang mit einem vorchristlichen Reinigungsfest des antiken Rom. Das war dem Februus geweiht, dem alten Unterweltsgott der Etrusker, der dem Monat Februar den Namen gab. Später wandelte sich der Charakter der 40 Tage von einer Buß- zur Fastenzeit.

Im zwölften Jahrhundert adoptierte die christliche Kirche den heidnischen Brauch des Frühlingsfeuers. An seinen Flammen wurde die Osterkerze entzündet und zum Altar getragen. An oder neben dieser Kerze hat man, da Ostern der Anfang des Kirchenjahres war, die *tabella paschalis* befestigt. Darauf waren die chronologischen Merkmale des Jahres verzeichnet: Jahreszahl, Indiktion, Epakte (das Mondalter am Jahresanfang), Goldene Zahl (die Ordnungszahl der Jahre im 19-jährigen Mondzyklus), das nächste Osterdatum sowie Name und Regierungsjahr des Landesfürsten. Die Osterkerze war der Wegweiser für das Jahr.

Die Auferstehung Christi feiert man am Ostersonntag, und 40 Tage später folgt das Fest Christi Himmelfahrt. Dies bildete sich im vierten Jahrhundert als eigenständiger Festtermin heraus. Es bezieht sich auf Berichte, die einige Zeit nach dem Tod des historischen Jesus aufgetaucht waren und im Text des Neuen Testaments (Lk 24) ihren Niederschlag fanden.

Sieben Wochen dauerte die Frühjahrs-Getreideernte am östlichen Mittelmeer, und sieben Wochen nach dem Fest des ersten Korns feierte man das „Wochenfest", um den Göttern für die Ernte zu danken. Juden verbanden es mit der Erinnerung an die Gesetzgebung im Sinai, nannten es Schawout und legten es auf den 50. Tag nach Pessach. Dann veränderte das Christentum erneut die Bedeutung des Festes, ersetzte den immateriellen Vorgang, durch den angeblich Mose die Gebote empfangen hatte, durch den noch diffuseren Begriff von der „Ausgießung des Heiligen Geistes". Neuzeitliche Erklärungsversuche sprechen von geistigen Früchten einer seelischen Ernte, die der Heilige Geist den Aposteln gespendet habe. Nach dem vierten Jahrhundert prägte sich Pfingsten als selbstständiges christliches Fest aus. Der Name ergab sich aus dem Kalender selbst: Das altgriechische *pentekosté* bedeutet „der fünfzigste (Tag)".

Seit Anbeginn bemerkten unsere Vorfahren die zyklischen Wechsel in der Natur. Geister und Götter schienen dafür verantwortlich. Im Jahreslauf sterbend und wiederauferstehend, verkörperte Osiris die Vegetation auf den Feldern Ägyptens. Herodot und Plutarch berichten von Trauerfeiern und dem Fest seiner Wiedererweckung: Um die Zeit der Wintersonnenwende mischte man Lehm mit Getreidekörnern, formte daraus sein Abbild und begrub es. Wenn dann die grünen Triebe aus dem Grabe sprossen und das Bild reproduzierten, so war der Gott auferstanden. Epiphanie nannten die Griechen dieses Sichtbarwerden an der Oberfläche. Als die Urchristen dieser Gegend begannen, das Erscheinen ihres Gottes unter den Menschen zu feiern, übernahmen sie den Ausdruck. Ihrer jüdischen Tradition gemäß dachten sie dabei nicht an die Geburt, sondern an das anschließende Vorzeigen des Kindes vor der Gemeinde im Tempel.

Ungefähr um diese Zeit des Jahres begingen die Alexandriner auch das Fest eines alten Stadtgottes, und es war Sitte, aus diesem Anlass rituell Wasser aus dem Nil zu schöpfen. Als dann die Kunde von der Taufe Jesu im Jordan eintraf, brachte man sie mit der Wasserzeremonie in Verbindung. So rückte auf ihren Termin, den 6. Januar, ein neues christliches Gedenkfest. Nach dem Verständnis dieser Gläubigen entsprach die Taufe der eigentlichen Geburt Jesu Christi als Sohn Gottes, denn mit der Taufe sei das Göttliche auf ihn gekommen.

Wie Osiris war auch Isis ursprünglich eine Fruchtbarkeitsgottheit der Ägypter. Beider Sohn Horus galt als Erscheinungsweise des Sonnengottes am Tage. Er bewirke den täglichen Gang der Sonne, wurde geglaubt. Die ägyptische Mythologie kennt mehrere Verkörperungen des Horus, darunter jene des Harpokrates, der das noch junge Jahr darstellt und dessen Erscheinen stets mit einem Geburtsfest begrüßt wurde.

In der indo-iranischen Götterwelt erlöste der Sonnengott Mithra jährlich die Natur aus der Zeit des Schlafes. Später entwickelte er sich zur allgemeinen Erlösergottheit Mithras, die den Menschen Hoffnung gab. Seit Jahrhunderten wiederkehrende Kriege und allgemeines Elend hatten den Erlöserreligionen in Vorderasien den Boden bereitet. Die neue Mithras-Religion verbreitete sich rasch. Sie nahm Elemente des Kults verschiedener Sonnengötter, der orientalischen „Großen Mutter" sowie von Isis und Horus auf. Am Tag der Wintersonnenwende verkündeten Mithras-Priester in Syrien und Ägypten: „Die Jungfrau hat geboren! Das Licht nimmt zu!" und in Ägypten zeigte man den Gläubigen das Bild eines Kindes, das die neugeborene Sonne symbolisierte. Der Tag fiel auf den 25. Dezember des julianischen Kalenders. Römische Legionäre verehrten Mithras seit dem ersten Jahrhundert n. Chr. und verbreiteten seinen Kult im ganzen Römischen Reich. Bald feierte auch Rom am 25. Dezember den Geburtstag des *sol invictus*, des unbesiegbaren Sonnengottes. Damit begann ein orientalisch geprägter Trend zum Monotheismus, der 380 in der Einführung des Christentums als Staatsreligion gipfelte.

Unterdessen hatte sich bei den Christen im östlichen Römerreich das Epiphanias-Fest am 6. Januar eingebürgert. Aber das Mithrasfest am 25. Dezember zog mit Lichterglanz und Musik die Menschen magisch an, und auch viele Christen nahmen daran teil. Als es dergestalt zu einer harten Konkurrenz wurde, erklärte man seinen Termin kurzerhand zum Geburtstag Jesu. Die Christen setzten dem heidnischen Sonnengott ihre „wahre Sonne" entgegen, lenkten die Andacht der Gläubigen von Mithras zu Christus um.

Im nördlichen Europa zeigt sich der Winter für die Menschen besonders hart. Den ersten dort siedelnden Menschen schien es unumgänglich, die Lebenskraft der Sonne in der Wintermitte durch magische, mit Feuer verbundene Rituale zu stärken. Allmählich nahmen diese den Charakter von Freudenfeuern an. Als Gott der Sonne verehrte man Freyr und stellte ihn von einem Strahlenkranz umgeben dar. Von diesem Bilde ausgehend wurde das Speichenrad zu seinem Symbol, als Runenzeichen heißt es Jul. Wenn sich nach der Wintermitte der Lauf des Sonnenrades am Himmel erkennbar gewendet hatte, loderten auf den Bergen die Freudenfeuer, und man feierte das Julfest. Als der julianische Kalender Nordgermanien erreichte, rückte das Christfest auf seinen Termin. Vielen germanischen Völkern galten die Mittwinternächte als heiligste Zeit des Jahres. Die mittelhochdeutsch Fügung *ze wyhen nahten* („in den heiligen Nächten") verweist noch unmittelbar darauf. Sie ist Ursprung des deutschen Namens Weihnachten.

In Parallele zu Ostern erhielt auch das christliche Weihnachtsfest eine eigene Vorbereitungszeit. Den Namen gab das lateinische Wort *adventus* („Ankunft"). Sie begann ursprünglich am 11. November. Da man nach östlicher Sitte an den Samstagen und Sonntagen das Fasten unterbrach, ergaben sich wieder 40 Fastentage bis zu dem am 6. Januar begangenen Fest. Das heißt im evangelischen Bereich Epiphanias, also „Tag der Erscheinung". Als Christen den Tag des Mithrasfestes, den 25. Dezember, zum Geburtsfest ihres Gottes deklarierten, wollten sie den bereits von ihnen besetzten Termin 6. Januar, den Tag des Wasserschöpfens in Alexandria und der Auferstehung des Osiris, nicht aufgeben. Die Ostkirche behielt deshalb beide Termine gleichberechtigt bei. Erst seit 1969 feiert die orthodoxe Welt die Geburt nur noch in der Nacht zum 25. Dezember – aber nach dem julianischen Kalender, also vom 6. zum 7. Januar gregorianischer Rechnung. Das gab häufig zu Verwechslungen Anlass. In Deutschland ist der Name Dreikönigstag am gebräuchlichsten. Die römisch-katholische Kirche hatte den 6. Januar als Geburtstag nie akzeptiert, konnte und wollte aber den Festtermin nicht ignorieren. Deshalb besann sie sich auf die Legende von den Weisen aus dem Morgenland. Seit dem achten Jahrhundert ist von „Heiligen drei Königen" die Rede.

Einen „Internationalen Frauentag" feiern zahlreiche Menschen in Deutschland, hauptsächlich in den östlichen Landesteilen. Aber christliche Frauentage beziehen sich ausschließlich auf Maria, die Mutter Jesu. Der Marienkult entstand viel weiter im Osten, und seine Spuren weisen nach Ägypten, wo Juden um 400 v. Chr. neben anderen Gottheiten eine „Himmelskönigin" verehrten. Seine starke Ausprägung ist nur durch das Nachwirken einer uralten, tief im menschlichen Wesen verwurzelten Ur-Mutter zu erklären. Mindestens zwanzig Marienfeste mit teils örtlicher, teils allgemeiner Bedeutung sind allein im deutschen Sprachraum belegt. Einige davon wurden zu Bezugsgrößen der Zeitrechnung und Datierung, zu Fixpunkten im Kalender.

Um die Mitte des zweiten Jahrhunderts begann die Verehrung christlicher Märtyrer an ihren Gräbern. Ihren Todestag sah man als Beginn ewigen Lebens im Himmel, als den eigentlichen Geburtstag an. Beda Venerabilis sammelte im achten Jahrhundert Tausende von Namen, verdichtete sie nach kritischer Prüfung zu einem historischen Martyrologium und setzte 114 Heiligennamen in den Ablauf des Kirchenjahres. Von hier an begann das Mittelalter, seine Werktage zu Namenstagen von Heiligen zu machen. Insgesamt war eine Unzahl von Heiligentagen bekannt, und viele von ihnen nur örtlich bedeutend. Nichtsdestoweniger wurden sie zur Datierung verwendet, und deshalb kann ein Tagesname auf ganz verschiedene Daten hinweisen. Zum Beispiel kommt der Name Adalbert in Grotefends Verzeichnis mittelalterlicher Tagesnamen siebenmal vor.

Neben den Heiligen erhielten selbst Erzengel einen Festtag im Kalender, so Michael am 29. September. Der Michaelistag wurde im Mittelalter häufig zur Datierung verwendet und markierte einen der Quatembertermine. Michelsmonat meint entsprechend den September. Auch andere abstrakte Themen wurden Gegenstand von Festen. So begeht man den Sonntag nach Pfingsten als Tag der heiligen Dreifaltigkeit (Trinitatis). Von hier aus wurden lange Zeit die Sonntage im Kirchenjahr gezählt. Weitere Feste beziehen sich auf Ereignisse in der Kirchengeschichte. Feiern zum Andenken an die Einweihung eines Gotteshauses gehen auf jüdische Tradition zurück, auf die Einsetzung des „Festes der Tempelweihe" (Chanukka) nach 165 v. Chr. In der christlichen Kirche entstand der entsprechende Begriff Kirchweihmesse, woraus der Volksmund Kirchweih und Kirmes formte. Diese Feier entwickelte sich zu einem der größten dörflichen Feste.

Die großen Feste der Völker waren ursprünglich stets am Ablauf des Naturjahres orientiert. Juden haben sie auf Ereignisse in der Geschichte ihres Volkes bezogen. Sie interpretierten eine Reihe mehr oder weniger realer Geschehnisse als Taten eines Gottes und verknüpften sie zu einer zusammenhängenden „Heilsgeschichte". Diese beginnt mit der Erwählung des Volkes Israel durch Gott, setzt sich in der jeweiligen Gegenwart fort und strebt auf ein Ziel zu. Aber als die Teile dieser Geschichte formuliert wurden, hatten die Menschen einen anderen als den uns geläufigen Zeitbegriff. Die Bücher des *Alten Testaments* wurden in semitischen Sprachen verfasst. Deren Verbformen trennen nicht streng Vergangenheit, Gegenwart und Zukunft im Sinne unseres linearen Zeitverständnisses voneinander, sie betonen stattdessen die vollendeten und unvollendeten Aspekte. Auf solchem Zeitbegriff basierend, gewannen die jüdisch-christlichen Feste einen Doppelcharakter: Man gedenkt der Taten Gottes in der Vergangenheit und feiert sie zugleich in der Hoffnung auf eine zukünftige Vollendung.

Solche Denkweise ermöglicht es, Vergangenes wie Zukünftiges als gegenwärtig wirksam zu verstehen; Geschichte wird dadurch für die Gläubigen lebendige Gegenwart. Christliche Gemeinden hatten, je nach ihren Ursprüngen, zunächst jüdische oder heidnische Festtermine weiter gepflegt und dann mit christlichen Inhalten verbunden.

Seit 380 war die christliche zugleich eine staatliche Kirche und deshalb eine Unterscheidung zwischen Kirchen- und weltlichem Jahr gegenstandslos. Auch der gregorianische Kalender von 1582 wurde nach den Bedürfnissen christlicher Osterrechnung gestaltet und kraft päpstlicher Autorität eingeführt. Ungefähr um diese Zeit taucht im Ergebnis der Reformation das Wort „Kirchenjahr" auf und bezeichnet die evangelische Ordnung des Jahres. Daneben ist „liturgisches Jahr" verbreitet. Beide Bezeichnungen meinen die besondere Gliederung, die das Jahr durch die Abfolge der kirchlichen Feste und Festzeiten erfährt. Im Lauf der Zeit bildeten sich Regeln für die Ordnung der Kirchenfeste heraus. Daraus entstanden die im Mittelalter am meisten in Mitteleuropa verbreiteten Zeitweiser: Kirchliche Messbücher. Ihr Gebrauch sollte gewährleisten, dass in allen christlichen Gemeinden die Feste in einheitlicher Folge begangen wurden. Im Übrigen richten sich auch viele landwirtschaftliche Arbeiten nach bestimmten Terminen, die man auf Heiligentage fixierte. De facto war es Aufgabe der Priester, den Kalender zu verkünden.

Das Kirchenjahr beginnt in der griechischen Kirche mit dem 6. Januar (Epiphanie), in der englischen mit dem 25. März (Mariä Verkündigung) und in den Ostkirchen mit dem 1. September (erstes Auftreten Jesu in Nazaret). In der römisch-katholischen und in der protestantischen Kirche aber ist sein Anfang, auf den bürgerlichen Kalender bezogen, zwischen dem 27. November und 3. Dezember beweglich; er fällt auf den ersten Adventssonntag. Noch 1970 führte Papst Paul VI. einen neuen „Generalkalender" für die katholische Christenheit ein. Er verzeichnet die gesamtkirchlich bedeutsamen Herren-, Marien-, Märtyrer- und Heiligentage. Daneben sind heute den Regionen, Diözesen und Orden eigene Kalender ausdrücklich erlaubt.

5. Kalender in Mittelalter und Neuzeit

Etwa im Zeitraum zwischen den Jahren 500 und 1500 verschmolzen die Vorstellungen der Antike mit der Begriffswelt von Kelten, Germanen und Slawen sowie den Ideen des Christentums. Daraus entstand der Begriff eines kulturell geschlossenen christlichen Abendlandes. Gleichzeitig wuchsen Zeitvorstellungen und Zeitrechnungssysteme zu einem einheitlichen europäischen Kalenderwesen zusammen.

Während das Römerreich unterging, erstarkte seine Kirche, löste sich vom Staat und wurde zu einer selbstständigen Macht in Europa. Ihr Anspruch, die unsterblichen Seelen der Menschen zu beherrschen, führte zu einem neuen Zeitkonzept. Bischof Augustinus von Hippo stellte Platons Vorstellung von der allgegenwärtigen Zeit als etwas ständig Bewegtem sein eigenes Ideal entgegen, die „heilige Zeit". Er erklärte das Reich Gottes als zeitlosen und unbeweglichen Ort. Zeitrechnung und Kalender ließ Augustinus einzig als profanes Hilfsmittel bei der Bestimmung des Ostertermins gelten.

Aber in einem der christlichen Klöster, Monte Cassino bei Neapel, organisierte ein Abt die regelmäßige Benutzung von Uhren und lehrte seine Schüler, sie zu bauen und instand zu halten: Benedikt von Nursia. Einheitliche Regeln für den Tagesablauf der Mönche sollten ihren Glauben und ihre Disziplin stärken. Benedikt erkannte die Uhr als geeignetes Hilfsmittel. Als sich die Benediktinerregel über die Klöster Europas verbreitete, entstand ein neuer Sinn für Zeit, der die Mönche deutlich von den Laien unterschied. Mit der Vorstellung von christlicher Frömmigkeit verband sich jetzt der Begriff der Pflichterfüllung nach einer strengen zeitlichen Ordnung.

Anderthalb Jahrhunderte später verfasste der englische Mönch Beda grundlegende Werke zur christlichen Zeitrechnung. In seiner bedeutenden Chronologie der britischen Geschichte verwendete er die Datierung nach den „Jahren des Herrn". Beda begriff Zeit als real und messbar und erklärte, was unter Moment,

Stunde, Tag, Monat, Jahr, Jahrhundert und Zeitalter zu verstehen sei. Mit einer von ihm entworfenen sehr genauen Sonnenuhr ermittelte er die wahren Termine der Tagundnachtgleichen und kam zu dem Ergebnis, dass die zu 365¼ Tagen angenommene Jahreslänge anzuzweifeln sei. Zu einer genaueren Bestimmung reichten allerdings seine Hilfsmittel nicht aus.

Beda betrachtete die Stunde als göttliches Gebot und lehrte seine Schüler, dass man kürzere Zeiteinheiten nicht benötige. Der tief gläubige Mann zählte und rechnete mit den Fingern als „gottgegebener Methode" und verwendete nur ausnahmsweise einfache Brüche. Auch die Teilung des Tages in 24 gleiche Stunden benutzte er lediglich als wissenschaftliches Hilfsmittel; anderen erklärte er, wie untauglich dies für den Alltag sei. Natürlich fielen ihm die Widersprüche auf, und zu ihrer Erklärung erfand er eine Theorie von drei Kategorien der Zeit: Neben naturgegebener Zeit wie Mondumlauf und Sonnenjahr gebe es von Autoritäten vorgegebene Zeit wie siebentägige Woche oder 31-tägige Monate, und über allem stehe Gottes Zeit. Diese dialektische Lösung erlaubte ihm, gleichzeitig wissenschaftlich zu arbeiten und an göttliche Allmacht zu glauben.

Auf dem Kontinent unterstützte Kaiser Karl der Große Bestrebungen, den Kalender zu reformieren. Die Jahre wurden nach der christlichen Ära gezählt, und man folgte der neu aufgekommenen Sitte, die Tage des Monats fortlaufend zu nummerieren. Karl führte neue, in fränkisch-deutscher Sprache nach Jahreszeiten und Festen benannte Monatsnamen ein. Doch auf längere Sicht konnte sich diese Neuerung nicht durchsetzen, kirchliche Macht bewirkte eine Standardisierung der Kalender Europas.

Unterdessen entstand die neue wirtschaftlich-politische Ordnung des Feudalismus. Dann ging das Lehnswesen allmählich in eine Adels- und Ständeherrschaft über. Reichtum häufte sich in den Häusern der Herrschenden. Der Handel mit Luxusgütern brachte vielerlei Informationen über andere Kulturen und erforderte die Beschäftigung mit den Zahlzeichen und Kalendern der Fremden. Doch wurden das Rechnen mit arabischen Ziffern, der Umgang mit der Null und mit Bruchzahlen nicht vor Mitte des

14. Jahrhunderts an den Universitäten gelehrt – europäische Kalenderrechnung hatte mit ganzzahligen Verhältnissen auszukommen. Aber schließlich entstand ein neues Weltbild und begann den Glauben in den Hintergrund zu drängen.

Johannes Sacrobosco schrieb gegen 1230 das erfolgreichste astronomische Lehrbuch des ganzen Mittelalters. Er nutzte den *Almagest* des Ptolemäus, der mittlerweile aus dem Arabischen ins Lateinische übersetzt war. Dadurch konnte er die Fehler des Sonnen- wie des Mondzyklus im Lunisolarkalender sehr genau nachweisen und schlug vor, alle 288 Jahre einen Schalttag wegzulassen. Aber erst 1344 beschloss Papst Clemens VI. in Avignon, dass der Kalender reformiert werden solle, und lud Experten zu gemeinsamer Beratung ein. Doch dann unterbrach die Pest das gesamte gesellschaftliche Leben Europas.

Dennoch veränderte das 14. Jahrhundert die Wahrnehmung der Zeit entscheidend. Die Stunde kam als Maßeinheit auf, und die Tage wurden gleichförmig geteilt. Wohl irgendwann im Lauf des 13. Jahrhunderts – niemand hat es aufgezeichnet – wurde die erste mechanische Räderuhr gebaut. Bald wiesen Glocken auf den städtischen Türmen allen Bürgern die Zeit. In der Gegend um Pisa kam der Brauch auf, sie stündlich zu läuten. Damit drang unüberhörbar die Uhrzeit als neuartiger Begriff ins Bewusstsein der Allgemeinheit.

Aus der Beobachtung der wiederkehrenden Abläufe in der Natur war der Begriff des Jahres entstanden. Nach Ort und Klima verschieden, wählte man unterschiedliche, mehr oder weniger markante Erscheinungen als seinen Beginn. Nach und nach ging man zu astronomisch bestimmbaren Fixpunkten über. Den Babyloniern galt die Frühlings-Tagundnachtgleiche als Jahresanfang, der Herbstbeginn den Syrern, der längste Tag des Jahres den Athenern und der kürzeste den Böotiern. Asiaten bevorzugten den Aufgang bestimmter Sternbilder und wählten davon ausgehend Vollmondtage oder Neumondtermine. Das römische Jahr war seit 45 v. Chr. wohlgeordnet und begann mit dem vom Mond abhängigen ersten Januar. Was aber für die alten Römer

selbstverständlich war – nämlich aus diesem Anlass dem Gotte
Janus ein Trankopfer darzubringen –, war der christlichen Kirche
ein Dorn im Auge. Im Jahr 576 erklärte die Synode von Tours die
Neujahrsfeier am 1. Januar als Ketzerei. Zu dieser Zeit gliederte
bereits eine ganze Reihe kirchlicher Feste und Heiligentage das
Jahr. Mehr oder weniger willkürlich wurde hier der eine, dort ein
anderer zum Jahresanfang bestimmt. Infolgedessen existierten
über Jahrhunderte mehrere verschiedene Jahresstile nebeneinander.

Zu Beginn spezifisch christlicher Zeitordnung hatte man
sich auf das Erscheinen Gottes unter den Menschen bezogen;
im hiernach benannten Epiphanien-Stil begann das Jahr am
6. Januar. Im vierten Jahrhundert trat das Fest der Geburt in
den Vordergrund, und mit ihm rückte der Jahresbeginn auf den
25. Dezember, das ist der Nativitäts- oder Weihnachtsstil. Die
Römer begannen ihr Jahr zunächst mit dem 1. März, dann mit
dem 1. Januar. Um die damit verbundenen heidnischen Festbräuche zu verdrängen, setzte der Klerus auf diesen Tag das
neue „Fest der Beschneidung Christi". Erst sehr viel später, im
Lauf des 14. bis 16. Jahrhunderts, erlangte der hiernach benannte
Zirkumzisionsstil allgemeine Geltung.

Orientalische Christen zählten zunächst den April als ersten
Monat des Jahres. Das fußt auf dem Nissan als Monat des jü-
dischen Passahfestes. Demgegenüber rechnete man in großen
Teilen des Abendlandes ab dem 1. März. Eine andere altchristliche
Anschauung berechnete die Menschwerdung Christi vom Datum
der Empfängnis an, die man auf den 25. März festlegte. Mit dem
Aufblühen des Marienkults bildete sich in Italien der darauf be-
zogene Annunciationsstil mit Beginn am 25. März, dem Festtag
„Mariä Verkündigung".

Das bewegliche Osterfest erscheint höchst ungeeignet, als
Ausgangspunkt des Jahres zu dienen. Und doch konnten sich im
Mittelalter entsprechende Rechnungen verbreiten. Hauptsächlich
in Frankreich waren die drei Osterstile (Karfreitag, Karsamstag,
Ostersonntag) zwischen dem elften und dem sechzehnten Jahr-
hundert weit verbreitet. Bei solcher Rechnung entstehen „Oster-

jahre" schwankender Länge, und in jenen mit mehr als 365 Tagen treten gleiche Monatsdaten zweimal auf.

Ist heute in Europa von Jahreszeiten die Rede, so stellt sich automatisch die Vorstellung von vier Teilen des Jahres ein. Doch das war nicht immer so. Die Germanen hatten eine ursprüngliche Zweiteilung des Jahres in „Sommer" und „Winter", die sich lange hielt. Bei zahlreichen Völkern Mitteleuropas bildeten sich drei markante Festtermine heraus: Der Beginn der neuen Vegetationsperiode, Mittsommer und ein Totenfest zu Winterbeginn. Daraus resultierte eine Dreiteilung des Jahres. Neben dieser Tradition vollzog sich ein allmählicher Übergang zu vier Hauptfesten: Ein Frühlingsfest, Mittsommer, ein Erntefest im Herbst und, unterschiedlich bei den Völkern, das Totenfest am Winteranfang oder die Sonnenwendfeier zu Mittwinter. Als später die vier Jahreszeiten in das Bewusstsein einer breiten Öffentlichkeit drangen, mussten die Kalendermacher ihren Beginn angeben. Die Grenzen zog man meist entsprechend der deutlichen Wetteränderung; das war territorial unterschiedlich. Aber bereits die Römer hatten die astronomischen Jahrpunkte näherungsweise im Kalender fixiert und ihren Beginn auf jeweils zwölf Tage vor den Kalenden des Januar, April, Juli und Oktober festgeschrieben. Die dadurch gebildeten Abschnitte des Jahres nannte man Quartal. Der Begriff ging später auf die uns geläufige Jahresteilung in viermal drei vollständige Monate über. Daneben hatte die Kirche, ausgehend von der alten Dreiteilung, ursprünglich auch drei Fastentermine bestimmt. Dann wurde zu vier Fasten gewechselt, und diese Regel bestand bis 1908. Die vier kirchlich definierten Jahresteile heißen Quatember.

Seit es einen Zeitbegriff gibt, gliedern die sichtbaren Phasen des Mondes die Zeit des Menschen. Das Auftauchen eines neuen Mondes ließ sich am besten beobachten, und mit ihm begann ein neuer Zeitabschnitt. So erhielt das Wort Mond nach und nach die zusätzliche Bedeutung „Mondwechsel". Der Begriff spaltete sich ab und wurde zu „Monat". Germanen und Slawen lernten die Gliederung des Jahres in Kalendermonate erst von den Römern kennen. Ihren Bedürfnissen genügte die Unterscheidung von Jahreszeiten und deren weitergehende Differenzierung nach Erscheinungen der Natur und Erfordernissen der Landwirtschaft. Als das Prinzip der zwölf Kalendermonate eines Sonnenjahres in Mitteleuropa bekannt wurde, übertrug man die Namen dieser sechs oder acht Teile auf einige der Monate. Dabei geschah es, dass benachbarte Völker die gleichen Bezeichnungen für verschiedene Monate verwendeten. Als im neuen, weit ausgedehnten Frankenreich Verwirrung aus den unterschiedlichen Monatsnamen entstand, veranlasste Karl der Große eine einheitliche Namensreihe. Diese fränkischen Monatsbezeichnungen traten in Konkurrenz zu den inzwischen relativ verbreiteten lateinischen Namen, konnten sich aber nicht langfristig halten.

Auch bei den meisten slawischen Völkern gehen die Monatsnamen auf eine Zeit zurück, in der man das Jahr nach Naturerscheinungen und landwirtschaftlichen Arbeiten in ungleiche Abschnitte teilte. Diese Phänomene traten in verschiedenen Gegenden zu unterschiedlicher Zeit ein. So gingen auch hier die alten Namen zum Teil auf unterschiedliche Monate über. Die naturnah in dünn besiedelten Landstrichen lebenden slawischen Völker bewahrten diese Begriffe durch die Jahrhunderte neben dem „offiziellen" julianischen Kalender der russischen Verwaltungszentren mit seinen aus dem Latein entlehnten Monatsnamen. So heißen dort noch heute Juni oder Juli Lindenmonat, und Sichelmonat meint bei den verschiedenen Völkern teils Juli, teils August.

Es scheint einfach und logisch, die Tage eines Monats von seinem ersten bis zum letzten Tag durchzuzählen. Erste Ansätze dazu gab es im sechsten Jahrhundert bei den Normannen. Doch lange erhielt sich vor allem in den Kanzleien Mitteleuropas die römische Datierung nach Kalenden, Nonen und Iden. In Frankreich kommt sie bis ins 16. Jahrhundert vor. Die Eckpunkte alltäglicher, kirchlich dominierter Zeitrechnung waren die großen Feste und die Heiligentage. Zur Zeit Bedas und Karls des Großen kannte man sehr viele Heilige. In der Mehrzahl hatten diese nur örtliche Bedeutung, doch einige wurden über die Grenzen ihres Klosters hinaus bekannt. Die Chronisten des Mittelalters bezogen sich gern auf diese Tage. Von Frankreich her breitete sich dieser Brauch im

Lauf des zehnten bis dreizehnten Jahrhunderts bis Norddeutsch-
land aus. Aber Datierungen nach Heiligentagen sind oft mehr-
deutig. So gibt es zum Beispiel ein volles Dutzend verschiedener
„Peterstage", und jeder von ihnen wurde zumindest örtlich zu
Datierungen verwendet. Unsere Umgangssprache benutzt in
Einzelfällen noch heute solche alten Tagesnamen; man sagt viel
häufiger „zu Silvester" oder „an Silvester" als „am 31. Dezember".

Als sich Europa im 15. Jahrhundert langsam von der Pest erholte,
kündigte sich auch das Erwachen neuen geistigen Lebens an. Von
Italien ausgehend vollzog sich die als Renaissance bezeichnete
große kulturelle Wende vom Mittelalter zur Neuzeit. Bis dahin
waren Bücher und Kalender kostbare Einzelstücke. Jeder höher
Gebildete musste deshalb in der Lage sein, für jedes Jahr den
Kalender neu zu berechnen und die Festtage zu bestimmen. Als
Hilfsmittel dienten „immerwährende Kalender" genannte Tafeln
für „Goldene Zahlen" und für Sonntagsbuchstaben, die oft in
Gebetbücher und ähnliches aufgenommen wurden. Das änderte
sich um 1450, als Gutenberg den Druck mit beweglichen Lettern
erfand. Jetzt konnten Kalendarien in großer Zahl hergestellt werden, und allmählich wurden sie zum Gebrauchsgegenstand des
täglichen Lebens. Immer mehr Menschen verwendeten den Kalender der Kirche als individuellen Zeitplaner für Politik, Arbeit
und persönliche Zwecke, und die Fehler darin wurden immer
offenkundiger. Auch in Rom war man sich inzwischen dieses
Mangels bewusst, und der Gedanke von der Notwendigkeit einer
Kalenderreform gewann Raum. Schließlich setzte der 1572 zum
Papst gewählte Gregor XIII. eine Kalenderkommission ein. Den
endgültigen Entwurf der Reformpläne fertigte der italienische
Arzt Aloigi Giglio (Aloysius Lilius).
    Zwei Ziele verfolgte die Reform: die Korrektur des Sonnen-
und eine Verbesserung des Mondkalenders. Um also erstens
den eigentlichen, den Sonnenkalender, in Ordnung zu bringen,
war die Abweichung des Äquinoktiums zu beseitigen und seine
künftige Verschiebung zu verhindern. Die Regel des julianischen
Kalenders, alle vier Jahre einen Tag einzuschalten, war über das

Ziel hinausgeschossen. Ein Umlauf der Erde um die Sonne dauert etwa 674 Sekunden weniger, als ein julianisches Jahr im Durchschnitt lang ist. Der Kalender blieb deshalb in 128 Jahren einen Tag hinter den wahren Tagundnachtgleichen zurück. Um den richtigen Termin wiederherzustellen, schlug Lilius vor, entweder unauffällig zehn Schalttage im Lauf von 40 Jahren auszulassen oder „gewaltsam" zehn Kalendertage auf einmal zu überspringen.

Die römische Kirche interessierte an der Berichtigung des Sonnenkalenders nichts mehr als die Rückführung des Osterfestes auf den in Nicäa bestimmten Termin. Das sollte nun schnellstens geschehen, und man entschied sich für die einmalige Korrektur, indem man auf Donnerstag, den 4. Oktober 1582, unmittelbar Freitag, den 15. Oktober 1582, folgen ließ. Sodann wurde vorausschauend geregelt, wie der bereits entstandene Fehler zu beseitigen sei, falls der Übergang erst zu späteren Terminen erfolge: Bei Einführung des neuen Kalenders bis vor dem 1. März 1700 (julianisch) sind zehn Tage, bis 1. März 1800 elf, bis 1. März 1900 zwölf und bis 2100 dreizehn Tage auszulassen. Durch diese Korrektur fällt der 21. März wieder auf denselben Tag, den man in Nicäa als Fixpunkt der Frühlings-Tagundnachtgleiche angesehen hatte.

Schließlich sorgte man dafür, künftige Verschiebungen des Termins zu vermeiden. Im Lauf von 400 Jahren müssen dazu drei Schalttage ausfallen. Eine einfache Lösung der Aufgabe wurde gefunden und ist die noch heute gültige Schaltregel: Alle ohne Rest durch vier teilbaren Jahre sind Schaltjahre, die Säkularjahre (die vollen Hunderter) aber nur dann, wenn sie ohne Rest durch 400 teilbar sind. Schwieriger war es, die Berechnung der Mondphasen zu korrigieren. Also blieb es bei ihrer nur näherungsweisen Bestimmung. Dieser zweite Hauptteil der gregorianischen Kalenderrechnung dient ausschließlich dazu, den Termin des christlichen Osterfestes zu bestimmen.

Nach wiederholten vergeblichen Anläufen wurde die Kalenderreform in Rom durchgeführt. Auf den 4. Oktober 1582 (julianisch) folgte unmittelbar der 15. Oktober 1582 (gregorianisch). Aber dies bedeutete keineswegs, dass man nun überall in Europa so rechnete. Lediglich in Italien, Spanien und Portugal gelang es, wenn auch mit örtlichen Ausnahmen, die neuen Kalender rechtzeitig zu drucken und an den Kirchentüren auszuhängen. Die anderen katholischen Gebiete folgten nach und nach bis Ende 1584. In den protestantisch beherrschten Gebieten stieß der neue Kalender, weil vom Papst verfügt, von vornherein auf wenig Gegenliebe. Die Anhänger Luthers und Calvins fühlten sich provoziert, fürchteten eine Bedrohung ihrer „evangelischen Freiheit" und blieben bei den bisherigen Datumsangaben. Von 1582 bis 1699 waren in Deutschland (und in der Schweiz bis 1812) beide Kalenderstile nebeneinander üblich. In Gegenden, wo Katholiken und Protestanten nahe beieinander wohnten, entstand besondere Verwirrung hinsichtlich des gültigen Datums.

Zwischen dem 2. und 14. September 1752 wurden in England und allen seinen Kolonien die inzwischen aufgelaufenen elf Tage übersprungen. Die Russen hatten 988 mit dem griechisch-orthodoxen Glauben die byzantinische Ära übernommen. Dann orientierte Zar Peter der Große das Land nach Westen und führte den julianischen Kalender ein. Auf den 31. Dezember 7208 „nach Erschaffung der Welt" folgte der 1. Januar 1700 „nach der Geburt Jesu Christi". Erst die Revolution von 1917 brachte den Übergang zum gregorianischen Kalender; das Land musste inzwischen 13 Tage überspringen.

Nach Amerika gelangte der gregorianische Kalender mit den jeweiligen Kolonialmächten: Süd- und Mittelamerika wechselten 1582 mit Portugal und Spanien, das Mississippi-Gebiet folgte 1582/83 mit Frankreich. Die britischen Gebiete an der Ostküste mussten bis 1752 warten, und Alaska wechselte den Kalender, als es die USA 1867 von Russland erwarben. Japan übernahm den westlichen Kalender 1873. China erlaubte ab 1911 die Benutzung des gregorianischen neben dem traditionellen Mondkalender, seit 1949 ist er offiziell allein gültig. Aber ungeachtet dessen, dass sich der gregorianische Kalender praktisch weltweit als einheitliches Zeitrechnungssystem durchgesetzt hat, verwendet die Mehrzahl aller Menschen nach wie vor ihre traditionellen Kalender für religiöse und kulturelle Zwecke.

Der gregorianische Kalender bildet keineswegs ein logisch in sich geschlossenes System. Zu seinen entscheidenden Mängeln gehört, dass er das Jahr nicht in eine ganze Zahl von Wochen und auch nicht in gleichlange Monate teilt. Eine erste diesbezügliche Reformidee ist aus dem Jahr 1745 bekannt. Sie griff auf das Konzept der ägyptischen Epagomenen zurück – das Einfügen von Tagen, die keinem Monat und keiner Woche zugehören. Das Jahr besteht hiernach aus 52 vollen Wochen und wird in 13 Monate zu 28 Tagen gegliedert. Ein Zusatztag, in Schaltjahren zwei, ergänzt es auf 365 beziehungsweise 366 Tage. Doch die Veröffentlichung des Vorschlags in London verhallte ohne Echo.

1789 begann mit der Erstürmung der Bastille die Französische Revolution. Eine neue Zeit sollte beginnen und mit ihr eine neue, selbstgeschaffene Zeitrechnung. Sie gliederte das Jahr in zwölf Monate zu 30 Tagen. Ihre Namen waren von jahreszeitlichen Erscheinungen abgeleitet. Die fünf am Sonnenjahr fehlenden Tage wurden an den zwölften Monat angehängt. Die Woche aber ersetzte man durch zehntägige Einheiten. Vor allem diese Dekaden blieben selbst auf dem Höhepunkt der revolutionären Begeisterung umstritten, besonders in ländlichen Gegenden stieß sie auf Ablehnung. Zu schwerwiegend war der Eingriff in die Gefühlswelt der Menschen und zu drückend die Verlängerung der Arbeitsperiode von sechs auf neun Tage. Der Staatsstreich Napoleons bereitete der ersten Republik der Franzosen 1799 ein Ende, und 1805 kehrte das Land in allen Einzelheiten zum gregorianischen Kalender zurück.

Unter den Bedingungen der Industriegesellschaft und des Welthandels tauchten gegen Ende des 19. Jahrhunderts die verschiedenartigsten Reformpläne auf. Mehrere Entwickler konzipierten 13-Monats-Kalender. Andere suchten eine Lösung auf der Basis vier gleicher Quartale von je 91 Tagen. Ein Ausschuss des Völkerbundes in Genf sammelte 1927 mehr als 130 verschiedene Vorschläge, von denen allerdings viele keine Beziehung zu den realen Gegebenheiten von Tradition, Religion und praktischer Handhabung besaßen. 1939 unterbrach der Zweite Weltkrieg die internationalen Kontakte. Als 1954 die UNO eine Wiederaufnahme der Bemühungen um eine Welt-Kalenderreform ankündigte, zeigten die Mitgliedsländer kein Interesse mehr. Dessen ungeachtet wurde eine Vielzahl mehr oder weniger origineller Reformpläne entworfen. Das Internet wurde zu einem beliebten Medium der Kalendererfinder. Weil sie unter den Rahmenbedingungen irdischer Tage und Jahre kaum noch wirklich neue Varianten austüfteln können, richtet sich ihr Interesse mittlerweile auf Entwürfe für andere Planeten. So existieren inzwischen Kalender, welche die Umläufe mehrerer Monde sowie den zeitversetzten Aufgang von zwei Sonnen berücksichtigen.

Es bleibt die Frage, ob wir wirklich einen anderen als den gregorianischen Kalender brauchen. An seinen Basisgrößen hat sich nichts geändert, und seine bislang als wesentlich angesehenen Mängel sind mit dem Siegeszug des Computers praktisch gegenstandslos geworden. Schwerer wiegt, dass er der Welt im Gefolge kolonialer Expansion aufgezwungen wurde. Die betroffenen Menschen wurden nicht gefragt, ob Europas Art, die Zeit einzuteilen, für sie interessant oder vorteilhaft sei. Doch nichts deutet darauf hin, dass eine für alle Völker, alle Religionen, alle Interessengruppen befriedigende Lösung gefunden werden kann. Noch weniger ist zu erwarten, dass damit irgendeines der wirklich wichtigen Probleme der Menschheit gelöst werden könnte. Niemand wird bestreiten, dass der erreichte Entwicklungsstand der Menschheit eine weltweit einheitliche Zeitrechnung erfordert. Aber das bedeutet nicht, dass ein „Weltkalender", wie immer er beschaffen sei, der einzige sein muss. Neben einem ausschließlich nach pragmatischen Gesichtspunkten gewählten und weltweit akzeptierten Rechnungssystem können beliebig viele Kalender existieren, die den unterschiedlichen kulturellen und religiösen Bedürfnissen Rechnung tragen.

6. Zeit und Kalender in anderen Kulturen

Die Vorstellungen einer Gesellschaft von der Zeit basieren auf der unmittelbaren Zeiterfahrung ihrer Mitglieder. Diese Erfahrung betrifft immer die jeweilige Gegenwart. Der Zeitbegriff wurde stets genau bis zu *dem* Umfang ausgebildet, den das erreichte Niveau des Lebens in der jeweiligen Gegenwart erforderte. Deshalb leben historisch ungleich entwickelte Gesellschaften in unterschiedlichen Zeiten. So kennen primitive Gesellschaften keinen abstrakten Begriff von Zeit; dort existiert nur die konkrete Zeit der Handlung, des augenblicklichen Geschehens. Erst heute ist Zeit fast überall abstrakte Welt-Zeit und den meisten Menschen gemeinsam. Deshalb hat jede Kultur ihre eigene, ganz einzigartige Zeit.

Andererseits flossen überall Ideen vieler Völker zusammen, vereinten sich zu einem Strom der Kultur der Menschheit. Daraus ergab es sich, dass die meisten Kalender keine gänzlich unabhängige Entwicklung erfuhren. Vor mehr als 6000 Jahren hatten Menschen in Mesopotamien und Ägypten, und wahrscheinlich schon lange vor ihnen in Indien, raum-zeitliche Vorstellungen, die zur Grundlage für Astronomie und Mathematik wurden. Handelsbeziehungen zwischen ihnen waren von Kulturaustausch begleitet. Jahrtausende später wurden ihre Kenntnisse vom antiken Griechenland aufgegriffen, theoretisch verdichtet und gelangten mit Alexanders Feldzügen wieder bis nach Indien. Dann wurden sie in den Zentren der islamischen Welt gesammelt und gelangten von dort aus nach Europa zu den Vordenkern der Renaissance. Jede dieser Kulturen trug dazu bei, Wissen anzusammeln, bis schließlich ein Niveau erreicht war, das den gregorianischen Kalender ermöglichte. Indien hatte außerdem Handelsbeziehungen zu China, was sich auf die Entwicklung der Kalender Mittel- und Ostasiens auswirkte.

Die ersten bedeutenden Kulturen entstanden in den Gebieten der großen Flüsse. Im zweiten vorchristlichen Jahrtausend erschien eine Hochkultur am Huangho, um 3100 am Nil, um 4400 zwischen Euphrat und Tigris. Die älteste bekannte Siedlung im Industal wird auf 7000 v. Chr. datiert. So weit zurück gehen auch die Systeme der Zeitmessung, denn Kalender regeln sämtliche Aktivitäten einer organisierten Kultur. Grundlage solcher ursprünglichen Kalender sind Tafeln der Bewegung von Himmelskörpern, so einfach sie anfangs sein mögen.

Den nebeneinander bestehenden Indus- und mesopotamischen Kulturen eignete das auf der Sechzig basierende „babylonisch" genannte Zahlen- und Kalendersystem und es ist schwer zu entscheiden, welche von ihnen es zuerst benutzte. Anscheinend beruht es auf der Beobachtung der Bewegung von Planeten. Jupiter und Saturn begegnen sich alle 60 Jahre an derselben relativen Position im Tierkreis. Mehr noch: Jupiter benötigt zwölf Sonnenjahre, um einmal den Tierkreis vollständig zu durchlaufen, teilt ihn also in zwölf Abschnitte. Saturn durchläuft ihn einmal in 30 Jahren. Das legt nahe, jedes Zeichen in 30 Abschnitte, „Grade", zu teilen. Dann bewegt sich Saturn um ein Grad in jedem Zwölfteljahr, und ein Umlauf erfasst 360 Grad, erfordert 360 Zwölfteljahre, „Monate". Konsequenterweise wurde die Sechzig, Symbol des gemeinsamen Haupt-Zyklus von Jupiter und Saturn, zur Bezugsgröße des Zahlensystems. Deshalb benutzte man sie später zur weitergehenden Unterteilung der Winkel und der Zeitabschnitte. Aus der 60 und der 360 ergab sich die Sechs als herausgehobene Zahl. Sie erscheint in den Kalendern Indiens als Anzahl von Jahreszeiten und von „Wochen"-Tagen.

Grundlegend für die praktische Zeitrechnung Indiens sind die Nakshatra, die „Mondstationen". Das sind markante Sterne entlang der Mondbahn. Ihre Anzahl 27 entspricht den Tagen des siderischen Mondumlaufs. Im Lauf des Jahres werden zwölf von ihnen durch die zwölf Vollmondnächte besonders herausgehoben. Daraus entstand der Brauch, die Monate nach diesen Nakshatra zu benennen. Die entsprechende, aus vedischer Zeit stammende Namensreihe ist von Sri Lanka bis Nepal verbreitet und noch heute Bestandteil des indischen Nationalkalenders. Außerdem verband man irgendwann die Nakshatra der Reihe nach mit neun planetaren „Herrschern". Das sind die sieben „Planeten", ergänzt um Rahu und Ketu, die beiden theoretischen, nicht sichtbaren „Knoten" der Mondbahn. Ähnlich den sieben Wochentagen in Babylonien ergab sich daraus eine ununterbrochene Folge neuntägiger Wochen.

Auch das solare Schema des zwölfteiligen Tierkreises war den Indern vertraut, wie zahlreiche Motive der Veden belegen. Deren Götterwelt symbolisiert eine naturnahe, zyklische Zeitauffassung von Werden und Vergehen. Mächtigste Göttin, aus einer Muttergottheit der Frühkulturen hervorgegangen, ist Kali. Dieser Name kommt vom altindischen *kala*, und das ist die Zeit, die alles hervorbringt und alles verschlingt. Die religiöse Hindu-Zeitrechnung hat die gesamte „Zeit der Welt" kalenderartig gegliedert und in einen Zusammenhang mit den Schöpfungsmythen gesetzt. Danach umfassen Zyklen von Zeit und göttlichem Leben viele Millionen Menschenjahre.

Nach und nach profilierte sich das „zivile" Jahr der vedischen Zeit. Anfänglich unterschied man zwei, später drei Jahreszeiten: die warme Zeit, Regenzeit, kühle Zeit. So teilt die Landbevölkerung im Punjab noch heute das Jahr. In südlicheren Regionen herrscht ein stärker differenziertes Klima, und hier gelangte man zu sechs Jahreszeiten. Der praktischen Zeitrechnung diente etwa ab dem zwölften Jahrhundert v. Chr. ein 354-tägiges Normaljahr, in das von Zeit zu Zeit ein siebenter Abschnitt eingeschoben wurde. Durch weiteres Teilen erhielt man dann eine Annäherung an zwölf beziehungsweise dreizehn Mondwechsel im Lauf des Sonnenjahres.

Ein Sonnenjahr ist die Dauer einer Umdrehung der Erde um die Sonne. Anschaulicher ist es, sich die Erde als feststehend vorzustellen. Dann wandert die Sonne um sie herum und erreicht nach einem Jahr wieder ihren Ausgangspunkt. Je nachdem, wie man diesen Referenzpunkt wählt, lassen sich zwei verschiedene Jahreslängen definieren: das tropische oder das um gut 20 Minuten längere siderische Jahr. Anders als in der Zeitrechnung des Westens folgt der Sonnen-Teil des traditionellen lunisolaren Hindu-Kalenders dem siderischen System. Zwölf Rasi (Sternzeichen) gliedern die Ekliptik in zwölf gleiche Abschnitte je 30 Grad. Die Länge der Sonnenmonate hängt davon ab, wann die Sonne das nächste Rasi erreicht. Für die Berechnung dieses Augenblicks haben sich in Indiens Regionen vier verschiedene Regeln herausgebildet. Ihre Koexistenz hat dazu geführt, dass derselbe Monat örtlich und in verschiedenen Jahren eine unterschiedliche Zahl von Tagen hat.

Die in zwölf Rasi gegliederte „solare" Ekliptik wird von der in 27 Nakshatra geteilten „lunaren" Ekliptik überlagert. Das schlug eine Brücke zwischen lunaren und solaren Sternbildern und führte zu lunisolaren Kalendern, die Sonnenjahre mit Mondmonaten vereinen. Aber zwölf Mondmonate sind etliche Tage kürzer als ein Sonnenjahr. Zwischen beiden Systemen einen Ausgleich zu finden gelang nicht ohne Komplikationen. Der alte indische Name des Schaltmonats weist darauf hin: Er bedeutet „Herr der Bedrängnis". Zunächst fügte man Schaltmonate in regelmäßigen, errechneten Abständen ein. Später legte man der Schaltung die wahren Positionen von Sonne und Mond zugrunde. Bei diesem Verfahren kommt es vor, dass innerhalb desselben Sonnenmonats zwei neue Monde erscheinen. Dann entstehen zwei Mondmonate gleichen Namens, die man durch eine Zusatzsilbe unterscheidet. Manchmal aber führt das Verfahren zu einem „negativen Schaltmonat". Dann fällt der Name des betreffenden Sonnenmonats in der Jahresreihe aus.

Mondmonate begannen örtlich verschieden bei Neumond oder bei Vollmond. Die Daten der Hindufeste werden heute allgemein nach einem Neumond-Kalender bestimmt. In manchen Gegenden begann man auch, den Monat in eine helle und eine dunkle Hälfte entsprechend dem Mond zu gliedern. Eine weitere Besonderheit indischer Zeitrechnung ist das Teilen der Mondmonate in 30 Tithis, eine besondere Art von Tagen, die sich auf den scheinbaren Abstand zwischen Sonne und Mond bezieht. Ein Tithi beginnt immer dann, wenn dieser Abstand genau 12 Grad beträgt.

Eine von Monaten unabhängige, durchgehende Tageszählung in neuntägigem Rhythmus hatte sich aus den Nakshatra ergeben. Aber für regelmäßige Märkte scheint ein kürzerer Zyklus günstiger. In Südindien bildete sich eine sechstägige Woche heraus, die bei den Tamilen noch heute bekannt ist. Ab dem neunten Jahrhundert tauchte dann von Nordwesten her die siebentägige Woche in Indien auf, und für geraume Zeit existierten beide Systeme nebeneinander.

Als das Land 1949 unabhängig wurde, existierten auf dem Territorium der Indischen Union mehr als 30 unterschiedliche örtliche Kalendersysteme. Noch Jahrzehnte später waren in den relativ unabhängigen Kleinstaaten etwa 20 verschiedene Arten der Jahreszählung in Gebrauch. Weit verbreitet war die Zählung nach der 57 v. Chr. beginnenden Vikram-Ära. Sie galt offiziell in den meisten Staaten Nordindiens. Ähnliche Bedeutung besaß die Shaka-Ära vorwiegend in Zentralindien. Sie beginnt im Jahr 78 n. Chr. und wurde 1957 in Indiens „Nationalen Einheitskalender" übernommen, der im Übrigen dem gregorianischen Kalender entspricht. Außer Hindus befolgen in Indien Buddhisten, Jainas, Juden, Muslime, Parsen und Sikhs ihre jeweiligen religiösen Zeitrechnungen. Sie verehren eine unüberschaubare Vielfalt von Gottheiten und Heiligen, deren Feiertage sich durch das Jahr ziehen.

Nach buddhistischer Anschauung unterliegen die Welten einem Zyklus von vier Weltaltern. Streng genommen gibt es keine spezifisch buddhistische Zeitrechnung. Was als „buddhistischer Kalender" bekannt ist, sind ältere indische Systeme, die von Buddhisten benutzt und beschrieben wurden. Häufig wird die natürliche, mit dem Wachsen und Abnehmen des Mondes verbundene Einheit des Halbmonats benutzt. Als buddhistische Besonderheit bildete sich ein weiterer Zeitbegriff für „vierzehn Tage", der nicht den üblichen Halbmonat meint, sondern **sich** um den Vollmond gruppiert. Eine Hauptrolle in der buddhistischen Zeitwahrnehmung spielt die Regenzeit mit speziellen Regeln für die Mönche. **Heute werden buddhistische Kalender in verschiedenen Teilen der Welt sehr unterschiedlich berechnet.**

Nach buddhistischer wie auch hinduistischer Vorstellung entsteht in zyklischem Wechsel von Schöpfung und Zerstörung ein Universum nach dem anderen. Innerhalb dieser Welten gibt es ein zeitliches Geschehen, doch das ist für die Menschen nur von begrenztem Interesse, nämlich insofern, als es Möglichkeiten bietet, den Kreislauf der Wiedergeburten zu überwinden und in die zeitlose Fülle, das Nirvana, einzugehen. Daraus resultiert eine besondere Auffassung der Inder von Zeit, die aus westlicher Sicht oft als fehlendes Zeitgefühl missverstanden wird.

Keramiken aus der Jungsteinzeit, die man im Tal des Hoangho in China fand, zeigen in vier Quadranten geteilte Kreise. Manchmal sind darin Mondsicheln eingezeichnet. Offensichtlich handelt es sich um Symbole einer auf den Mondphasen beruhenden Ordnung der Zeit, die sich mit der Ordnung des Raumes vereint. Die komplexe chinesische Kosmologie kennt fünf Kardinalpunkte der Welt. Sie repräsentieren die vier Himmelsrichtungen und zugleich die vier Jahreszeiten. Dazu kommt die Mitte als Synonym für China selbst.

Babylonier, Ägypter und Griechen benutzten die scheinbare Bahn der Sonne durch den Gürtel der Fixsterne als Grundlinie ihrer astronomischen Messungen. Den Chinesen dagegen galten die zirkumpolaren Sterne als die wichtigsten Himmelskörper. Vom Polarstern ausgehend dachte man sich vier (und später weitere) Linien durch markante Sterne bis hinab zum Himmelsäquator und teilte durch diese Raum und Zeit. Dem Kaiser fiel die Aufgabe zu, jährlich die Ordnung des Kosmos durch Zeremonien in einer besonderen „Kalenderhütte" zu erneuern.

Andere archäologische Funde geben Grund zu der Annahme, dass man bereits im dritten Jahrtausend im westlichen China eine Methode des Ausgleichs zwischen Sonnen- und Mondjahr kannte. Seit etwa 600 v. Chr. ist der Zhang-Zyklus belegt, den wir als Meton'schen Zyklus (432 v. Chr.) kennen. Er umfasst 6939 Tage in 19 Sonnenjahren. Diese Tage wurden auf 235 Mondmonate verteilt.

Spätestens um 200 v. Chr. wurde ein Kalender eingeführt, der das Sonnenjahr in 24 *Jie Qi* (Chi) zu je 15 Tagen teilt. Jeder zweite dieser Abschnitte wird *Zhong Qi* (Chung) genannt. Auf diese zwölf fallen die astronomischen Fixpunkte des Jahres. In dieser einfachen Form ist das System noch im 20. Jahrhundert auf dem Lande häufig verwendet worden und als „chinesischer Bauernkalender" *Sui* bekannt.

Im Lunisolarkalender *Nian* dagegen bilden Mondmonate die Basiseinheit. Sie beginnen mit dem vorausberechneten astronomischen Neumond und werden von den solar definierten Jie Qi überlagert. Beide werden synchronisiert, indem der Jie-Qi-Zyklus jeweils am chinesischen Neujahrstag neu beginnt. Das ist in der Regel der zweite Neumond nach der Wintersonnenwende.

Neben den zweimal zwölf Jie Qi gewannen Einheiten von jeweils 60 Zeitzyklen größte Bedeutung für das chinesische Kalenderwesen. Jedoch haben die Chinesen nie wie die Babylonier im Sexagesimalsystem gerechnet. Anders als dort ergab sich bei ihnen die Sechzig aus einer Verknüpfung der zwölf Zhong Qi mit den traditionellen „fünf Elementen". Man kann diese als ein System von fünf Phasen einer Entwicklung verstehen, die nach chinesischer Auffassung die Zyklen des Wechsels alles Seienden bestimmen.

Seit Langem ist das östliche Denken von der Dualität des Yin und Yang durchdrungen, Sinnbildern für komplementäre Kräfte des Universums. Durch ihren Einfluss ergaben sich aus den fünf Elementen die „Zehn himmlischen Stämme". Ihnen stehen die „Zwölf irdischen Zweige" gegenüber. Irgendwann führte man die „Stämme" mit den „Zweigen" zusammen, kombinierte sie fortlaufend miteinander, bis 60 Paare entstanden. Die unveränderliche Abfolge dieses Zyklus wurde zu einer Grundeinheit des fernöstlichen Kalenders. Zuerst hat man ihn für eine Einheit von 60 Tagen verwendet. Wie unsere Woche läuft sie unbeeinflusst von Monat und Jahr in steter Folge ab. Für die Bezeichnung von Jahren wird der 60er-Zyklus seit der Han-Dynastie (um die Zeitenwende) ununterbrochen benutzt.

Um die recht abstrakten zwölf „Zweige" (also die Zhong Qi, Teile des Sonnenjahres) den einfachen Menschen anschaulich zu machen, bildete man sie als mehr oder weniger stilisierte Tiere ab. Der chinesische Name dieser Reihe von Symbolen bedeutet soviel wie „zwölf Abschnitte". Im Westen hat man den Begriff, vom flüchtigen Anschein ausgehend, als „chinesischer Tierkreis" übersetzt und damit eine nicht vorhandene Analogie zu den Sternbildern des babylonisch-europäischen Tierkreises suggeriert. Die zwölf Tierzeichen haben mit geringen Veränderungen ganz Ostasien erobert.

Ungeachtet der Verwendung des gregorianischen Kalenders für Verwaltungszwecke ist der chinesische Lunisolarkalender Nian lebendige Tradition im Leben der Völker Chinas, Japans, Koreas, der Mongolei, Vietnams und Tibets sowie in chinesischen Gemeinschaften weltweit. Er bestimmt besonders auch die traditionellen Feste, deren älteste und wichtigste an den Wechsel der Jahreszeiten gebunden sind. Ihre genauen Termine aber werden durch die Mondphasen bestimmt.

Auch in „Hinterindien", auf der südostasiatischen Halbinsel, sind vor allem die Flusstäler früh besiedelt worden. Mehrmals wanderten aus dem Norden kommende Völker in das Gebiet ein, doch der Einfluss Chinas auf die kulturelle Entwicklung blieb gering. Im Gegensatz dazu hat ihre Berührung mit der Kultur Vorderindiens deutliche Spuren auch in den Kalendern hinterlassen. Auf dem Territorium des heutigen Myanmar gründeten im Jahr 628 die Pyu ihre Hauptstadt. Sie zählten die Jahre ab 78 n. Chr., dem Jahr eines großen Konzils der Buddhisten in Nordindien. Weil dieses Treffen unter der Schirmherrschaft des berühmten Kani-shaka stattfand, ist sie allgemein als Shaka-Ära bekannt. Sie hat sich außer in Indien auch in ganz Südostasien weit verbreitet. Nach den Pyu kamen die Burmesen und errichteten 849 ihre Hauptstadt Bagan. Der aus dieser Zeit stammende lunisolare Burma-Kalender hat noch heute große sozio-religiöse Bedeutung. Er ist in Halbmonate gegliedert.

Gegen Ende des 13. Jahrhunderts errichteten die Thai mehrere Kleinstaaten. Mit buddhistischen Mönchen waren verschiedene Formen des indischen Mondkalenders auch hierher gelangt. Auf ihrer Basis wurde der lunisolare Thai-Kalender gestaltet. Im Lauf seines Jahres wechseln sich „vollständige" Monate von 30 Tagen mit „beschnittenen" 29-tägigen ab. Dieser Kalender kennt Jahre mit 354, 355 oder 384 Tagen. Die Monate beginnen mit Neumond, aber die Tage werden innerhalb von Halbmonaten gezählt, wobei man die Perioden des wachsenden und des abnehmenden Mondes unterscheidet. Ein vollständiges Datum nach diesem traditionellen Thai-Kalender besteht aus den Angaben der Mondperiode, des Tages, der Monatsnummer und der Jahresbezeichnung.

Ähnlich dem chinesischen 60-jährigen Zyklus bildeten die Thai Jahresnamen aus den zwölf Tierzeichen und zehn anderen Symbolen. Für Aufzeichnungen, die dauerhaft bewahrt werden sollten, diente eine Jahreszählung, die sich auf das vermutete Todesjahr Gautama Buddhas bezieht und mit dem Jahr 543 v. Chr. beginnt. 1889 wurde ein Sonnenkalender eingeführt, der im Prinzip dem gregorianischen Kalender entspricht – ausgenommen den Jahresbeginn, der auf den 1. April fixiert wurde. 1941 wurde dann der Jahresbeginn auf den 1. Januar festgesetzt und zugleich die westliche Jahreszählung als zusätzliches System neben der buddhistischen offiziell anerkannt. Bis heute sind beide nebeneinander in Gebrauch. Manche aktuellen Kalender Thailands unterteilen den Mondmonat zusätzlich noch anders. Sie gliedern ihn in die drei Perioden des „wachsenden Mondes", des „hellen Lichts" und des „alten Mondes". Jede umfasst neun regulär gezählte Tage, denen besondere Ergänzungstage folgen.

Indonesien, das Land der 13.000 Inseln zwischen Südostasien und Australien, liegt im Schnittpunkt ältester Handelswege des Meeres. Menschen und Kulturen kamen und gingen hier wie Ebbe und Flut. Das hinterließ deutliche Spuren in den Kalendern Indonesiens. Ihre Vielfalt ist nur mit derjenigen Indiens zu vergleichen. Die heute noch benutzten Kalendersysteme sind:

- der gregorianische Kalender (hier Masehi genannt) in Verbindung mit der christlichen Ära. Er dominiert das moderne Leben und ist für geschäftliche Angelegenheiten maßgebend;
- der muslimische Kalender, ziviler Alltagskalender der Bevölkerungsmehrheit;
- der Java-Kalender. Ein großer Teil der gedruckten Kalender Indonesiens nennt heute neben dem Masehi-Datum mindestens die Tagesnamen dieser eigentümlichen Zeitrechnung. Die Tage

im Java-Kalender beginnen mit Sonnenuntergang, und seine Jahreszählung mit dem Jahr 78 n. Chr.;

- ein buddhistischer Mondkalender. Das Jahr beginnt im April, und die höchsten Feiertage fallen auf Vollmondtermine.
- Imlek, eine Sonderform des chinesischen Lunisolarkalenders. Die Jahre folgen im zwölfjährigen Tierzyklus aufeinander.

Der Java-Kalender ist diejenige eigenständige Entwicklung, in der noch Reste ursprünglicher kultureller Traditionen in Erscheinung treten. Zu seinen Hauptbestandteilen gehört Pawukon, das wahrscheinlich älteste in Indonesien benutzte Zeitrechnungssystem. Das ist ein Zyklus von 210 Tagen, den man auf zehn verschiedene Arten gliedern kann. Mit den Teilzyklen und ihren Kombinationen bestimmen noch heute viele Indonesier die günstigen Termine für jeden erdenklichen Zweck. Ursprünglich bildete er wohl das allgemeine Bezugssystem für alle praktischen Aufgaben einschließlich des Ackerbaus.

Rund gerechnet 210 Tage dauert die sommerliche Regenzeit im größten Teil Javas. Diese Frist bestimmte einst den Jahresbegriff. Erst später kam man hier zu einem Landwirtschaftskalender, der das *ganze* Sonnenjahr in zwölf ungleich lange *Mangsa* teilt. Es fällt auf, dass die ersten zehn Mangsa-Namen von javanischen Zahlworten abgeleitet sind, die beiden letzten aber sind Sanskrit-Ausdrücke. Die ersten zehn Mangsa umfassten wohl ursprünglich die Ackerbauperiode, und die restliche Zeit wurde nicht mitgezählt. Erst als Einwanderer das zwölfgeteilte Jahr mitbrachten, wurde es üblich, die „tote Zeit" als Monate der Fremden mit fremden Namen mitzuzählen. Die Dajak, Ureinwohner Borneos, haben noch im 20. Jahrhundert die Mangsa mit einem Schattenstab bestimmt.

Neben dem gesellschaftlich determinierten Pawukon-System mit seinen von Zyklen der Natur unabhängigen Einheiten prägte sich der Sunda-Kalender in zwei Hauptformen aus: als Sonnenkalender *Kala Sura* und als Mondkalender *Kala Candra*. Auf Bali haben sich beide eng mit spezifischen Formen hinduistischen Glaubens verbunden. Die Ursprünge des Sonnenkalenders liegen im Siedlungsgebiet der Sundanesen auf Java. Von ihnen ist überliefert, dass sie auf heiligen Plätzen steinerne Säulen aufstellten und aus deren Schatten die Termine für landwirtschaftliche Arbeiten bestimmten. Diese Säulen wurden Lingga genannt. Es ist offensichtlich, dass es sich dabei um das Lingam der Hindus handelt. Dieses Phallussymbol repräsentiert Shiva, den altindischen Schöpfergott und „Herrn der Zeit". Von der Funktion her ist das Lingga ein Gnomon und dem oben beschriebenen Mangsa-Stab der Dajak verwandt.

Die erste große Wanderung des Menschen bewegte sich von Afrika ostwärts über Indien und erreichte vor 60.000 Jahren über damals noch vorhandene Landbrücken Australien. Dann wurden die Bewohner des „fünften Kontinents" bis 1788 von der Entwicklung in der übrigen Welt abgeschnitten. Der Zeitbegriff der Aborigines, der Ureinwohner, ist grundverschieden von unserem. Als Wildbeuter und Sammler lebten sie in Übereinstimmung mit der Natur, mit den Zyklen des Jahres, aber sie zählten sie nicht und prägten auch den Begriff „Jahr" nicht aus. Deshalb haben sie nie Kalender benutzt und jedes Bestreben, die Zeit in Tage oder Stunden einzuteilen, ist ihnen im Grunde völlig fremd. Was das Denken der Aborigines Australiens beschäftigt, ist „die erste Zeit", doch wie alle frühen Kulturen haben sie keinen Begriff dafür. Wenn sie es heute englisch sagen, ist es *the dreaming*. Diese „Traumzeit" ist ein zeitlicher Treffpunkt zwischen Vergangenheit, Gegenwart und Zukunft. Alles, was ist, kommt aus jener Zeit in die Gegenwart hinein. Das *dreaming* ist für sie Ursprung des Lebens selbst, Zeit und Raum der Ahnen ebenso wie der ungeborenen Kinder.

Wie die Ur-Australier besaßen auch die Bewohner der Mentawai-Inseln nördlich von Sumatra kein Wort für „Jahr", und niemand kannte sein Alter, bevor die Regierung Indonesiens seit etwa 1980 die jungen Leute zum Schulbesuch zwang. Bis dahin gab es keinen Zweck, zu dem sie einen Jahresbegriff benötigt hätten. Diese Eigenart teilen sie mit allen Völkern, deren kulturelle Entwicklung noch nicht die Stufe des Ackerbaus erreicht hat. Aber unabhängig davon haben solche Menschen schon sehr früh den Himmel beobachtet und seine Phänomene auf ihre Art gedeutet. Zunächst war es noch überflüssig, die Monde und die Sonnen- oder Sternenjahre zu zählen oder einen Kalender niederzuschreiben, denn sämtliche für sie interessanten Ereignisse konnten direkt am Himmel abgelesen werden. Dann bestimmte in vielen der sehr alten Gesellschaften der Mond die Zeitrechnung. Andere benutzten einen reinen Sonnenkalender. In beiden kann die Zeit sehr einfach gemessen werden, durch simples Zählen der Tage bis zum Eintritt des nächsten Vollmonds oder der nächsten Sonnenwende. Schwierigkeiten entstanden erst, als man versuchte, das Sonnenjahr in Mondzyklen zu teilen.

In Polynesien gibt es keinen ausgeprägten Klimawechsel. Hier wurde das Jahr lediglich zweigeteilt. In Gebieten mit einer deutlichen Regenzeit erfolgt eine Dreiteilung. In nördlichen Breiten ergeben sich vier abgegrenzte Jahreszeiten, in manchen Gegenden wie Indien auch sechs. Auf den Nikobaren aber wird alles von den Winden bestimmt. Hier kannte man bis ins 20. Jahrhundert hinein nur Monsun-Halbjahre.

Doch auch gesellschaftlich organisierter Ackerbau erfordert nicht zwingend entwickelte Kalender; auch ein primitives Naturjahr kann den praktischen Erfordernissen genügen. Auf den melanesischen Inseln kannte man noch um 1900 kein Jahr im Sinne eines fest begrenzten Zeitraumes. Zeit wurde nach den Mondumläufen zwischen Aussaat und Ernte angegeben. Auch die auf Sumatra lebenden Batak kannten damals ausschließlich ein Ackerbaujahr von neun benannten Monaten, das mit der Reisernte endet. Die drei folgenden Monate fassten sie unter der Bezeichnung „Überfluss (an Nahrung)" zusammen.

Kalender primitiver Gesellschaften existieren nur in Gestalt ständiger Beobachtung der Umwelt. Sie wurden nicht niedergeschrieben und erfordern keine Berechnungen. Menschen auf dieser Kulturstufe ziehen das Sonnenjahr insofern in Betracht, als es aus dem Wetter, aus der Blüte bestimmter Pflanzen und Ähnlichem folgt, aber sie zeichnen nicht exakt die Jahrpunkte auf, wie es ein „richtiger" solarer Kalender erfordert. Manche der von ihnen als Bezugspunkt benutzten Naturphänomene sind außerdem vom Mond beeinflusst, beispielsweise ist die Vermehrung des nahrhaften Palolo-Meereswurms in bestimmten Vollmondnächten ein Schlüsselereignis im Kalender zahlreicher Pazifikinseln.

Außer einigen auf der Osterinsel entdeckten Ansätzen scheint es in dem ganzen Siedlungsgebiet des Pazifik keine geschriebenen oder sonst materialisierten Kalender gegeben zu haben. Nur ausnahmsweise, wenn eine Frist eingehalten werden soll, zählte man die Nächte auf den Karolinen und den Marshallinseln mittels Knoten in einer Schnur.

Viel früher als in Ostasien erschienen Europäer und Araber in Afrika. Viele seiner Völker unterlagen schnell dem Einfluss der fremden Hochkulturen, und nicht nur ihre Kalender, auch sie selbst gerieten in Vergessenheit. Archäologische Funde, die bis ins sechste Jahrhundert v. Chr. zurückreichen, bestätigen die Existenz großer Reiche in West- und Zentralafrika. Aber die meisten Sachzeugen ihrer Kultur verfielen rasch im feucht-warmen Klima. Deshalb besitzen wir nur geringe, meist bruchstückhafte Kenntnisse von ihrer Zeitrechnung. Ihre Lebensweise als Jäger, Sammler, Ackerbauern oder nomadisierende Viehzüchter bestimmte ihren Umgang mit der Zeit. Nicht sesshafte Stämme begünstigen das Mondjahr. Treten im Klima die Jahreszeiten deutlich hervor, so wird eher ein Sonnenjahr gewählt. Die Ägypter kamen aus anderen Gründen zwingend zum dreigeteilten Sonnenjahr: Nilflut, Fruchtbarkeit, Trockenzeit.

Die Regenzeiten in Afrika sind regional sehr verschieden. Dementsprechend differenziert sind die Kalender der dort lebenden Menschen. Hererostämme in Namibia besitzen bereits den Begriff des Jahres. Ihr Wort dafür bedeutet zugleich „Regen". Im Sudan am weißen Nil leben die Nuer, deren Lebensweise durch die Rinderzucht geprägt ist. Sie besitzen keine speziellen Ausdrücke für Zeiträume. Ihre Worte *mai* („trocken") und *tot* („nass") benennen zugleich die Jahreszeiten. Den Nuer sind abstrakte Zeitbegriffe völlig unbekannt. Evans-Pritchard hat in den 1930er Jahren beobachtet und dargestellt, wie trotzdem zeitliche Strukturen ihre täglichen und jahreszeitlichen Aktivitäten beeinflussen. Ihre „Uhr", das ihren Tagesablauf bestimmende Element, ist das Rindvieh: „Ich komme zurück nach dem Melken", „Ich gehe, wenn die Kälber heimkommen". Und ihr Kalender ist der jahreszeitliche Wechsel der ökologischen Bedingungen: „Wir wandern ins Bergland wenn es heiß wird".

Buschmann-Völker in Namibia und Botswana vollziehen an Vollmondtagen die wichtigsten ihrer Rituale. Darüber hinaus gibt es keinerlei Hinweise auf irgendeine Art von Zeitrechnung, und es scheint auch keinen Zweck zu geben, für den sie einen Kalender benötigen würden. Im Gegensatz dazu zählen die mit ihnen verwandten Hottentotten Tage. Sie benutzen dafür gebündelte Stäbchen, von denen täglich eins entfernt wird. Bantuvölker im Inneren des Kongo haben eine viertägige Marktwoche. Im Ewe-Land hielt man Märkte an jedem fünften Tag, dann ruhten die übrigen Arbeiten. Bei den Balao im Norden Benins bestimmt dieser Rhythmus noch heute das gesamte Leben.

Das älteste bekannte Kulturzentrum Sibiriens ist das Flusstal der Angara westlich vom Baikalsee. Hier grub man eine mindestens 15.000 Jahre alte geritzte Knochenplatte aus, die als kalendarische Aufzeichnung jahreszeitlicher Ereignisse und des klimatischen Wechsels gedeutet wird. Etliche Völker in Sibiriens nördlichen Regionen lebten bis in die jüngste Zeit als Jäger und Sammler. Auch hier hat sich gezeigt, dass diese Gesellschaftsform keinen Jahresbegriff kannte. Für Menschen auf diesem kulturellen Niveau dauerte ein Jahr zu lange, um überblickt zu werden, um es als zyklische Erscheinung geistig zu realisieren. Einzig die Tatsache des Wechsels zwischen Sommer und Winter hatte für sie eine wesentliche Bedeutung.

In allen primitiven und archaischen Gesellschaften fehlt ein abstrakter Begriff von Zeit; es existiert nur die konkrete Zeit der Handlung, des augenblicklichen Geschehens. Hier ist „Zeitrechnung" an Aufgaben orientiert, an notwendigen Verrichtungen, die zu einer dafür geeigneten Zeit getan werden müssen. So orientierten sich die sibirischen Khanty gänzlich am Schnee. Ihre zeitlichen Begriffe sind zum Beispiel „wenn es noch keinen Schnee gibt", „nach dem ersten Schneefall" oder „wenn der Schnee zu schmelzen beginnt". Die Finnin Hanna Snellman hat daran grundsätzliche Betrachtungen zum Zeitbegriff der Völker im hohen Norden geknüpft. Aus den ungleichmäßigen Phasen ihres Lebens ergibt sich eine ursprüngliche, „nichtlineare" Zeit. Snellman setzt diesen Begriff in Gegensatz zur „östlichen" zyklischen und zur „westlichen" linearen Zeit.

Ein anderes Modell eines solchen „nichtlinearen" Kalenders orientiert sich bei Nomaden des Nordens an Elch und Rentier. Charakteristische Erscheinungen des Lebenszyklus der Tiere wie das Schälen ihres Geweihs, die Brunft oder das Kalben kennzeichnen die entsprechende Jahreszeit. In Felszeichnungen der Komi, die einen frühen Kalender repräsentieren, markiert das Bild eines Rentiers den entsprechenden Zeitraum. Später wurden solche Begriffe zu Monatsnamen. So heißt der Mai heute bei den Ewenken „wenn das Ren kalbt". Die sibirischen Jakuten benutzten noch um 1930 Monatsnamen wie Laich-Monat, Fichtenrinde-Monat, Heugabel-Monat oder „Das Eis bricht".

Vor vielleicht 35.000 Jahren begann die Einwanderung des Menschen in Amerika entlang einer Landbrücke von Sibirien nach Alaska. Davon zeugen unter anderem zahlreiche kreisförmig angelegte Plätze in Nordamerika. Sie sind eiszeitlichen Steinsetzungen Eurasiens vergleichbar, von denen aus Gestirne beobachtet und Jahreszeiten bestimmt wurden. Diese als *medicine wheels* bekannten Plätze belegen die für Indianer sehr bedeutsame Einheit von Ort und Zeit. Während die großen Religionen des Westens in einem – als geschichtlich aufgefassten – Zeitbegriff wurzeln, beziehen sich die nordamerikanischen Religionen auf Orte. Das hat sich bei Ackerbauern stärker ausgeprägt als bei Jägern. Der Rand ihres Lebenskreises, der Raum „draußen", wird mit Vergangenheit und Alter assoziiert. Doch die enge Bindung der Zeit an den Raum besagt keineswegs, dass zwischen beiden überhaupt nicht unterschieden wird.

Bei den Hopi gliedern 13 Zeremonien, *katcina* genannt, das Jahr. Sie werden immer dann abgehalten, wenn die Sonne beim Auf- oder Untergang einen von 13 bestimmten Punkten am Horizont trifft. Ihre Zeit wird also über Orte definiert. Die Cherokee im Südosten der USA waren sesshaft und besaßen eine fortgeschrittene Ackerbaukultur. Daraus resultierend benutzten sie ein Lunisolarjahr. Auf besondere, sonst nirgends bekannte Weise näherten sich die in den Rocky Mountains lebenden Sarsi einem Lunisolarjahr. Sie teilten das Sonnenjahr in 35 Abschnitte zu sieben und 15 Abschnitte zu acht Tagen. Mit einem derartigen System kann man sich gut den Mondmonaten annähern, Folgen wie 7–7–7–8 oder 7–8–7–8 ergeben 29 oder 30 Tage.

Indianer zählen, wie es auch in Nordeuropa üblich war, besondere Ereignisse und auch das Alter von Personen gewöhnlich nach den vergangenen Wintern. Einzelne Stämme haben chronologische Aufzeichnungen über die Folge mehrerer Jahre geführt. Gekerbte Kalenderstäbe sicherten das Einhalten der Zyklen mehrjähriger Feste. Die Kiowa haben einen auf Büffelhaut gezeichneten Kalender, der 1833 beginnt. Seine Bilder laufen spiralförmig von außen nach innen und berichten vom jeweils wichtigsten Ereignis des Jahres. Breite schwarze Striche stellen die Winter dar.

Ab etwa 1000 v. Chr. traten auf der Halbinsel Yukatán im heutigen Mexiko die Maya in Erscheinung. Den Höhepunkt ihrer Entwicklung erlebten sie zwischen 250 und 850 n. Chr. Dann übernahmen die Tolteken bis ungefähr 1200 die Führungsrolle. Ihre Nachfolger, die Azteken, sahen in den Tolteken die Erfinder von Kalender und Schrift. Eines der bedeutendsten Zeremonialzentren der Maya und der Tolteken ist Cichén Itzá im Norden der Halbinsel Yucatán. Dort entstand eine der größten Pyramiden Amerikas. Vor etwa 1000 Jahren wurde sie mit einer zweiten überbaut. Ihre neun Stockwerke symbolisieren neun Schichten der Unterwelt, bewohnt von neun „Herren der Nacht", die uns als wichtige Kalendergötter begegnen. 52 Platten schmücken jede der vier Fassaden. Sie entsprechen einem heiligen Kalenderzyklus der Maya von 52 Jahren. Jede der vier Treppen, die auf die Pyramide führen, hat 91 Stufen. Rechnet man zu ihrer Summe noch die oberste Plattform hinzu, so ergibt sich 365 als Zahl der

Tage im Sonnenjahr. Die ganze Pyramide ist ein riesengroßer „Ewiger Kalender".

In der Kultur der Maya hat sich die zyklische Auffassung von der Zeit extrem ausgeprägt. Sie mag ihre Wurzeln im ebenso extremen Wechsel von Feuchte- und Dürreperioden haben. Fällt in den tropischen Halbwüsten der langersehnte Regen, so wird eine ganze Welt wiedergeboren. Grundsätzlich aber blieb ihr Zeitbegriff an die Handlungslogik gebunden. Ihre einzigartigen Vorstellungen von der Zeit zeigen uns einige ihrer Hieroglyphen. Da sehen wir eine Kette einander ablösender Zeitgötter, die auf ihrem Rücken die Zeit schleppen. Am Ende eines jeden Tages übernimmt ein neuer Träger die Last.

Parallel zur Mayakultur bildete sich jene der Zapoteken heraus. Auf einem Plateau des Monte Albán errichteten sie etwa im vierten Jahrhundert v. Chr. ein Observatorium. Hier präsentierten sie eindrucksvoll ihre Kenntnis des Sonnenkalenders: Zwischen den Wendekreisen steht die Sonne zweimal jährlich im Zenit. Immer genau dann, am 8. Mai und am 5. August, erleuchtete ein Sonnenstrahl alle vier Innenwände.

Azteken gründeten um 1370 auf künstlichen Inseln im See von Mexico die Doppelstadt Tenochtitlán-Tlatelolco. Aus der letzten Phase dieser Hochkultur stammt der dort gefundene 24 Tonnen schwere Kalender- oder Sonnenstein. Heute ist er eine der Hauptattraktionen im Historischen Museum der Stadt México und gilt als Wahrzeichen des ganzen Landes.

Bis zu ihrer Unterwerfung durch christliche Eroberer benutzten alle Kulturen Mesoamerikas das gleiche Zeitrechnungssystem, das auf dem Nebeneinander zweier Kalender beruht. Beide basieren auf einer 20-tägigen Grundeinheit. Die Hieroglyphen der zwanzig Tageszeichen waren in ganz Mesoamerika weitgehend gleich, ihre gesprochenen Namen aber wurden in die jeweilige Sprache übersetzt.

Der Alltagskalender Haab fasst 18 aufeinander folgende 20-tägige Einheiten zusammen und bildet so ein 360-tägiges Rundjahr. Seine 18 Abschnitte, in gewisser Weise unseren Monaten vergleichbar, erhielten selbstständige Namen und Zeichen. Auf sie folgen fünf Ergänzungstage, die ähnlich den Epagomenen der Ägypter als unheilträchtig galten. Und wie das ägyptische „Wandeljahr" wird auch der Haabkalender der wirklichen Länge des Sonnenjahres nicht gerecht und driftet deshalb durch die Jahreszeiten.

Der andere, der kultische Zeremonialkalender Tzolkin, kombiniert die 20 Namen – oder besser gesagt die damit assoziierten 20 Götter – mit einer Folge von 13 Zahlen-Göttern zu einem Zyklus von 260 Tagen. So verstanden die Menschen jeden einzelnen Tag als Götterpaar. Weshalb man aber die 13 und die 260 als Grundzahlen des kultischen Kalenders wählte, ist bisher nicht schlüssig erklärt; es gibt zahlreiche einander widersprechende Hypothesen.

Nicht nur die 20-tägige Basiseinheit verband die beiden parallel laufenden Kalender miteinander. Weil weder die Jahre des Haab noch die Zyklen des Tzolkin fortlaufend gezählt wurden, wiederholten sich ihre Tagesbezeichnungen schon nach kurzer Zeit. Deshalb gab man Kalenderdaten als Kombination beider Zählungen an. Diese Praxis führte zur „Kalenderrunde" von 18.980 Tagen. Sie entspricht genau 52 Sonnenjahren zu 365 und 73 Tzolkin-Zyklen zu 260 Tagen.

Das Fehlen einer fortlaufenden Zählung bedeutet keineswegs, dass man die Jahre nicht benannt hätte; man unterschied 52 verschiedene Namen für die Jahre. Um auch über diese Kalenderrunde hinausgehend Zeitpunkte eindeutig zu identifizieren, erfanden die Maya ein weiterführendes Stellensystem von Zeiteinheiten. Es basiert auf wiederholter Multiplikation mit 20. Diese Einheiten bilden das System der „Langen Zählung". Es fand seinen schriftlichen Ausdruck in fünf aneinander gereihten Hieroglyphen, von denen jede mit einem nummerischen Koeffizienten versehen ist – in die Bild-Zeichen der Zeiteinheiten wurde jeweils ein Zahlzeichen eingebettet. Diese langfristige Zeitzählung der Maya beginnt an einem fiktiven Startpunkt, der auf unterschiedliche Daten um das Jahr 3113 v. Chr. berechnet worden ist.

Im Jahr 1519 betraten die Konquistadoren Mexiko. In ihrem Gefolge nahmen Mönche ihre Tätigkeit zur Christianisierung des Landes auf. Bald darauf wurde das Versäumen der sonntäglichen

Messe mit Hieben bestraft, die Ordnung des christlichen Kalenders den Indianern buchstäblich eingepeitscht.

Vor 20.000 Jahren tauchten Menschen an Südamerikas Pazifikküste entlang der Anden auf und begannen im Lauf des dritten Jahrtausends v. Chr. mit dem Ackerbau. Ständiger Wechsel zwischen Überschwemmungen und Dürre veranlassten ihren Rückzug landeinwärts. Dort besiedelten sie die Flussoasen in der Atacama-Wüste und erbauten um 300 v. Chr. die Stadt Nazca. Ihre Bewohner schufen die berühmten Scharrbilder, von denen einige auf astronomische Beobachtungen zurückgehen. Heute weiß man, dass sich die Sternbilder von Löwe, Hund und Großem Bären am südlichen Himmel zum Bild eines Affen vereinen. Und wenn diese Konstellation sichtbar wurde, nahte die Zeit, in der die Flüsse aus den Bergen Wasser in die ausgetrockneten Wüstentäler führten. Das erlaubt den Schluss, dass die Kultur von Nazca einen „Himmelskalender" benutzte, um das Herannahen jahreszeitlicher Erscheinungen vorherzubestimmen. Bemalte Gefäße der Nazcana tragen auf ihrem Umfang in acht Felder geteilte Bänder, deren Ausmalung Szenen aus dem Jahreslauf darstellt. Diese Kalender bilden auf ideale Weise die endlosen Zyklen der Zeit ab.

In der Gegend von Cuzco im mittleren Andenraum wurde etwa um 1200 die indianische Inka-Dynastie begründet. Sie behaupteten sich in lokalen Machtkämpfen, verbündeten sich mit den Quechua und übernahmen deren Sprache, die sich nun zu einer lingua franca der Anden, einem allgemeinen Verständigungsmittel entwickelte. Unter dem Inka Viracocha besaßen sie einen Mondkalender, in den in jedem dritten Jahr ein 13. Monat eingeschaltet wurde. Manche Gelehrte glauben Hinweise auf eine neuntägige „Woche" entdeckt zu haben, wie sie auch die Inder kannten. Sie soll als Basis für die Organisation gemeinschaftlicher Arbeiten gedient haben. Drei solcher Einheiten würden der Zeit entsprechen, die der Mond jeweils sichtbar ist.

In erstaunlichem Umfang besaßen die Inka Kenntnis von den Bewegungen der Planeten, die ihnen als Götter galten. Eine Konjunktion von Saturn und Jupiter, ihre scheinbare Begegnung am Himmel, erfolgt alle 20 Jahre und diente als Zeitmaß ihrer Astronomen. Der Ort dieses Zusammentreffens weicht stets ein wenig von der vorhergehenden Position ab, wandert durch den Tierkreis und erreicht nach 40 Konjunktionen (800 Jahren) wieder die Ausgangsstellung. Wohl deshalb wurde die 40 zur heiligen Zahl der Inka.

1438 ging die Macht auf Viracochas Sohn Pachacuti über, dessen Name „Wandel der Zeit" bedeutet. Er führte einen Ackerbaukalender ein, der das Sonnenjahr in zwölf gleiche Abschnitte teilt. Östlich und westlich der Stadt Cuzco wurden Steinsäulen errichtet. Vom Sonnentempel aus gesehen markierten sie die Orte des Sonnenauf- und Untergangs in den Monaten.

1527 landeten die Spanier im Nordwesten Südamerikas und brachten die tödlichen Pocken. El Niño und ein blutiger Bürgerkrieg verwüsteten das Land. Dann erschien Pizarro mit seinen Konquistadoren, und 50 Jahre später waren fünf von sieben Millionen Leben ausgelöscht.

VI. Das Zählen von Jahren

Zum Messen der als linear aufgefassten Zeit zählt man Zyklen mit konstanter Dauer. Dem Zählen der beobachteten Tage und Mondwechsel folgten die Sonnenjahre. Aber bevor man Jahre unterscheiden, zählen oder teilen konnte, musste zunächst der Begriff des Jahres entstehen. Anfänglich wurde das Vergehen der Zeit ganz allgemein benannt, stets aber in Verbindung mit irgendeinem konkreten Geschehen. Aus der indogermanischen Partikel *ei* („gehen") entwickelte sich *iero* („Lauf, Verlauf, Gang"), und das bezog man auf den Lauf der Sonne, den täglichen wie den jährlichen. So konnte sich das Wort in ganz verschiedener Weise umbilden, sowohl zum germanischen Jahr (englisch year, schwedisch år, holländisch jaar) als auch zum vielseitigen griechischen *hora* („Jahreszeit, Tageszeit, Stunde". Aus dem althochdeutschen *hiu tagu* („an diesem Tage") entstand das Wort heute. Entsprechend wurde aus *hiu jaru* („in diesem Jahre") das mhd. *hiure*. Aber nur in Österreich bildete sich daraus der Ausdruck heuer.

Mit dem sich entwickelnden Bewusstsein von zeitlicher Kontinuität entstand ein Bedürfnis, Jahre zu benennen und zu zählen. Um sich in ihrer Abfolge orientieren zu können, zählt man sie von einem festgelegten Ausgangspunkt an, der Epoche heißt. Mit dieser beginnt eine Kalenderära. Ehe sich eigentliche Kalenderären herausbilden konnten, musste es allgemein verbreitete Kalender geben. Bis dieses Stadium erreicht war, orientierte man sich an den Regierungsjahren des Staatsoberhauptes, den Amtsjahren von Beamten oder der Dienstzeit von Priesterinnen.

Babylonien verwendete seit dem 24. Jahrhundert v. Chr. Bezeichnungen der Art „das Jahr, in dem der Tempel in X errichtet wurde". Die Stadt Assur benannte seit dem 20. Jahrhundert v. Chr. die Jahre nach speziellen Würdenträgern, den Limuren. Später wechselten auch Griechen und Römer hohe Staatsbeamte jährlich und benannten das jeweilige Jahr nach einem von ihnen, dem Eponymen. Ab dem 17. Jahrhundert v. Chr. datierte dann

Babylonien nach Regierungsjahren von Herrschern. Wohlgeordnet begann die Zählung hier stets mit dem nächstfolgenden Neujahrstag. Andernorts aber zählte man meist vom Zeitpunkt des Regierungsantritts an, sodass sich Kalenderjahre aus Königslisten nur schwer rekonstruieren lassen.

Das Zählen von Jahren setzt einen definierten Stichtag voraus. Das kann zum Beispiel der Tag der Geburt eines Menschen sein. Ferner ist Jahreszählung immer auf ein bestimmtes Zeitrechnungssystem bezogen. Man zählt Sonnen- oder Mondjahre, und die Wiederkehr des gleichen Kalendertages in einem anderen Jahr ist von etwa eingefügten Schalttagen oder -monaten abhängig. Manchmal versteckt sich das Zählen von Jahren hinter anderen Begriffen: In Nordeuropa zählte man die vergangenen Winter, und Freiligrath dichtete „ein Kind von vierzehn Lenzen". Andere rechneten auch längerfristig nicht nach Jahren. So galt um 1800 am Niederrhein ein Mädchen „von dusend weeken" (im Alter von tausend Wochen) als mannbar.

Dem Zeitverständnis der Ägypter war ein Zeitbegriff, der über ein Jahr hinausging, im Grunde wesensfremd und unverständlich. Mit jedem neuen Jahr begann neue Zeit. Dessen ungeachtet registrierte man auch hier die Jahre des jeweils lebenden Pharao. Erst unter dem Einfluss hellenistischer Kultur wurde um 280 v. Chr. eine zusammenhängende Betrachtung geschichtlicher Zeit versucht. Damals schrieb der gelehrte ägyptische Priester Manetho in griechischer Sprache eine Geschichte Ägyptens. Unterdessen hatte man begonnen, auch die Aufeinanderfolge der Namen anderer Könige und Würdenträger zu verzeichnen. Solche Listen heißen Kanon. Die gesamte Chronologie des Vorderen Orients fußt in wesentlichen Teilen auf dem *Kanon des Ptolemäus*. Dieser enthält die Regierungsdauer babylonischer Könige, persischer Herrscher, makedonischer Könige und römischer Kaiser.

Eine erste durchgehende Zählung der Jahre verwendete Eratosthenes um 220 v. Chr. Der griechische Gelehrte in Alexandria begründete mit seiner *Chronografie* die historische Chronologie als Wissenschaft. Diese bemüht sich vor allem um die Datierung vergangener Ereignisse auf der Basis einer einheitlichen Jahreszählung. Das erfordert, die verschiedenen Kanones miteinander zu verknüpfen und daraus eine zusammenhängende Skala geschichtlicher Zeit zu konstruieren.

Als die Notwendigkeit entstand, die Jahre der Regierung eines Herrschers zu zählen, begann man logischerweise bei jedem Wechsel wieder von vorn. Später wurde es dann üblich, eine neue Zählung nur dann zu beginnen, wenn ein grundlegender Wechsel stattfand, ein neues Herrschergeschlecht die Macht übernahm. Erst solche übergreifende Zeitrechnung nennt man Kalenderära und ihren Starttermin Epoche. Damit weichen die Chronologen vom üblichen Sprachgebrauch ab; allgemein meint Ära ein Zeitalter und Epoche einen (bedeutsamen) Zeitabschnitt. Mit dem babylonischen König Nabonassar beginnt am 1. Thoth ihres Jahres 1 die Ära Nabonassar. Das entspricht dem 26. Februar 747 v. Chr., und dieses Datum ist ihre Epoche. Auf ihr fußt auch der Kanon des Ptolemäus.

Aus Ägypten kam der Brauch, in einem mehrjährigen Zyklus die von den Untertanen zu entrichtenden Steuern festzulegen. Im sechsten Jahrhundert wurde in Byzanz ein 15-jähriger Zyklus eingeführt und angeordnet, die Jahre innerhalb der Zyklen zu zählen und mit ihrer laufenden Nummer, der Indiktion, zu benennen. Der Wechsel der Indiktion trifft aber nicht mit dem Jahresanfang zusammen; drei verschiedene Stichtage wurden im Römischen Reich verwendet.

In Zusammenhang mit ihrem sich entwickelnden Geschichtsbewusstsein begannen auch die Juden, nach babylonischem Vorbild die Jahre durchgehend zu zählen. Zuerst tauchte die 597 v. Chr. beginnende jüdische Ära „nach dem Exil" auf. Juden gehen davon aus, dass die Welt zu einem bestimmten Zeitpunkt aus dem Nichts ins Dasein getreten ist und einmal zugrunde gehen wird; die dazwischenliegende Zeit umfasst die „Weltgeschichte". Folgerichtig berechnete man die Jahre nach der Erschaffung der Welt. Rabbi Hillel II. nahm im vierten Jahrhundert den 7. Oktober 3761 v. Chr. als Datum der Erschaffung Adams an. Im elften Jahrhundert setzte sich dieses Datum als Epoche der jüdischen Kalenderära „nach der Erschaffung der Welt" endgültig durch und ist in Israel sowie in den Synagogen der Diaspora bis heute verbindlich.

Schließlich entwickelte sich unsere Kalenderära „nach Christi Geburt". Etwa im vierten Jahrhundert hatte sich die christliche Gemeinschaft in Ost- und Westrom dogmatisch gefestigt, und die weltlichen Verhältnisse wurden für sie wichtig. An Stelle der überlieferten „Zeit der anderen" schuf sie sich ihre eigene Zeit. Um das Jahr 530 bezog der skythische Abt Dionysius Exiguus in seiner Ostertafel die Jahre auf Christi Geburt zurück und erdachte eine auf „das Jahr der Fleischwerdung des Herrn" gegründete neue Jahreszählung. Ziemlich willkürlich legte er den Anfang seiner Zeitrechnung auf den 1. Dezember des vermuteten Geburtsjahres und ließ am folgenden 1. Januar das Jahr 1 „unseres Herrn Jesus Christus" (anno Domini nostri Jesu Christi) beginnen. Damit war die Geburt Christi auf den 25. Dezember „des Jahres, das dem Jahre 1 vorangeht", gesetzt. Wie wir heute wissen, irrte Dionysius bei der Berechnung des Geburtsjahres. Die meisten Historiker nehmen inzwischen 5 oder 7 v. Chr. als tatsächlichen Termin an. Zum Glück blieben ihre Erkenntnisse ohne praktische Konsequenzen; niemand denkt heute ernsthaft an eine Korrektur unserer Jahreszählung.

Zur Zeit des Dionysius gab es indessen kein Staatswesen mehr, das die neue Ära hätte in Kraft setzen können: Das Römerreich war zusammengebrochen. Nur zögerlich wurde die neue Ära allgemein bekannt und löste die Zählung nach römischen Kaisern ab. Seit dem siebenten Jahrhundert ist sie in Britannien nachgewiesen, in Spanien dauerte es bis zum 14. Jahrhundert. Für die Zeit *vor* Christus verhalf erst Denis Petavius um 1630 der christlichen Ära zum Durchbruch. Das war prinzipiell neu: eine Ära, die von einem Fixpunkt „in der Mitte" ausgeht, von dem aus nach beiden Richtungen gerechnet wird. Noch Martin Luther hatte zwar die Zeit „nach Christus" gezählt, aber die Jahre davor rechnete er in jüdischer Tradition ab „Erschaffung der Welt".

Von dieser „gewöhnlichen" Zählung unterscheidet sich jene der Astronomen. Streng mathematisch orientiert, kennt sie ein Jahr Null; es entspricht dem Jahr 1 v. Chr. historischer Zählweise. Alle anderen Jahre v. Chr. werden mit einem Minuszeichen versehen, das Jahr 2 v. Chr. heißt also bei den Astronomen „–1". Erstmals taucht diese Zählung bei Petavius auf.

1583, ein Jahr nach Gregors Kalenderreform, veröffentlichte Joseph Justus Scaliger in Paris seine Idee einer „Universalära". Er multiplizierte die Basiszahlen der drei gängigsten Jahreszyklen (Mond- und Sonnenzirkel, Indiktion) und gelangte so zu einer Periode von 7980 Jahren, innerhalb deren die Tage fortlaufend gezählt werden. Stunden, Minuten und Sekunden drückt man als dezimale Bruchteile des Tages aus. Es gibt keine Zählung einzelner Jahre mehr und demzufolge keine Probleme mit Tagesbruchteilen, Mittelwerten der Jahreslänge und Schaltjahren. Den Startpunkt der neuen Tageszählung legte Scaliger auf den Mittag des 1. Januar 4713 v. Chr. Die darauf bezogenen Tagesangaben nannte er julianisches Datum (JD). Mit diesem genial erdachten System kann erstens astronomisch exakt datiert werden. Zweitens erlaubt es, große Zeitintervalle mühelos zu bestimmen, ohne die ungleiche Länge von Monaten und Jahren berücksichtigen zu müssen. Deshalb ist es bis heute in Gebrauch. Das julianische Datum lautete für den 1. Januar um 12 Uhr Weltzeit im Jahre 2000 = 2.451.545,0. Weil solche Zahlen unhandlich sind, verwendet man gekürzte julianische Tageszahlen. So benutzt die NASA *Truncated Julian Date* (TJD), den Rest einer Division von (JD minus 0,5) durch 10.000. Die erste dieser Zeitskalen „TJD Null" startete am 24. Mai 1968 um Null Uhr, das zweite am 10. Oktober 1995 und die dritte wird am 25. Februar 2023 beginnen.

Heute sind Computer ein selbstverständliches Werkzeug zur bequemen Berechnung von Zeitabschnitten. Sie nutzen dafür das von Scaliger erdachte Prinzip und speichern Datumsangaben als fortlaufende Zahl von Tagen. Wie die verschiedenen Kalenderären gehen auch unterschiedliche Computersysteme von einem jeweils anderen Bezugspunkt der Zeitrechnung aus. Die Nicht-Kompatibilität der Produkte soll die wirtschaftliche Selbstständigkeit miteinander konkurrierender Hersteller unterstützen.

Neben Mond- und Sonnenjahren wurden auch längerfristige Perioden der Himmelskörper zur Zeitmessung verwendet. So kannte die steinzeitliche Horizontastronomie die Mondwenden mit ihrer Periode von 18,6 Sonnenjahren. Spätestens die griechische Antike benutzte den „Saroszyklus" der Mondbahnknoten von circa 18 Jahren und 11 Tagen zur Vorausberechnung von Mond- und Sonnenfinsternissen. In den Kalendern Mesoamerikas spielt die Periodizität des Planeten Venus eine Rolle, der in jeweils acht Erdenjahren 13 Umläufe vollendet.

Echte „mehrjährige" Zyklen sind dagegen die Jahrhunderte. Das lateinische Wort *saeculum* war ursprünglich auf die Dauer eines Menschenlebens bezogen. Später meinte es einen langen Zeitraum von unbestimmter Dauer. Christliche Kirchenväter engten den Begriff auf die „diesseitige" Welt ein. Das führte zur Bedeutung „weltlich". Als kirchenrechtlicher Terminus bezeichnete es schließlich einen Zeitraum von 100 Jahren. Erst seit etwa 1750 wird es als „Jahrhundert" übersetzt. Säkularfeiern entstanden im alten Rom. Als Livius seine berühmte Geschichte der Stadt verfasste, begann er mit ihrer Gründung im Jahre 753 v. Chr. Das gab Anlass, die „Jahre der Stadt" zu zählen. Als man 47 n. Chr. den Abschluss ihres achten Jahrhunderts mit Säkularspielen beging, erhielt *saeculum* zum ersten Mal die Bedeutung „Jahrhundert".

Gegen 1300 erklärte der anonyme Verfasser der *Mainauer Naturlehre* Zeitbegriffe und schrieb, tausend Jahre würde man „ewig" nennen, hundert „die Welt" und fünfzehn seien die Indiktion. Damals hatte sich die Zählung der Jahre ab Christi Geburt nach langem Zögern gerade durchgesetzt, ihre Schreibung mit arabischen Ziffern dagegen in Europa kaum begonnen. Erst deren Nullen machten später das Erreichen des vollen Hunderts optisch auffällig.

Dann wurde das Jahr 1300 von Papst Bonifaz VIII. zum „Jahrhundertjahr" bestimmt. Ein vollkommener Ablass von allen Sünden sollte gewährt werden. Was die „runde" Wiederkehr von Christi Geburt feiern sollte, erinnerte aber auch an die Säkularfeiern der Römer und nicht zuletzt an den Brauch der Juden, nach Ablauf von siebenmal sieben Jahren ein „Erlassjahr" zu verkünden. Für das Jahr 1400 benutzte man denn auch die in jüdischer Tradition gründende Bezeichnung „Jubeljahr". 1500 schließlich wurde zum „Heiligen Jahr" erklärt, und bei diesem Namen blieb es bis vorerst 2000. Parallel zu den kirchlichen Veranstaltungen entwickelte sich ein ziviler Kult um die Nullen, der zum Beginn des Jahres 2000 einen Höhepunkt erlebte.

In Zusammenhang mit dem herausgehobenen „Jahrhundertjahr" gelangte auch das Jahrhundert in die Rolle eines Rasters für das Ordnen historischer Geschehnisse. Doch erst nach der Reformation gelangte dieser Begriff ins Bewusstsein der Öffentlichkeit. Inzwischen ist der Jahrhundertbegriff als „offizielles" Zeitmaß in der westlichen Welt mit ihrem gregorianischen Kalender etabliert. Um die Jahrhunderte zu charakterisieren, stellt eine vorwiegend politisch orientierte Geschichtsbetrachtung herausragende Ereignisse und Entwicklungen zusammen. Daraus definiert sie ein Gerüst von leitenden Gedanken, das aber den tatsächlichen Strom menschlicher Ideen, ihre Verkörperungen und ihre Überlagerungen nur ungenügend abbildet. Beschränkt man sich auf bestimmte Teilbereiche und zieht zeitliche Grenzen entsprechend ihren typischen Erscheinungen, so entsteht eine völlig andere Gliederung in Zeitalter spezifischen Charakters, die sich keineswegs mit den Jahrhunderten decken. So haben zahlreiche Fachleute den Jahrhundertbegriff als ordnendes Kriterium für ihr Gebiet längst fallen gelassen.

Weiterführende Literatur

Asimov, Isaac: Die exakten Geheimnisse unserer Welt – Kosmos, Erde, Materie, Technik. München 1993

Borst, Arno: Computus. Zeit und Zahl in der Geschichte Europas. München 1999

Dohrn-van Rossum, Gerhard: Die Geschichte der Stunde – Uhren und moderne Zeitordnungen. Köln 2007

Dux, Günter: Die Zeit in der Geschichte. Ihre Entwicklungslogik vom Mythos zur Weltzeit. Frankfurt am Main 1992

Elias, Norbert: Über die Zeit. Arbeiten zur Wissenssoziologie II. Frankfurt am Main 1984

Fahr, Hans Jörg: Zeit und kosmische Ordnung. Die unendliche Geschichte von Werden und Wiederkehr. München/Wien 1995

Fraser, Julius T.: Die Zeit: vertraut und fremd. Basel 1988

Ginzel, Friedrich Karl: Handbuch der mathematischen und technischen Chronologie, 3 Bde., Leipzig 1906–1914.

Grotefend, Hermann: Zeitrechnung des deutschen Mittelalters und der Neuzeit, 2 Bde. Hannover 1891–1898.

Gumin, Heinz und Meier, Heinrich (Hrsg.): Die Zeit, Dauer und Augenblick. Veröffentlichungen der Carl Friedrich von Siemens-Stiftung. München/ Zürich 1989

Hawking, Stephen W.: Eine kurze Geschichte der Zeit. Die Suche nach der Urkraft des Universums. Hamburg 1989

Hoffmann, Kurt: Sterne, Mond und Sonne – Astronomie ohne Fernrohr. Stuttgart 1999

Julien, Catherine: Die Inka: Geschichte, Kultur, Religion. München 1998

Lanczkowski, Günter: Götter und Menschen im alten Mexiko. Freiburg i. Br. 1984

Lenz, Hans: Universalgeschichte der Zeit. Wiesbaden 2005

Levine, Robert: Eine Landkarte der Zeit. Wie Kulturen mit Zeit umgehen. München/Zürich 1999

Lübbe, Hermann: Im Zug der Zeit. Verkürzter Aufenthalt in der Gegenwart. Berlin 1992

Mason, Stephen: Geschichte der Naturwissenschaft. Stuttgart 1991

Maier, Hans: Die christliche Zeitrechnung. Freiburg i. Br. 1991

Prem, Hanns J.: Die Azteken: Geschichte – Kultur – Religion. München 1996

Prigogine, Ilya: Vom Sein zum Werden. Zeit und Komplexität in den Naturwissenschaften. München 1979

Radke, Gerhard: Fasti Romani: Betrachtungen zur Frühgeschichte des römischen Kalenders. Münster 1990

Riese, Berthold: Die Maya: Geschichte, Kultur, Religion. München 1995

Smoot, George/Davidson, Keay: Das Echo der Zeit. München 1995

Spork, Peter: Das Uhrwerk der Natur – Chronobiologie. Reinbek bei Hamburg 2004

Sträuli, Robert: Herkunft und Bedeutung unserer Wochentage. Zürich 1991

Weis, Kurt (Hrsg.): Was ist Zeit? Zeit und Verantwortung in Wissenschaft, Technik und Religion. München 1995

Wendorff, Rudolf: Zeit und Kultur. Geschichte des Zeitbewußtseins in Europa. 3. Aufl. Opladen 1985

Zemanek, Heinz: Kalender und Chronologie. Bekanntes und Unbekanntes aus der Kalenderwissenschaft. 5. Aufl. München 1990

Zimmermann, Helmut und Weigert, Alfred: ABC Lexikon Astronomie. 8. Aufl. Heidelberg, Berlin, Oxford 1995